高等学校信息技术
人才能力培养系列教材

慕课版

现代操作系统教程

Modern Operating Systems

徐小龙 ◉ 编著

人民邮电出版社
北京

图书在版编目（CIP）数据

现代操作系统教程 ：慕课版 / 徐小龙编著. -- 北京 ：人民邮电出版社，2022.1
高等学校信息技术人才能力培养系列教材
ISBN 978-7-115-45933-6

Ⅰ. ①现… Ⅱ. ①徐… Ⅲ. ①操作系统—高等学校—教材 Ⅳ. ①TP316

中国版本图书馆CIP数据核字(2021)第235871号

内 容 提 要

本书重点对现代操作系统的概念、特征、结构模块、运行环境等进行深入浅出的阐述，以帮助读者全面把握操作系统的知识体系、工作原理和关键技术；另外，还对计算机操作系统以外的新型操作系统进行了介绍，例如云操作系统、移动操作系统和物联网操作系统等。通过对本书的学习，读者还可以进一步了解操作系统的发展历程、研究现状和未来方向，并逐步具备"透过技术看本质、透过变化看趋势，把握操作系统发展脉络"的能力。

为了协助读者高效率地学好操作系统，本书提供了配套在线教学视频，读者可登录中国大学MOOC网站进行学习，此外本书还提供了重难点教学视频，读者可扫描二维码进行学习。这也是本书的一项重要特色。

本书既可作为高等院校计算机科学与技术、电子信息及信息安全专业本科高年级学生的教材，也可作为从事操作系统、移动计算、云计算及信息网络应用系统研究和开发工作的科研人员的重要参考用书。

◆ 编　　著　徐小龙
　责任编辑　李　召
　责任印制　王　郁　马振武
◆ 人民邮电出版社出版发行　　北京市丰台区成寿寺路 11 号
　邮编　100164　　电子邮件　315@ptpress.com.cn
　网址　https://www.ptpress.com.cn
　固安县铭成印刷有限公司印刷
◆ 开本：787×1092　1/16
　印张：12.25　　2022 年 1 月第 1 版
　字数：312 千字　　2025 年 3 月河北第 7 次印刷

定价：49.80 元

读者服务热线：(010)81055256　印装质量热线：(010)81055316
反盗版热线：(010)81055315

前言
PREFACE

对于大多数民众而言，他们对操作系统既熟悉，又陌生。熟悉是因为许多现代人几乎天天接触诸如个人计算机上的 Windows 操作系统和智能手机上的 Android 操作系统；陌生是因为大多数人对于操作系统的内在机理、开发手段缺乏认知。其实，一般人熟悉的是操作系统的应用界面。

如今，人类社会已经步入了大数据、物联网和人工智能的时代。除了在个人计算机、服务器上运行的操作系统，在移动终端、智能可穿戴设备、传感器节点、网络路由交换设备和各种智能家电上，都普遍安装并运行着各类操作系统。

之所以需要学习操作系统，首要的原因是操作系统在计算机领域占据非常重要的地位。对于计算机领域的其他一些课程（如计算机系统结构、算法与数据结构、计算机网络等），操作系统作为复杂的基础系统软件是真正应用到这些课程知识的典型代表。例如，操作系统将算法与数据结构等知识以具体的程序模块形式展现出来。因此，学好“操作系统”这门课有助于进一步深化理解之前学过的相关课程知识。

其次，对于很多有志于将来成为研发人员的人来说，很多情况下开发高质量的应用软件都需要深入了解操作系统。有的人可能会说：“开发网页、制作视频也需要深入地与操作系统打交道吗？似乎没有必要。”但是，如果要开发一些与操作系统密切相关、需要调用操作系统内部很多API函数的应用系统，特别是如果想让系统具有高效的运行性能，就需要全面、深入地了解操作系统。有些研发岗位有可能需要承担修改现有操作系统的任务，甚至参与设计和实现新的操作系统，因此，对他们而言，学好操作系统至关重要。

此外，操作系统本身也是一个大型、复杂的软件，在其分析、设计、构建、测试、使用、维护等过程中蕴含了大量先进的软件设计、代码实现、组织管理思想和方法，这些都值得我们在开发其他大型复杂的应用系统时学习和借鉴，甚至有助于改善我们的思维方式。

“操作系统”课程的实践性非常强。例如，操作系统首先是在工程应用领域由工程师研发出的，然后从实践中总结出原理，再用这些原理指导后续的操作系统研发，因此，学习操作系统要特别重视实践环节。此外，操作系统涉及知识面广，计算机硬件、程序方法论、软件工程等都会涉及。操作系统本身具备很多功能模块，这些模块彼此联系、纵横交叉。我们需要把这些知识串联起来以让它们彼此印证。

操作系统发展极为迅速，各种新型操作系统层出不穷。以常用的个人计算机操作系统 Windows 为例，短短数年，其就从 Windows 95、Windows 98、Windows 2000、Windows XP，发展到 Windows 7、Windows 8、Windows 10，从而实现了快速迭代。学习操作系统，需要密切关注操作系统的发展动向。

对于准备进一步深造的学生，例如攻读计算机相关专业的硕士、博士，尤其要重视"操作系统"这门课。这是因为在后续的研究生学习、工作期间，常常需要用到操作系统。例如，在某一种操作系统上进行实验或系统构建，甚至需要修改操作系统本身。

本书通过重点对现代操作系统的概念、特征、结构、模块、运行环境等进行深入浅出的阐述，以期帮助读者全面把握操作系统的知识体系、工作原理和关键技术。通过对本书的学习，读者还可以进一步了解操作系统的发展历程、研究现状和未来方向，并逐步具备"透过技术看本质、透过变化看趋势，把握操作系统发展脉络"的能力。

本书共 9 章，分为三大部分。

（1）第 1 章至第 5 章重点介绍操作系统的一般性概念、原理和相关机制。其中第 1 章操作系统绪论，主要介绍操作系统的地位、作用、定义、功能、特性、性能、形成和发展及操作系统的结构设计等内容；第 2 章处理器管理，主要介绍进程的定义、类型和特性、状态和转换、控制及处理器调度、进程间联系、信号量与 P/V 操作、进程间通信和进程死锁等内容；第 3 章存储管理，主要介绍计算机中的存储体系、存储保护技术、分页存储管理机制、分段存储管理机制和虚拟存储管理机制等内容；第 4 章 I/O 设备管理，主要介绍计算机输入/输出系统特点、设备管理的设计目标、设备控制方式、缓冲技术和外存储设备管理等内容；第 5 章文件管理，主要介绍文件的定义、文件的基本属性、文件的典型类型、文件目录、文件的物理结构、文件安全等内容。

（2）第 6 章至第 8 章重点介绍除计算机操作系统外的新型操作系统。第 6 章云操作系统，先简要介绍了云计算的定义、特征、应用及云数据中心，然后重点介绍 OpenStack 云操作系统的来源、组件及应用，还介绍了云操作系统中重要的虚拟化技术和容器技术；第 7 章移动操作系统，先简要介绍移动计算、移动网络通信、移动云计算、移动计算设备等知识，然后介绍移动终端操作系统的发展简况及典型的 iOS 和 Android 操作系统；第 8 章物联网操作系统，主要介绍物联网的基本概念、物联网软件系统和典型的开源物联网操作系统。

（3）第 9 章提供了丰富的课程实验项目。

本书注意从实际出发，采用读者容易理解的体系和叙述方法，深入浅出、循序渐进地帮助读者把握操作系统的主要内容，富有启发性。与国内外已出版的同类书籍相比，本书选材新颖，体系完整，内容丰富，语言通俗易懂，且紧跟技术、时代发展的趋势，尤其是将面向云计算、移动计算和物联网的操作系统相关内容也引入本书。

为了协助读者高效率地学好操作系统，本书还提供配套在线教学视频。这也是本书的一项重要特色。

本书既可作为高等院校计算机科学与技术、电子信息及信息安全专业本科高年级的学生教材，也可作为从事操作系统、移动计算、云计算及信息网络应用系统研究和开发工作科研人员的重要参考用书。

由于时间仓促，加上编写水平有限，书中疏漏和不妥之处在所难免，敬请读者批评指正。为了便于阐明相关内容，本书还适当引用了国内外操作系统相关领域的教学和研究成果，以及网络上的相关资料。在此，对资料或成果的提供者等一并表示衷心感谢！

编者

2021 年 5 月

目录

CONTENTS

第1章

操作系统绪论……1

1.1 基本概述……2

1.1.1 操作系统的地位和作用……2

1.1.2 操作系统的定义……3

1.1.3 操作系统的功能……3

1.1.4 操作系统的特性……5

1.1.5 操作系统的性能……7

1.2 操作系统的形成和发展……8

1.2.1 硬件的发展……8

1.2.2 执行系统阶段……8

1.2.3 多道程序系统阶段……8

1.3 操作系统的结构设计……9

1.3.1 整体式结构……10

1.3.2 层次式结构……10

1.3.3 虚拟机结构……11

1.3.4 客户机/服务器结构……12

1.3.5 微内核结构……12

1.4 操作系统的引导启动……13

1.4.1 计算机的启动过程……13

1.4.2 操作系统的启动过程……13

1.5 操作系统的人机接口……13

1.5.1 操作界面……13

1.5.2 系统调用与编程接口……14

1.6 本章小结……14

习题 1……14

第2章

处理器管理……16

2.1 进程及其实现……17

2.1.1 进程定义……17

2.1.2 进程的类型和特性……17

2.1.3 进程的状态和转换……18

2.1.4 进程控制块……20

2.1.5 进程上下文……20

2.1.6 进程切换与处理器状态切换…21

2.2 进程控制……22

2.2.1 进程控制原语……22

2.2.2 进程的创建……22

2.2.3 进程的阻塞和唤醒……23

2.2.4 进程的撤销……24

2.2.5 进程的挂起和激活……24

2.3 处理器调度……24

2.3.1 处理器调度的模式……24

2.3.2 处理器调度的原则……26

2.3.3 处理器调度的算法……26

2.3.4 单道环境下的调度……29

2.3.5 多道环境下的调度……32

2.3.6 低级调度的方式与算法……33

2.4 进程联系……35

2.4.1 顺序程序与顺序环境……35

2.4.2 并发环境与并发进程……35

2.4.3 与时间有关的不确定……35

2.4.4 相交进程与无关进程……37

2.4.5 进程同步与进程互斥 …………… 37
2.5 临界区管理 ……………………………… 38
2.5.1 临界区及其使用原则 …………… 38
2.5.2 临界区管理软件方法 …………… 38
2.5.3 临界区管理硬件方法 …………… 41
2.5.4 软、硬件方法的问题 …………… 42
2.6 信号量与P/V 操作 ………………… 43
2.6.1 信号量 ……………………………… 43
2.6.2 P/V 操作 …………………………… 43
2.6.3 基本问题的解决 ………………… 44
2.6.4 信号量及 P/V 操作使用规律 … 47
2.6.5 经典进程互斥问题 ……………… 48
2.6.6 经典进程同步问题 ……………… 53
2.7 进程通信 ………………………………… 58
2.7.1 进程通信的概念与类型 ………… 58
2.7.2 低级通信之信号通信 …………… 59
2.7.3 高级通信之共享缓冲区通信 … 60
2.7.4 高级通信之消息通信 …………… 61
2.7.5 高级通信之管道通信 …………… 61
2.8 进程死锁 ………………………………… 62
2.8.1 进程死锁的概念与条件 ………… 62
2.8.2 进程死锁的预防机制 …………… 64
2.8.3 进程死锁的避免机制 …………… 65
2.8.4 进程死锁检测与解决 …………… 68
【补充阅读】CPU 相关知识回顾 ……… 69
【补充阅读】线程及其基本概念 ……… 71
2.9 本章小结 ………………………………… 72
习题 2 ……………………………………… 72

第3章

存储管理 …………………………………… 78
3.1 基本概述 ………………………………… 79
3.1.1 计算机中的存储体系 …………… 79
3.1.2 存储管理目标及任务 …………… 79
3.1.3 连续存储区管理方案 …………… 80
3.1.4 分区存储的管理方案 …………… 81
3.1.5 存储覆盖与交换技术 …………… 84
3.1.6 存储保护技术 …………………… 85
3.1.7 分区存储管理的优点和缺点 … 86
3.2 分页存储管理机制 ……………………… 86
3.2.1 逻辑页面与物理页框 …………… 86
3.2.2 分页存储的管理表格 …………… 87
3.2.3 分页存储的地址转换 …………… 88
3.2.4 相联存储器与快表技术 ………… 89
3.2.5 物理页框的分配流程 …………… 90
3.3 分段存储管理机制 ……………………… 90
3.3.1 逻辑分段与内存划分 …………… 90
3.3.2 分段存储的管理表格 …………… 91
3.3.3 分段存储的地址转换 …………… 92
3.3.4 分页和分段存储比较 …………… 93
3.4 虚拟存储管理机制 ……………………… 93
3.4.1 程序访问局部性原理 …………… 93
3.4.2 虚拟存储器基本原理 …………… 94
3.4.3 分页式虚拟存储管理 …………… 94
3.4.4 典型的页面置换算法 …………… 95
3.4.5 分段式虚拟存储管理 …………… 99
3.5 本章小结 ………………………………… 99
习题 3 ……………………………………… 99

第4章

I/O 设备管理 ……………………………… 103
4.1 基本概述 ………………………………… 104
4.1.1 计算机输入/输出系统 …………… 104
4.1.2 输入/输出系统的特点 …………… 104
4.1.3 输入/输出设备的类型 …………… 105
4.1.4 设备管理模块的设计目标 …… 105
4.2 设备控制方式 …………………………… 105
4.2.1 典型控制方式 …………………… 105
4.2.2 基于询问的设备控制 …………… 106
4.2.3 基于中断的设备控制 …………… 106
4.2.4 基于 DMA 的设备控制 ………… 107
4.2.5 基于通道的设备控制 …………… 107
4.3 缓冲技术 ………………………………… 107
4.3.1 缓冲技术的基本思想 …………… 107
4.3.2 引入缓冲技术的目标 …………… 108
4.3.3 缓冲技术的分类 ………………… 108

4.4 外存储设备管理……109
4.4.1 典型外存储设备类型……109
4.4.2 硬盘的存储空间管理……110
4.4.3 硬盘的数据访问时间……110
4.4.4 硬盘驱动臂调度算法……110
4.5 本章小结……112
习题 4……112

第 5 章

文件管理……115

5.1 基本概述……116
5.1.1 文件的基本定义……116
5.1.2 文件的基本属性……116
5.1.3 文件的典型类型……116
5.1.4 文件系统的模型……117
5.2 文件目录……117
5.2.1 文件目录的基本定义……117
5.2.2 文件目录的基本要求……118
5.2.3 文件控制块和 i-node……118
5.2.4 文件目录的典型结构……119
5.3 文件的物理结构……120
5.3.1 文件物理结构的含义……120
5.3.2 顺序文件结构……121
5.3.3 链接文件结构……122
5.3.4 索引文件结构……124
5.3.5 文件物理结构性能比较……125
5.4 文件安全……126
5.4.1 文件安全的基本要求……126
5.4.2 文件存取控制矩阵……126
5.4.3 文件存取控制表……127
5.4.4 口令和密码……127
5.5 本章小结……128
习题 5……128

第 6 章

云操作系统……130

6.1 云计算技术……131
6.1.1 云计算定义……131
6.1.2 云数据中心……131
6.1.3 云计算特征……132
6.1.4 云计算应用……133
6.2 OpenStack……133
6.2.1 OpenStack 简介……133
6.2.2 OpenStack 的组件……133
6.2.3 OpenStack 平台应用……137
6.3 虚拟化技术……138
6.3.1 虚拟化技术概述……138
6.3.2 虚拟化关键技术……139
6.3.3 虚拟化主流软件……140
6.3.4 虚拟机迁移技术……141
6.4 容器技术……142
6.4.1 容器技术概述……142
6.4.2 Docker 核心技术……142
6.4.3 Docker 调度工具……143
6.4.4 Docker 应用场景……144
6.5 本章小结……145
习题 6……145

第 7 章

移动操作系统……147

7.1 移动计算……148
7.1.1 移动网络通信……148
7.1.2 移动计算技术……148
7.1.3 移动云计算……149
7.2 移动计算设备……151
7.2.1 移动计算节点……151
7.2.2 典型移动终端设备……151
7.2.3 可穿戴计算设备……152
7.3 移动终端操作系统……153
7.3.1 系统发展简况……153
7.3.2 iOS 系统……153
7.3.3 Android 系统……153
7.4 本章小结……155
习题 7……155

第8章

物联网操作系统

物联网操作系统……157

8.1 基本概述……158
8.1.1 物联网系统构成……158
8.1.2 无线传感网……159
8.2 物联网软件系统……161
8.2.1 物联网软件系统的层次……161
8.2.2 物联网操作系统……161
8.3 典型物联网操作系统……162
8.3.1 HarmonyOS……162
8.3.2 TencentOS Tiny……163
8.3.3 其他开源物联网操作系统……164
8.4 本章小结……165
习题8……165

第9章

课程实验项目

课程实验项目……166

9.1 实验项目1：进程创建实践……167
9.2 实验项目2：进程的变异、等待与终止……171
9.3 实验项目3：内存操作实践……173
9.4 实验项目4：文件操作实践……175
9.5 实验项目5：云操作系统 OpenStack 安装与部署……177
9.6 进阶设计类实验项目……185

参考文献……188

第 1 章

操作系统绪论

1.1 基本概述

1.1.1 操作系统的地位和作用

操作系统（Operating System）在包含计算机、服务器、路由设备等组件的信息系统中占有核心地位。计算机系统是由硬件和软件构成的。而在软件体系中，操作系统占据最为核心的地位，是硬件基础上的第一层软件。

没有软件系统的计算机硬件系统，称为裸机。操作系统是计算机硬件和其他软件之间的接口。图 1.1 展示了计算机系统的层次结构。通过将计算机系统分层，可以方便各级设计、开发者明确各自的任务。

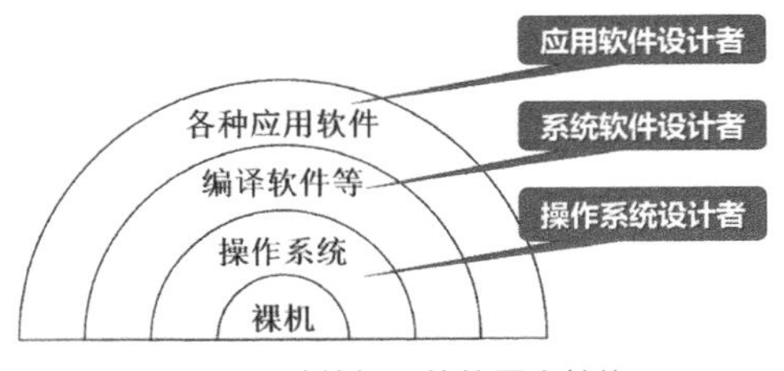

图 1.1 计算机系统的层次结构

（1）操作系统设计者所要考虑的是操作系统如何跟硬件打交道，以及为上层各种软件提供支撑。

（2）系统软件设计者要考虑的是系统软件如何基于操作系统运行，并且给其他的应用软件提供服务。

（3）应用软件设计者不用考虑底层的硬件和系统如何工作，仅需了解如何通过下层系统给上层所提供的应用编程接口（Application Programming Interface，API）来调用相应的功能模块，以便实现快速开发和部署。

下面从一般用户和资源管理的角度理解操作系统在计算机系统中发挥的作用。

从一般用户的角度，可以把操作系统看成用户与计算机硬件系统间的接口（Interface）。该接口有以下两种类型。

（1）操作接口。操作接口既可能以图形化界面方式，也可能以命令行方式来对系统进行操作。

（2）编程接口。从程序员的角度来看，操作系统需要给应用程序提供编程接口，以调用模块实现程序功能。

从资源管理的角度来观察操作系统是当前的一种主流观点，也就是将操作系统看成是计算机系统中所有资源的管理者。这里的资源既包括各种硬件资源，又包括软件、数据资源。总之，计算机的一切资源都靠操作系统来进行管理。

设计和构建操作系统时，应该至少达成以下的基本目标。

（1）方便性。操作系统要为用户提供友好的用户接口；用户可以按需输入命令，操作系统按照命令来控制程序的执行；用户可以在程序中调用操作系统的功能模块完成相应任务，而不必了解硬件的物理特性。

（2）有效性。操作系统能够有效管理、分配硬件和软件资源，合理组织计算机系统内各任务的工作流程，提高系统的工作性能。

（3）可扩充性。操作系统应能够满足计算机硬件设备、系统软件、应用软件不断升级、变化和规模拓展的需求，能够方便扩展、增添新功能模块及淘汰不合适的模块。

（4）开放性。开放性意味着系统中各种组件、技术之间能够遵循标准化的接口，以进行相互连接和协作。如果操作系统具备了开放性特征，并遵守各种标准化的接口，就可以与其他的系统软件、应用软件和硬件设备进行交互，满足了对系统的兼容性要求。

1.1.2　操作系统的定义

现代人每天都在接触操作系统，例如：在使用个人计算机时，会接触到 Windows、macOS 等操作系统；在使用智能手机时，会接触到 Android、iOS 等移动操作系统；在上网时，连接的远程云端会部署 Linux、UNIX 等操作系统及 OpenStack 等云操作系统。下面我们需要明确什么是操作系统。

学术界、产业界对操作系统的定义并不完全统一。本书采用的是得到比较广泛认可的一种定义——现代操作系统是计算机系统中最为基本的一种系统软件，它是程序模块的集合。操作系统能够以尽量有效、合理的方式组织和管理计算机的软、硬件资源，合理地组织计算机的工作流程，控制程序的执行，并能够向用户提供各种服务功能，使计算机系统能够高效地运行，还能够改善人机界面，以使用户能够灵活、方便、有效地应用计算机。

以上定义包含了如下 3 个层次。

（1）操作系统是整个计算机系统的管理者，所有的资源都归操作系统管理。

（2）操作系统能够控制程序的执行，并且向用户提供服务功能，为计算机系统中运行的各种应用程序提供有效的支撑；程序可以有效地利用系统的资源，程序和程序之间不能互相干扰。

（3）操作系统提供的人机界面一定是友好的，应该为用户提供方便的执行操作命令行或图形化界面，同时要为程序员提供多样化的编程接口，以便有效地基于操作系统来进行开发。

可见，计算机系统对现代操作系统提出了很高的要求。

1.1.3　操作系统的功能

本小节介绍操作系统应具备的主要功能。如前所述，操作系统是计算系统中所有资源的管理者，这些资源既包括硬件资源，又包括软件资源。典型的硬件资源包括中央处理器（Central Processing Unit，CPU）、内存（Memory）、各种输入/输出（Input/Output，I/O）设备等。软件资源（即信息资源）包括程序及各种数据等。

作为资源管理者，操作系统要实现资源被系统中的多个运行程序共享与使用。除了能够实现资源共享，还要能够有效提高各种资源的利用率。那么，操作系统是如何有效地管理各种资源的呢？其主要包括以下几个工作环节。

（1）记录资源使用状况

操作系统具有多个记账程序，并且每种资源都有相对应的记账程序，以记录这种资源的使用状况，包括资源是否空闲、是否正常、被谁占用、使用的时间长短等。以内存为例，内存已经被占用了多少、被哪些程序占用、占用了哪些地址空间，以及还有多少内存空间可用等，这些信息可作为后续资源分配和回收的依据，这是关键。

（2）合理地分配资源

操作系统应能够较合理地分配资源。在资源被有效地记录其使用状况的基础上，后续还需要进行资源分配。在具体分配资源时，可以采用不同的分配策略。

① 静态分配策略。所谓静态分配策略，是指在资源使用前（甚至在系统运行前），已经确定资源如何分配、分配给谁、分配多少等的分配方式。静态分配策略比较简单、容易实现，但是效率不高。这是因为静态分配不能够按照系统运行时的实际所需进行资源分配。

② 动态分配策略。所谓动态分配策略，是指在程序运行过程中，根据实际需要多少资源、需要哪种资源等来实施动态分配的方式。相对而言，动态分配策略比静态分配策略要复杂，且会导致死锁问题（关于死锁，将在第 2.8 节重点分析）。

基于已经确定的分配策略，操作系统会具体地完成资源的分配。

（3）回收资源

某一个程序在运行过程中，会使用某些资源；用完后，系统会将它所占用的资源回收回来。对于操作系统来说，资源回收机制是至关重要的。例如，有些操作系统被诟病性能不够好，其中一个重要的原因是资源回收机制不够完善。资源回收后，系统又可以将空闲资源分配给其他进程使用，这便达到了资源共享的目的。

作为计算机系统资源管理者，现代操作系统至少具备处理器管理、存储管理、I/O 设备管理、文件管理、网络管理、用户接口等主要功能，每一种功能也对应着相应的模块。下面将针对每个管理功能进行简要的描述。

1．处理器管理

处理器管理最重要的任务是要完成对基于处理器运行的进程和线程的管理及调度运行，具体包括进程的创建和控制、进程的同步和互斥、进程间通信、进程死锁问题的解决及线程控制和管理等。

2．存储管理

存储管理的重点对象是内存资源。当然，除了管理内存以外，还会涉及管理高速缓冲存储器（Cache）及一部分辅存空间。然而，内存管理在存储管理中仍至关重要。若能管理好内存资源，就可以给系统中运行的各种程序提供有力的支撑。

存储管理的功能主要包括以下 4 个方面。

（1）分配存储空间。按照程序的执行需要，分配相应的内存资源，并在用完后对其进行回收。

（2）内存空间的共享。系统中多个程序分空间、分时间地共享内存，以提高内存的利用率。

（3）地址转换和存储保护。程序运行时，需要将代码中的逻辑地址转换成内存物理地址；在多个进程共享内存空间的同时，对它们实施有效的隔离，使进程之间不能相互干扰，达到存储保护的目标。

（4）存储扩充。存储扩充涉及辅存。在内存资源不够的情况下，系统可以把辅存跟内存空间联合起来使用，让辅存存储本来需要存储在内存中的程序和数据。

3．I/O 设备管理

计算机系统中各种各样的 I/O 设备完成用户提出的各种 I/O 请求。操作系统的 I/O 设备管理要能够提供各种设备驱动程序、相应的中断处理程序，并为上层程序屏蔽底层硬件的细节，以使底层硬件透明化及提高 I/O 设备的利用率。底层硬件透明化的好处在于，用户在开发上层程序时不用关心底层硬件型号等这些物理特性，以便快速开发出各种上层程序。

I/O 设备管理的具体功能包括：设备的控制处理、缓冲区的管理，能够实现设备的独立性，对设备进行分配回收；对像硬盘这样的共享型辅存设备如何进行驱动臂调度，以及实现虚拟设备等。

4．文件管理

操作系统的文件管理模块负责对辅存上的信息资源进行有效管理。具体而言，文件管理的主要任务包括对各种文件（包括系统文件、用户文件等）进行管理，实现按照文件名来存取文件，还要能够实现文件的共享与保护，保证文件的安全性，并提供一整套能够方便使用文件的操作接口和编程接口。因此，文件管理要能够提供文件的逻辑组织方法、物理组织方法、存取方法、使用方法、目录管理，能够实现文件的共享、存取控制，还有对辅存的存储空间进行管理等。

5．**网络管理**

现代主流的操作系统都已经封装了网络通信模块。Windows、Linux、Android 等操作系统都把丰富的网络管理功能、网络通信协议集成到系统中。网络管理功能要能够实现网上资源的共享、管理用户及程序对网络资源的有序访问、保证网络数据资源的安全性和完整性；而服务器端的网络管理还能够实现故障管理、安全管理、性能管理、配置管理、计费管理等功能。网络通信协议支撑各个节点之间相互进行数据通信，实现节点之间的互连互通。

6．**用户接口**

如前所述，为了使用户能灵活、方便地使用计算机和系统功能，操作系统提供了一组使用其功能的用户接口。其中，操作接口又可分为命令行方式和图形化接口方式；编程接口支撑程序员在开发应用程序时方便地调用操作系统功能。

1.1.4　操作系统的特性

现代操作系统的基本特性包括以下几个方面。

1．**并发性**

并发性是指两个或两个以上的事件/活动在同一时间间隔内发生。其包括宏观和微观两个层面的含义。

（1）在宏观上，多个程序在计算机系统内同时执行。

（2）在微观上，任何时刻只有一个程序在 CPU 上运行。

也就是说，在一个单核 CPU 的计算机系统中，多个载入内存的程序在 CPU 上快速切换，宏观上多个程序在同时向前推进；但事实上，在任何一个时刻，只有一个程序真的在唯一的单核 CPU 上执行，这就是所谓的并发性。

并发性与另一个术语“并行性”有相似之处。然而，并行性是指系统中某一时刻，多个程序真的同时运行。并行性必须有硬件支持，例如系统中有多个 CPU，或是 CPU 采用多核架构。并行性意味着多个程序不管是在宏观上还是在微观上，都是在同时执行的。

并发性带来的好处是使 CPU 与 I/O 设备可以同时执行，提高了资源的利用率。比如说某程序正在使用外围设备时，另一个程序正在使用 CPU，并发导致设备的并行工作，这样外围设备和 CPU 都不闲置，系统的整个资源利用率就得以提升。

当然，并发也导致系统资源共享时产生了一些问题。首先，多个程序并发执行会导致被彼此频繁地中断；其次，程序在不同硬件上的调度切换、同一 CPU 上不同程序间的现场切换，都会导致进程如何同步、如何存储保护等一系列的问题。

2．**共享性**

共享性是指计算机系统中的资源可被多个并发执行的用户程序和系统程序共同使用。如前所述，资源共享包含分时间和分空间的共享，即基于时空的共享，各主体轮流使用或分别占用资源的一部分。

共享形式又可以分为顺序性共享和竞争性共享这两种形式。顺序性共享其实就是轮流使用；竞争性共享是指竞争式地使用资源，即 A 用时 B 就不可以用，B 用时 A 不可以用，体现了一种彼此互斥的关系。

注意，共享性和并发性是现代操作系统最基本的特性，也是最重要的特性。两者是相辅相成、互相依存的。资源的共享是由并发执行引起的。若系统不允许程序并发执行，自然就不存在资源共享问题。资源的共享必须得到有效管理，否则必然会影响程序在系统中的并发执行，即并发执行也会导致一系列的问题，甚至导致程序无法并发执行，操作系统也就失去了并发性。

3．不确定性

不确定性在操作系统中又对应了其他一些术语，例如异步性、随机性，体现为系统中事件发生具有随机性和不确定性。在多道程序并发执行的环境中，各程序之间存在着直接或间接的联系，程序的推进速度会受到运行环境的影响。系统中的许多随机性事件打断了正在执行的程序，因此，在程序的执行过程中就产生了不确定性的因素。

不确定性是并发性、共享性的必然结果；而为了支持并发、共享，系统必须能够随时响应和正确处理系统中发生的各种随机性事件。不管事件在什么时候、以什么次序、以何种方式发生，系统应该能够用事先已经设置好的处理程序对其进行处理。

4．虚拟性

虚拟性是指在物理上没有提供，在逻辑上却具备的功能，而在用户看来好像是物理上原来就具有的功能一样。采用虚拟技术的目的是提高资源利用率和为用户提供易于使用、方便高效的操作环境。操作系统中的虚拟化（Virtualization）技术，可以把物理上的一个资源实体（如 CPU）变成逻辑上的多个对应物，或者把物理上的多个实体变成逻辑上的一个对应物。

近年来，虚拟化机制已成为信息技术领域中的研究热点，也成为产业界使用的热门技术。它是当前广泛应用的计算基础设施云计算系统的核心机制。

如何将一个物理实体变成逻辑上多个对应物呢？典型的是将一台物理计算机虚拟成多台逻辑计算机。在一台计算机上安装虚拟化软件以后，我们就可以在这台计算机上创建多个虚拟机，每一个虚拟机都好像有自己独立的 CPU、独立的内存资源、独立的辅存空间、独立的网络地址等资源。这也就意味着将物理上的 CPU、内存、硬盘、网卡等都虚拟成多个对应物了。

还可以将多个物理实体虚拟成逻辑上的一个对应物。典型的是将 100 台低性能计算机虚拟成一台高性能计算机，这台计算机就拥有了 100 台计算机的处理能力、内存空间、硬盘空间和网络资源等。

简单来说，虚拟性具体体现为操作系统的虚拟机，以及对系统软、硬件资源的虚拟化机制等。目前，Linux 等操作系统已经把虚拟机制集成到系统内核里面，作为操作系统的核心机制。例如，Linux 中的 KVM（Kernel-based Virtual Machine）机制，可以直接利用内核提供的进程调度、内存管理等现有功能模块。每一个虚拟机都被 Linux 内核看成一个标准的进程，可以通过进程调度执行程序。KVM 的架构如图 1.2 所示。

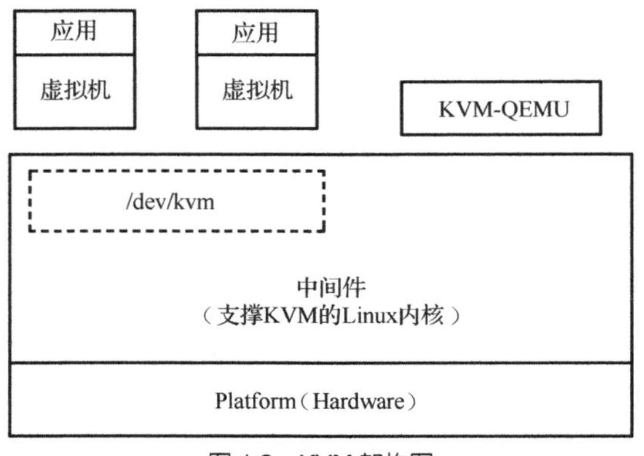

图 1.2　KVM 架构图

现代操作系统的 4 个特性（并发性、共享性、不确定性、虚拟性）不是相互独立的，而是彼此密切关联的。

（1）并发和共享是操作系统的两个最基本特征，它们又是互为存在的条件。

（2）虚拟技术为共享提供了更好的条件，而并发与共享是导致不确定性的根本原因。

1.1.5　操作系统的性能

操作系统作为计算机系统的核心软件，它的性能直接影响计算机系统的总体性能。如何来评价操作系统的性能优劣呢？事实上，对于个人计算机、智能手机、服务器等的不同类型操作系统，性能评价指标并不完全一样。

通常，操作系统要能有效地管理、使用系统资源，尽可能快地响应用户请求，方便用户使用计算机。我们可以从以下几个普适角度来大致评价一个操作系统的性能优劣。

1．系统效率

操作系统的效率主要体现在对资源利用率要高，特别是对 CPU 的利用率和对内存的利用率，还有对外围设备的利用要均衡，用户任务的周转时间及对请求的响应时间要尽可能短，系统吞吐量（Throughput）要大。所谓响应时间短，主要是指个人计算机、智能手机等终端对任务（本地或网络远端）的响应需求，反馈时间要尽可能短。所谓吞吐量大，是指系统在单位时间内处理的任务数量要尽可能多，这是主要针对服务器端操作系统的一个性能指标。

2．系统可靠性与安全性

在网络信息时代，信息系统的安全性、可靠性是第一重要的。操作系统是整个计算机系统中所有硬件与软件资源的管理者，它的可靠性与安全性直接影响着整个计算机，乃至信息化系统的运行可靠性与安全性。

3．系统可维护性

一款软件系统开发出来后，人们往往希望其能够尽量便于后期维护。维护环节常被忽视，事实上该环节是非常重要的。据统计，系统维护成本能够占到软件成本的 70%左右，并且维护期在整个软件的生命周期内来看也相当长。操作系统是否具有较好的维护性是决定操作系统生命周期长短的重要因素，因此要求操作系统要具备良好的可维护性。

4．易用性

易用性是指操作系统提供的各种服务、功能要方便用户使用。如今，用户对系统的易用性要求越来越高，这主要会涉及计算机系统使用的简单性、可操作性、可携带性等。操作系统提供了用户界面，因此，系统的易用性很大程度上体现在操作系统的操作界面和编程接口的简洁、方便、易用。

5，可扩充性

可扩充性主要体现在操作系统的功能能够不断被加强、改进和完善，在引进新系统组件时不应干扰现有的服务功能，以适应不断发展的应用需求。

6．开放性

操作系统须具备开放性，能够与不同厂家制造的计算机相关设备及各种应用程序有效地协同工作，支持应用程序在不同系统平台上的可移植性和互操作性。一般来说，操作系统必须支持主要的行业标准，才能满足开放性的要求。

以上 6 个方面是用来评价操作系统性能的通用指标。针对特定类型的操作系统，还有一些特定的评价指标。例如，对于移动终端的操作系统，有一个重要的性能评价指标就是能效。显然，对于智能手机而言，系统能够降低能耗、提升能效、延长待机时间是非常重要的。

1.2 操作系统的形成和发展

1.2.1 硬件的发展

操作系统的形成和发展是与硬件的发展分不开的。早期的计算机不需要操作系统，也不能支持操作系统的运行。其主要的原因是早期计算机的性能很低，资源也很有限，不管是处理器的计算能力，还是内存空间资源，都很有限。

随着计算机硬件设计、制造水平的不断提升，处理器的计算能力显著增强、内存空间不断扩大、读写速度不断提升、各种各样的 I/O 设备被加入到计算机系统中。除此以外，服务器、个人计算机、平板电脑、智能手机及无线传感器节点等各类计算设备纷纷涌现。这意味着，计算机既有能力来支撑操作系统的运行，也需要操作系统来管理如此繁杂的各种设备。

1.2.2 执行系统阶段

随着硬件技术在通道引入和中断技术研究两个方面获得了重大的进展，操作系统的发展历程也进入了执行系统阶段。

通道是指一种专用的处理部件，能够控制一台或多台外设工作，负责外围设备和内存之间的信息传输。一旦它被启动，可以独立于 CPU 运行，这样 CPU 和通道就能够并行工作，CPU 和各种外围设备也能够并行工作。因此，通道其实是一种专门负责输入/输出的处理器。

中断是指当主机接收到外部信号，或系统中发生随机性事件时，会停止当前的工作，转而去处理这一事件，待事件处理完后，主机又可以回到原来的断点继续工作。

借助通道和中断技术，系统中的输入、输出工作可以在主机的控制下完成：用户不能直接启动外设，用户的输入/输出请求必须通过系统去执行。系统中原本监督程序的功能被扩大了，不仅要负责调度作业自动地运行，还要提供输入、输出控制功能。

功能扩展的监督程序常驻内存，称为执行系统。

1.2.3 多道程序系统阶段

多道程序设计技术为现代操作系统的诞生和发展打下了坚实的基础。多道程序设计技术主要是为了支持系统的并发功能。当计算机从国防、科研等领域走向民用领域后，例如商用领域，其各种任务跟国防、科研领域中的计算任务有很大的差别，并且在这些应用领域中，对输入、输出任务的处理非常频繁，而计算量通常并不太大。

在单道计算系统中，若当前任务因等待 I/O 处理而暂停，CPU 就会处于一种原地踏步的状态，即不断地空转，待输入、输出完成后，才能继续进行后续计算。这也就意味着 CPU 在大部分时间内是处于闲置状态。对于计算量大的任务，如科学计算领域中的计算密集型任务，CPU 闲置的时间比较短。在商用领域，CPU 大部分时间在等待 I/O 操作，因此，CPU 在 80%～90%的时间内处于原地踏步，并没有执行任何有意义的任务。

单道计算系统中，任务一个一个地顺序执行。而多道计算系统允许多个任务同时进入主机、并发运行，即：当有一个任务在 CPU 上执行时，其他任务可以去进行 I/O 操作；当这个任务转而执行 I/O 操作时，其他的任务可以占用 CPU。这样就可以提高 CPU 的利用率，减少 CPU 的等待时间，达到系统并发的目的——在宏观上并行、在微观上串行。

下面举一个典型的案例，看一看多道程序技术是怎样提高 CPU 等资源的利用率及系统吞吐率的。假设有一个数据处理程序（任务 A），利用输入机输入 500 个字符要用时 78ms，CPU 对数据进行处理要用时 52ms，将所产生的 2000 个字符存到磁带上要用时 20ms，这样反复执行，直到输入的数据全部处理完毕为止。在这一轮处理周期中，一共用时 150ms，其中仅有 52ms 的时间 CPU 处于工作状态，而其他时间内 CPU 都是处于等待（或是空转）状态。

为了提高效率，我们将一个任务单道执行提高到两个任务并发执行，再来看一看是否能够提高 CPU 等资源的利用率和系统吞吐率。假设还有另外一个任务（任务 B），从另外一台磁带机输入 2000 个字符需要用时 20ms，CPU 处理这些字符要用时 42ms，从打印机上把结果输出来要用时 88ms。

现系统中有两个任务在并发运行，可以发现：当任务 A 正在用输入机输入数据的时候，任务 B 就用另外一台磁带机经过 20ms 输入 2000 个字符；20ms 后，在 20～62ms，即 42ms 内，CPU 被任务 B 占用；任务 B 利用 CPU 处理好数据后，利用打印机进行输出；从 78ms 开始，任务 A 占用 CPU 处理数据用时 52ms，处理完后再用时 20ms 从磁带机上把结果输出来。这样，在 150ms 内，两个任务均结束了。

可以看出，在单道的环境中，CPU 的利用率是 52/150，约为 35%，即 35%的时间内 CPU 是处于工作状态的，其他时间则处于闲置状态或空转状态。当我们引入另外一个任务后，处理器的利用率为(42+52)/150，从 35%提高到 63%，这表明 CPU 的利用率被明显提高，闲置时间变少了；此外，系统的吞吐率也提高了，即在 150ms 的时候，原本只完成一个任务，现在能完成两个任务。

但是多道程序也有一些负面效应，即在提高资源利用率和系统吞吐率时，对于每个任务会延长其总处理时间。刚刚那个例子，其实是一个特例——任务 B 在需要使用 CPU 时，CPU 正好处于空闲状态；任务 A 在想使用 CPU 时，CPU 已经被任务 B 释放了。我们假设其中的一个任务正在占有并正在使用 CPU，另外一个任务也需要使用 CPU，它不能立刻得到 CPU，而必须等待 CPU 被释放后才能用，这就需要等待 CPU 一段时间。因此，多道程序设计技术提高了资源利用率、系统吞吐率，却延长了用户的响应时间。

总之，操作系统引入多道程序设计技术带来的好处是提高 CPU 的利用率、内存和 I/O 设备的利用率，同时改进系统的吞吐率，充分发挥了系统的并行性，系统中各个设备可以并行工作；缺点是对于每一个任务来说，会延长其总处理时间。

在多道程序技术出现不久以后，就出现了分时系统。多道程序和分时系统的出现，标志着现代操作系统的形成。随着计算机网络和网络计算技术的发展，又产生了网络操作系统和分布式操作系统等各类操作系统。

1.3 操作系统的结构设计

本节探讨操作系统的结构设计。操作系统可以采用多种结构来进行设计和组织，不同的结构代表了不同的操作系统设计思想。比较典型的操作系统结构包括整体式结构、层次式结构、虚拟机结构、客户机/服务器结构和微内核结构。下面一一来介绍。

1.3.1 整体式结构

整体式结构又称为模块式结构，即采用模块组合的方法来设计和开发操作系统。这是一种典型的基于结构化程序设计思想的软件设计方法。

（1）将操作系统分成若干个模块，将模块作为操作系统的基本组成单位。

（2）分模块的方式主要是根据软件功能的需要，而并不是按照这个程序或数据的特性进行模块的划分。

（3）如果初步划分的模块比较庞大，还可以将这些模块进一步划分为若干个较小的模块，即将大模块划分成若干子模块，对子模块再进行进一步划分。

（4）每个模块都具有相对独立的功能，对每个模块可以分别进行设计、编码和调试操作。

（5）将所有的模块组装在一起，就可以形成完整的操作系统。

这种模块式结构的操作系统在研发过程易于分工，比较适合团队协作开发，并且设计与编码齐头并进还可以加快操作系统研制进程等。例如，可以给程序员分配一个合适的模块开发任务，待设计人员将模块的接口定义好后，再将模块和模块组合起来，这种明确的分工显然有助于简化开发流程。操作系统可以按功能分为处理器管理、内存管理、设备管理、文件管理等模块，这也契合操作系统自身的特性。此外，这种操作系统结构紧密、组合方便，根据不同环境和用户的不同需求可以组合不同模块来满足，灵活性大；每个功能可以通过最有效的算法和调用其他模块中的过程来实现，系统效率较高。

然而，任何一种结构及其开发方法都是既有优点又有缺点的。毫无例外，模块式结构的操作系统也有缺陷。首先，模块之间的牵连过多易导致模块的独立性较差，模块和模块之间常常呈现为一种紧耦合的关系（紧耦合容易导致系统中各组件牵一发而动全身）。其次，模块和模块之间存在比较复杂的调用关系，甚至会造成循环调用。举例来说，A 模块可以调用 B 模块的一个功能，B 模块又调用 C 模块的功能，C 模块又调用 A 模块的功能，由此形成循环调用。另外，系统结构不明晰，正确性难以得到保证，可靠性被降低；系统可维护性差，任何一个模块的增、删、改都可能影响到其他模块，这就会使系统维护、升级变得困难。

1.3.2 层次式结构

解决上述整体式结构所存在问题的办法之一是采用层次式结构。事实上，层次式结构仍是一种模块化的结构。其设计思想与结构化的设计思想是统一的，但是又有不同。层次式结构也将操作系统划分成若干模块；模块按照功能的调用次序排列成若干层；各层之间只能是单向依赖或单向调用关系，即上层的模块可以调用下层的模块，下层的模块不允许调用上层的模块。典型的层次式结构如图 1.3 所示。

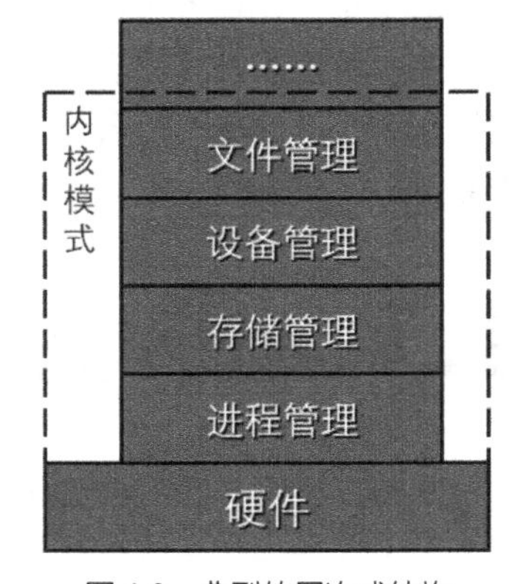

图 1.3 典型的层次式结构

图 1.3 中这种模块之间的排列次序使结构变得更加明晰，同时避免了像循环调用这种情况的发生。

层次式结构还可分为全序和半序两种类型。

（1）全序。如果各层之间是单向依赖的，而每层中的各模块也保持独立、没有联系，这种层次结构称为全序的。

（2）半序。如果各层之间是单向依赖的，而层内允许互相调用和进行通信，这种层次结构称为半序的。

层次式结构将整体问题局部化，例如，可以将复杂的操作系统按照一定的原则分解成若干单一的模块，模块之间组织成层次结构，并形成单向依赖性，使得模块之间的依赖和调用关系更加清晰、规范。

以 Linux 操作系统为例，从整体角度来看，该操作系统采用了一种层次式结构。如图 1.4 所示，系统底层是硬件，其上面是 Linux 内核，在 Linux 内核上面是系统调用接口，各种用户进程的应用程序都运行在最上层，这显然是一种层次式结构。

图 1.4　Linux 操作系统的层次式结构

然而，Linux 操作系统的内核仍然采用整体式结构，如图 1.5 所示。Linux 是一种单内核操作系统，进程管理、内存管理等模块全部被集成到内核里面。内核中的各个模块可以单独编译，再通过链接程序链接在一起，形成单独的一个目标程序。

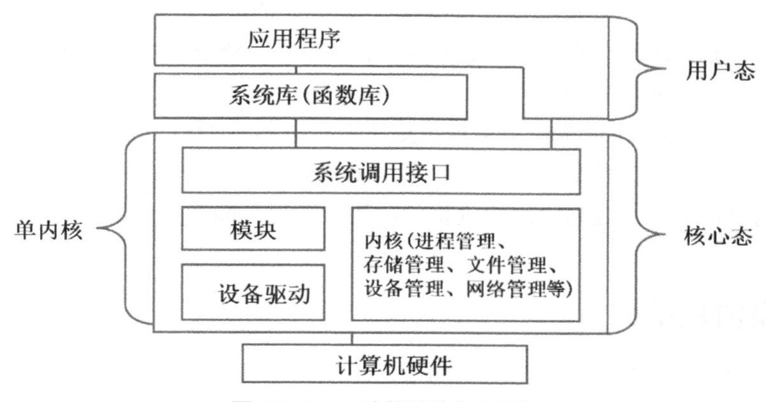

图 1.5　Linux 内核的整体式结构

整体式结构采用模块组合方式存在着上述缺陷，为什么 Linux 操作系统内核仍采用整体式结构呢？这其实与 Linux 操作系统的研发过程有关联。起初，Linux 操作系统由创始人 Linus Torvalds 构建并发布到互联网上；基于互联网，全球的程序员可以加入到该项目中来贡献自己的智慧，开发、改进系统的各个模块。所以说，Linux 的研发历史和开发模式促使其采用了这种模块化方法。但是这种模块化方法又有一些不同之处，即它采用一种开源的开放式结构，而这种结构允许全球程序员通过互联网参与到这个项目的开发过程中。这种模式结合了全球程序员的智慧，便于及时发现系统的各种漏洞和问题，并进行快速弥补和改进，从而提高了系统的安全性和可靠性。

1.3.3　虚拟机结构

对于操作系统的虚拟机结构，科学界有不同的看法。有些学者认为，所谓虚拟机结构，其实是指操作系统采用层次式结构，在底层实现基本的功能，然后在基础平台上开启多个虚拟机的结构方式。虚拟机被视为任务及功能的容器，操作系统的功能实现和应用程序的运行等都可以在虚拟机中进行。当某个用户连接到主机，系统就创建专属于该用户的虚拟机来提供服务。因此，虚拟机是通过软件模拟的、运行在隔离环境中的计算机系统，实体计算机中能够完成的工作在虚拟机中都能够实现。

不过，这里的虚拟机结构还有另外一层含义。从软件工程的角度，虚拟机结构对应了原型法。原型法是在裸机上层层扩展软件，采用层次式结构的设计方法来实现软件，经过虚拟化后的逻辑资源对用户隐藏了不必要的细节。基于原型法开发操作系统时，先开发最为核心的功能，在核心功能的基础上再添加其他的功能，然后在这个新基础上开发其他功能，从简单到复杂、一层一层开发。经过这种不断地迭代开发，最终构建出满足用户需求的操作系统。

1.3.4 客户机/服务器结构

客户机/服务器（Client/Server，C/S）是一种网络概念。在网络系统中存在客户机和服务器，客户机上运行着各种应用程序，服务器中拥有数据、设备等各种资源。通过网络设备将客户机和服务器连在一起，客户机向服务器请求资源、服务，服务器向客户机提供相应的资源、服务。

把客户机/服务器的思想引入结构设计中后，可以将操作系统分成两大部分。

（1）进程：进程运行在用户态（一种低权限的状态），并以客户机/服务器方式活动。

（2）内核：内核运行在核心态，这是一种高权限的状态。

除内核外，操作系统的其他部分被分成若干相对独立的进程。所谓进程，可以暂时理解为正在运行的程序（后续章节会详细介绍）。进程有两种类型：一种是提供服务的进程，称为服务器进程；另一种是用户运行应用程序时创建的进程，称为用户进程。

用户进程运行时发出服务请求，这个请求消息先被发给内核；经过内核验证，如果确认请求合法，就把这个消息转发给服务器进程；服务器进程根据用户进程的请求执行，再把执行结果通过内核以消息的形式，返回给用户进程。这两类进程之间就形成了类似网络中客户机/服务器的关系。

1.3.5 微内核结构

微内核结构，顾名思义，是指内核非常小的结构方式。微内核结构将操作系统中的内存管理、设备管理、文件系统等功能模块尽可能地从内核中分离出来，变成独立的非内核模块；内核中只保留少量的最基本功能。

微内核结构包括以下优点。

（1）代码量少，内核变得更简洁。

（2）充分模块化，当更换任一个模块时不会影响其他的模块，方便第三方的开发和设计。

（3）当前没有被使用的模块不必运行，这样可以大幅度地减少系统的内存需求。

（4）增强可移植性，移植时重点对微内核部分进行修改，且修改代码量非常少。

如图 1.6 所示，客户机/服务器结构和微内核结构可以有机结合，发挥两者所长。

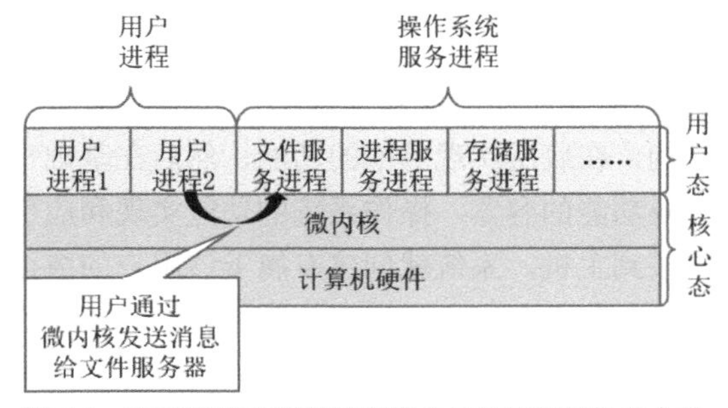

图 1.6　客户机/服务器结构和微内核结构的有机结合图

1.4 操作系统的引导启动

1.4.1 计算机的启动过程

当用户按下计算机电源开关后，计算机系统的启动过程可以简单分为以下几个阶段。

（1）BIOS（Basic Input Output System，基本输入/输出系统）自检。BIOS 进行上电自检（Power On Self Test，POST），检测系统 CPU、内存、显卡、I/O 设备等关键部分是否正常，并对其进行初始化。

（2）操作系统引导。操作系统引导的任务是把操作系统的内核等必要部分装入内存并使系统运行，最终使系统处于命令接收状态。操作系统引导在计算机系统最初建立时或在运行中出现故障、日常关机时会涉及。

（3）启动内核。将操作系统的内核装入内存后，即可启动内核。在 Linux 操作系统中启动内核时，会获取系统参数、设置基本环境及切换处理器操作模式、初始化系统等。

1.4.2 操作系统的启动过程

具体而言，操作系统的启动过程可以分为以下 3 个阶段。

（1）初始引导。把系统核心装入内存中的指定位置，并在指定地址启动。

（2）核心初始化。执行系统核心的初启子程序，初始化系统核心数据。

（3）系统初始化。为用户使用系统做准备，例如：建立文件系统，在单用户系统中装载命令处理程序；在多用户系统中为每个终端分别建立命令解释进程，使系统进入命令接收状态。

以 Linux 操作系统为例，其内核初始化程序的任务是为 Linux 操作系统后续运行做好必要的准备，如将内核调入内存物理空间，获取计算机的配置参数，并建立各种资源管理数据结构，然后启动守护进程，并建立人机交互环境等。

1.5 操作系统的人机接口

1.5.1 操作界面

如今，操作系统提供了多种形式的人机操作界面，不仅包括个人计算机和服务器上提供的命令行界面（见图 1.7）或图形化界面（见图 1.8），还包括智能手机上常用的语音、手势等多媒体交互界面。人机操作界面的发展趋势为越来越友好、越来越人性化、越来越高效，并能够进行个性化设置。

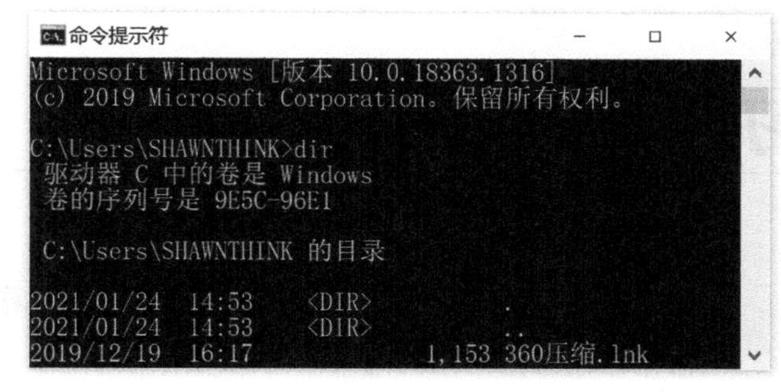

图 1.7　命令行界面

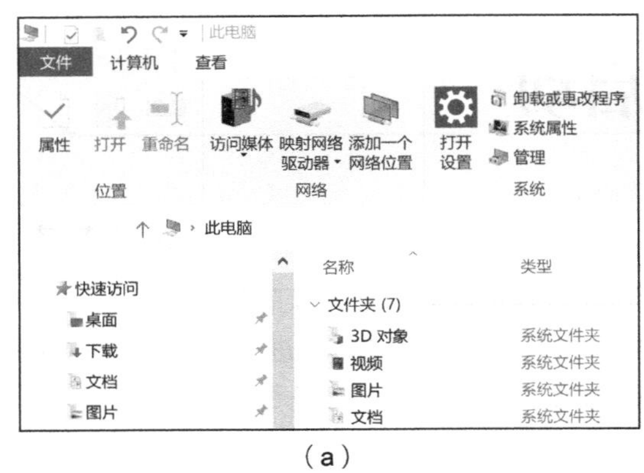

（a）

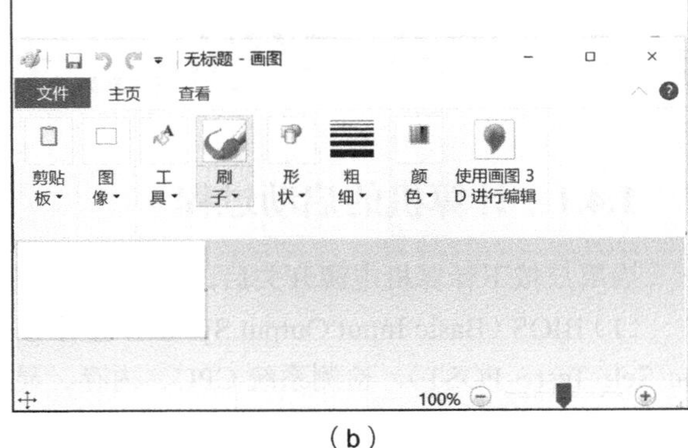

（b）

图 1.8　图形化界面

1.5.2　系统调用与编程接口

除了人机操作界面，主流的操作系统还为程序员提供了丰富的系统调用（System Call）和方便的应用编程接口，让程序员可以有效地基于操作系统来进行其他支撑软件和应用程序的开发。

系统调用是操作系统支撑应用程序运行的可调用系统程序，应用程序通过调用这些系统程序来获取操作系统内核提供的服务。

在程序员具体开发程序时，通常是利用 API 函数更加方便、间接地使用一个或打包使用一组系统调用来完成所需功能。事实上，操作系统本身提供的系统命令或图形化操作功能也常常通过调用 API 函数来实现。

1.6　本章小结

本章主要是从面上多方位、概略地介绍操作系统：首先介绍了操作系统的基本概念，描述了操作系统在计算机系统中的地位和发挥的作用，还阐述了操作系统的功能、特性，以及评价操作系统性能的指标；接着介绍操作系统的形成和发展历程，其间重点介绍了执行系统和多道程序系统这两个阶段；然后重点分析了设计操作系统所采用的典型体系结构（包括整体式结构、层次式结构、虚拟机结构、客户机/服务器结构、微内核结构）；接下来介绍了操作系统的引导启动原理和启动过程；最后介绍了操作系统的人机接口（包括操作界面、系统调用与编程接口）。通过本章的学习，读者可以从整体上把握操作系统的相关知识。

习题 1

1．选择题

（1）作为资源管理者，操作系统负责管理和控制计算机系统的（　　）。

A．软件资源　　B．硬件和软件资源　　C．用户所用资源　　D．硬件资源

（2）在计算机系统中，操作系统是一种（　　）。

A．应用软件　　B．系统软件　　C．用户软件　　D．支撑软件

（3）计算机系统中两个或多个事件在同一时刻发生指的是（　　）。

A．并行性　　B．并发性　　C．串行性　　D．多发性

（4）以下不属于现代操作系统主要特性的是（　　）。

A．实时性　　B．虚拟性　　C．并发性　　D．不确定性

（5）下列关于多道程序设计技术的说法中，错误的是（　　）。

A．需要中断技术支持

B．在某时间点 CPU 可由多个进程共享使用

C．在某时间点内存可由多个进程共享使用

D．可以提高 CPU 利用率

（6）以下选项中，允许在一台主机上同时联接多台终端，并且多个用户可以通过各自的终端交互使用计算机的操作系统是（　　）。

A．网络操作系统　　B．分布式操作系统

C．分时操作系统　　D．实时操作系统

（7）设计多道批处理系统时，首先要考虑的是（　　）。

A．灵活性和可适应性　　B．交互性和响应时间

C．系统效率和吞吐量　　D．实时性和可靠性

2．填空题

（1）Linus Torvalds 因成功地开发操作系统________内核，而获得了 2014 年计算机先驱奖。

（2）用户和操作系统之间的接口主要分为________界面、________接口和图形化界面。

（3）现代操作系统的四大主要管理模块是指________、________、________和________。

（4）吞吐量是指系统在一段时间内的________能力。

3．简答题

（1）现代操作系统一般要满足哪些主要的设计目标？

（2）操作系统的作用可从哪些方面来理解？

（3）请描述现代操作系统的定义和主要特性。

（4）分别简单叙述批处理操作系统、分时操作系统、实时操作系统的基本特点。

（5）在多道程序设计系统中，如何理解“内存中的多个程序执行过程交织在一起，各个进程都在走走停停”的现象？

4．解答题

某一计算机系统有一台输入机和一台打印机，现有两段程序投入运行，且程序 A 先开始运行，程序 B 后运行。程序 A 的运行流程为：计算 50ms→打印 100ms→再计算 50ms→打印 100ms→结束。程序 B 的运行流程为：计算 50ms→输入 80ms→再计算 100ms→结束。请回答以下问题。

① 两段程序运行时，CPU 有无空闲等待？若有，请指出 CPU 在哪段时间内处于等待态，以及为什么会等待。

② 程序 A、程序 B 有无等待 CPU 的情况？若有，请指出 CPU 发生等待的时刻。

第2章

处理器管理

2.1　进程及其实现

2.1.1　进程定义

进程（Process）是操作系统中最为重要的概念。科学界对进程的定义并不完全一致。在有些操作系统的论著中，会将进程称为任务（Task）或活动（Activity）。这里介绍一种被普遍接受的定义：进程是具有独立功能的程序关于某个数据集合上的一次运行活动，是系统进行资源分配、调度和保护的独立单位。

理解进程的定义须注意其中的关键词。首先上述定义中提到进程其实是一次“活动”，而进程中又涉及程序和数据，还涉及资源分配、调度和保护。之所以操作系统引入进程的概念，原因之一是进程作为一个活动，能够真实刻画出系统的动态性，还刻画出系统的并发性；原因之二是刻画出系统的共享性，多个进程共享系统的各种资源，系统以进程为单位进行资源分配、调度和保护。

2.1.2　进程的类型和特性

进程可以分为以下两类。

（1）系统进程。系统进程是指操作系统自身的模块、程序在计算机系统中运行的时候，系统为它们创建的进程。

（2）用户进程。用户进程是指用户的应用程序在计算机系统中运行的时候所创建的进程。

在典型的计算机系统中，进程之间的地位并不相等，而被划分为不同的优先级。通常，系统进程的优先级会高于用户进程的优先级，在执行的过程中可能会得到优先执行。

进程包括以下主要特性。

（1）结构性。进程的结构性是指进程由几个方面构成，包括可以执行的程序、程序的处理对象数据、进程控制块及用来进行消息参数传递中转的栈。简言之，进程是由程序、数据、进程控制块和栈这 4 个部分构成的，由此体现出进程的结构性。

（2）共享性。进程的共享性是指多个进程在系统中共享各种资源，包括 CPU、内存、I/O 设备、数据文件等。

（3）动态性。进程的状态在系统中有诞生、有消亡，是动态变化的；进程被创建后在系统中运行，运行结束后会终止，整个生命周期中体现出动态性特征。

（4）独立性。系统中并发运行的多个进程彼此是独立运行的，分别使用分给它们的相应资源，按照自己的逻辑往前推进和执行，由此体现出相对独立性。

（5）制约性。多个进程在系统中并发运行时，既可能彼此协作，也可能彼此竞争，体现了制约性。例如，协作的两个进程彼此之间需要传递一些参数，当一个进程在等待另外一个进程给它提供参数的时候，这种制约性自然就发生了。多个进程在共享资源的时候，也会产生一些竞争性的制约关系。例如，需要为一个进程分配内存空间，而内存没有空余时，该进程就被迫等待其他进程释放占有的内存空间。

（6）并发性。多个进程在系统中并发运行，分时、分空间地使用 CPU 和内存等资源，并发地向前推进。

在第 1 章中曾简单介绍进程就是运行中的程序。而通过上面的阐述，可以发现进程和程序是有明显区别的。

（1）进程能真实地描述系统中的并发特征，程序不能。

（2）进程是由程序、数据、进程控制块、栈等部分构成的，程序其实是进程的一部分。

（3）程序本质是代码集合，是静态的，而进程是一次活动，在不同的状态之间切换，体现出动态性的特征。

（4）进程是有生命周期的，有诞生、有消亡，相对来说比较短暂；而程序可以保存在辅存上，长久存在。

（5）一个程序在系统中可以演化为多个进程，而一个进程可以涉及多个程序。这时，进程和程序不再仅仅是一一对应的关系，也可能是一对多，还可能是多对一的关系。

（6）进程可以创建子进程，程序不能创建子程序。

2.1.3 进程的状态和转换

本小节探讨进程的状态及其在各状态间的转换。

1．进程的状态

进程最基本的状态有 3 种：运行态（Running）、就绪态（Ready）和等待态（Blocked）。

（1）运行态

如果当前进程占用了 CPU 并正在运行，则其所处于的状态便称为运行态。

（2）就绪态

如果一个进程已经具备在 CPU 上执行的所有条件，但当前 CPU 并没有分配给它，则其所处于的状态便称为就绪态。多个处于就绪态的进程会被加入就绪队列中，当处于就绪态的进程被调度到 CPU 后，会立刻得以执行。

（3）等待态

等待态又称为阻塞态、封锁态、睡眠态等。如果一个进程正在等待着某事件的发生，抑或是在等待某信号、某种资源，当这类需求没有被满足的时候，这个进程就会被置为等待态，加到相应的等待队列中，等待后面它的需求被满足。此时，即使将 CPU 分配给该等待进程，其也无法执行。

2．进程状态的转换

进程会在 3 种状态间切换，如图 2.1 所示。

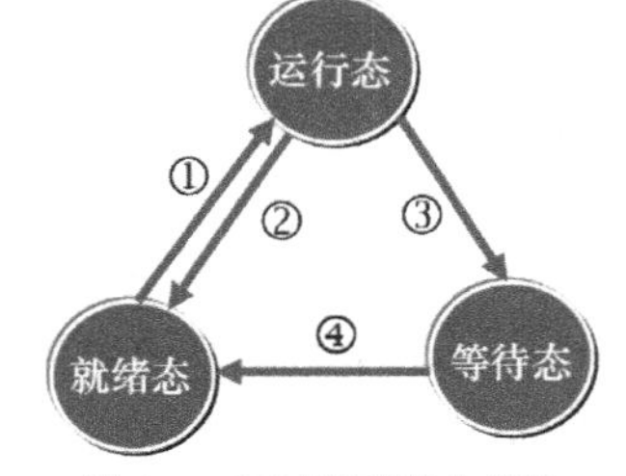

图 2.1 三种进程状态转换

（1）从就绪态到运行态

一旦 CPU 的调度程序选择某处于就绪态的进程占有 CPU，该进程立刻就会由就绪态切换到运行态。

（2）从运行态到就绪态

进程从运行态切换到就绪态，有以下两种可能性。

① 如果进程已经用完了当前分配给它的 CPU 时间片（关于时间片后续章节再详细探讨），会被剥夺 CPU，此时进程会由运行态切换到就绪态。

② 在抢占式的系统中，高优先级进程可以抢占低优先级进程的 CPU，被抢占 CPU 的进程将会切换到就绪状态。

（3）从运行态到等待态

进程从运行态切换到等待态，有以下两种可能性。

① 如果某进程占用 CPU 并正在运行，需要临时向系统申请一些资源，比如内存资源，但是系统当前没有足够的内存资源分配给它，该进程就会从运行态切换到等待态。

② 如果某进程运行时需要一个信号或者需要系统提供某项服务，比如进行 I/O 操作，但是 I/O 设备还没有准备好，都会导致进程从运行态切换到等待态。

（4）从等待态到就绪态

如果处于等待态的进程所等待的资源、服务、信号可以提供了，又或是等待的事件发生了，该进程将由等待态切换到就绪态。

可以注意到，进程在就绪态和运行态之间是可以来回切换的。然而，进程是否可以从就绪态直接切换到等待态，又是否可以从等待态直接切换到运行态呢？请自行思考一下。

3．进程状态的拓展

进程三状态模型可以进一步拓展为五状态模型。所谓五状态模型，就是又增加了新建态和终止态这两种状态。

（1）新建态

新建态又称为创建状态。当一个进程刚被创建的时候，刚给它分配了进程标志符等信息并创建了管理进程所需要的表格，但是系统还没有允许执行该进程，而且它所需要的其他资源还没有被完全满足，特别是内存资源，此时进程就处于新建态。

一旦进程所需要的资源（除了 CPU）全部得到满足，该进程就会切换到就绪态，等待被 CPU 调度。

（2）终止态

终止态又称为退出状态。当一个进程正常结束或异常终止后，该进程会处于终止态。终止态的进程不再拥有执行权限，相关的管理表格和信息会被操作系统暂时保留。一旦进程的父进程或者操作系统完成了对处于终止态进程的一些有用信息抽取，系统中将删除这个进程。

增加新建态和终止态这两种状态后，状态的转换方式也增加了。

① 从无到有切换到新建态。新创建一个进程，进程就处于新建态。

② 新建态切换到就绪态。当系统完成进程创建工作且系统的当前资源（特别是内存资源）能够满足它时，进程就从新建态切换到就绪态，加入就绪队列。

③ 从运行态切换到终止态。当一个进程到达了自然的结束点、出现了无法克服的异常错误，又或者被操作系统、被它的父进程强行终止时，该进程都会由运行态切换到终止态。

④ 从就绪态或等待态切换到终止状态。在进程处于就绪态或处于等待态的时候，被操作系统或者被它的父进程强行终止，进程就会由就绪态或等待态切换到终止态。

⑤ 从有到无。在完成一些善后工作以后，终止态进程被彻底删除。

进程五状态模型可进一步拓展为七状态模型。所谓七状态模型，就是又增加了就绪挂起态和等待挂起态两种状态。

所谓挂起，是指当系统资源（尤其是内存资源）已经不能满足当前系统中所有进程的需求时，必须将某些进程的程序、数据等内容迁移到辅存的镜像区中，暂时不参与调度，而这些进程原来所占有的内存空间被释放出来，供其他进程使用。这种操作称为挂起，被挂起的进程将处于挂起状态。

当系统中的进程没有处于就绪状态的或有些就绪进程要求更多的内存资源时，就会有一部分进程被挂起。原因是，如果没有进程处于就绪状态，系统会推测可能是内存不够用，便将一部分进程移到硬盘上，这样另外一部分进程就可以获得全部资源，从而将进程状态转换到就绪状态。此外，当系统中同时存在处于等待态的高优先级进程（该进程因缺乏内存资源而被阻塞）和处于就绪态的低优先级进程时，系统就可能将低优先级的就绪进程转移到辅存上，腾出空间供高优先级的等待进程使用。事实上，这是一种资源强占行为——高优先级进程抢占了低优先级进程的内存资源。

挂起的逆操作是激活。所谓激活，是指将处于挂起状态的进程迁移回内存的操作。当系统中没有就绪进程，或者就绪挂起态的进程优先级高于系统当前就绪态的进程时，部分就绪挂起态的进程就可以被激活。当一些进程释放了足够的内存后，系统就可以把之前挂到辅存上的高优先级等待挂起态的进程调回内存，这时挂起状态切换为非挂起状态。

2.1.4 进程控制块

进程控制块（Process Control Block，PCB）是系统为了管理进程设置的专门数据结构，用来记录进程的外部特征、描述进程的变化过程。进程控制块是一个非常复杂的数据结构，记录了进程几乎所有的特征和参数。进程控制块就像是进程的身份证，是系统感知进程存在的唯一标识。操作系统可以利用进程控制块来控制和管理系统中的所有进程。在操作系统中，进程控制块和进程是一一对应的，一个进程必须有一个进程控制块，而一个进程控制块必须且只能对应着一个进程。

进程控制块具体包含哪些内容呢？下面将从 4 个方面来介绍进程控制块包含的内容。

1．进程描述信息

进程描述信息中最重要的是进程标识符（Process ID，PID）。进程标识符在系统中是唯一的，类似于人的身份证号，可以用一个非负整数来表示。进程描述信息中还包含进程名，它一般基于进程所涉及程序的可执行文件名，并且在系统中不唯一。由于进程和程序可能不一一对应，如两个进程可能调用了同一个程序，因此进程就会重名。系统要掌握进程是由哪个用户创建的，因此还需要获取该用户的标识符（User ID，UID）。

2．进程控制信息

进程控制信息包含进程状态、进程优先级、代码执行入口地址、程序的外存地址（存放于辅存的具体位置）、运行统计信息（如 CPU 执行时间、占用的内存空间）、进程间的同步和通信信息、等待原因、进程队列指针和消息队列指针等。

3．进程拥有资源和使用情况

进程拥有资源和使用情况主要包括进程逻辑上虚拟地址空间的使用现状、占用的相关外围设备和使用的数据文件列表等。

4．进程的 CPU 现场信息

进程的 CPU 现场信息主要包括进程占用过 CPU 后的 CPU 寄存器值（程序计数器 PC、状态 PSW 等），还有指向赋予该进程的段表、页表的指针（段表和页表将在后续章节详细描述）。

操作系统对所有的进程控制块进行统一管理。进程没有权限来管理和访问自己的进程控制块，只能由操作系统来管理。操作系统一般会把所有的进程控制块集中存放在内存的核心段，构成 PCB 表。PCB 表的长度代表系统能够并发执行的进程数量，其上限称为系统最大并发度。

2.1.5 进程上下文

进程上下文（Process Context）由进程自身和其所处的运行环境构成。从信息分布的角度来说，进程上下文可以被分成以下两个部分。

1．处理器部分信息

处理器部分信息（又称为寄存器级上下文）是指当一个进程占用 CPU 并运行以后，处理器的寄存器现场信息，包含程序状态字（Program Status Word，PSW）、栈指针、通用寄存器值等。

2．内存部分信息

内存部分信息又可以分成以下两个部分。

（1）系统级上下文。处于内存的核心地址空间，包含 PCB 表和进程所使用的一些资源管理表格等内容，还包含调用核心过程时涉及的栈结构，不同进程在调用相同的核心过程时会涉及不同的栈。

（2）用户级上下文。处于内存的用户地址空间，包含用户进程的代码、数据、栈等内容，它是进程在内存中的主体部分。

多个进程在系统中并发运行时，就会涉及进程上下文的切换。进程上下文的切换（简称进程切换）主要针对 CPU 资源，其包含“切入”“换出”两个过程：正在占用 CPU 的、处于运行态的进程暂时中断运行，并把处理器让给另外的进程使用，当前占用 CPU 的进程“换出”CPU，新进程“切入”CPU。

被切换出 CPU 的进程并未终止，未来还可能要再次占用 CPU 继续运行，系统需要“记忆”它的中断点，保留进程被中断时的 CPU 信息，即处理器现场信息。具体而言，进程上下文的切换包含以下几个步骤。

（1）保存被中断进程的处理器现场信息。

（2）修改被中断进程的进程控制块信息，如要把进程从运行态切换到就绪态。

（3）将被中断进程的进程控制块加入相关队列中。

（4）选择下一个占用 CPU 并运行的新进程，修改该进程的进程控制块信息，将它从就绪态修改成运行态。

（5）根据被选中的进程，设置操作系统用到的地址转换和存储保护信息。

（6）恢复处理器现场，让进程可以顺利占用 CPU 并运行。

2.1.6　进程切换与处理器状态切换

根据运行程序对系统资源和机器指令的使用权限，我们可以将处理器设置为不同的执行模式，又称为处理器状态；处于不同模式或状态的 CPU 允许执行的指令集合不一样。可见，处理器状态是与操作权限密切相关的。

操作系统常将处理器状态划分为管态和目态这两种级别。

管态是指操作系统的自身核心及部分系统进程的程序运行时的处理器状态。在管态下，CPU 既可以执行特权指令也可以执行非特权指令，拥有较高的权限级别，因此管态又称为特权态或系统态。

目态是指用户进程和部分系统进程的程序运行时的处理器状态。在目态下，CPU 只允许执行非特权指令，运行在一种较低的权限级别，因此目态又称为普通态或用户态。

目态到管态的状态转换途径是中断；而管态到目态可以通过调用程序状态字设置的指令来实现。因为在管态下有权限执行像读写程序状态字寄存器这样的特权指令，但在目态下不允许执行设置程序状态字寄存器的特权指令，所以只能通过中断来完成状态转换。

有一些操作系统把处理器状态细分为核心状态、管理状态和用户状态。划分为两态和三态各有优劣：划分为两态，系统管理起来比较简单，这是因为处理器状态只有管态和目态，状态切换比较简单，仅包含管态到目态及目态到管态这两种可能；划分为三态，处理器权限控制更细，但处理器状态切换就有更多的可能性，包括核心状态切换到管理状态、管理状态切换到用户状态、用户状态切换到管理状态、管理状态切换到核心状态、核心状态切换到用户状态、用户状态切换到核心状态，管理起来要复杂一些。一般来说，如非必要，应尽量减少在管态下运行，以减少执行特权指令导致系统异常、出错的概率。

下面分析进程切换和处理器状态切换的关系。显然，处理器状态切换不同于进程切换，也不一定引起进程的状态变化。例如，某进程正处于运行态，一开始执行的是用户程序，随后发生了系统调用及执行操作系统的系统程序，这样就从目态切换到管态，即在运行过程中可能发生处理器状态切换，但没有发生进程的切换，同一个进程可以在不同的处理器状态下运行；在完成系统调用以后，再切换回目态继续执行用户程序，就是从管态切换到目态。

典型的例子是 UNIX 操作系统。该操作系统中包括系统进程和用户进程两种进程。系统进程在核心态下执行操作系统的程序；用户进程在用户态下执行用户的程序。用户程序可以进行系统调用，从目态切换到管态，然后开始执行系统程序，其实是从用户进程切换到系统进程。然而，UNIX 操作系统让这两个进程共享一个 PCB。由于系统中的进程和 PCB 是一一对应的关系（一个 PCB 对应一个进程，一个进程也对应着一个 PCB），因此，这两个进程本质上是一个进程。可以看成是一个进程对应两段不同的程序（用户程序和系统程序），因此系统仅发生了处理器状态的切换，而没有发生进程切换。

2.2 进程控制

2.2.1 进程控制原语

对进程进行有效控制是操作系统中处理器管理的一项主要工作。所谓进程控制，是指系统使用具有特定功能的程序段来创建、撤销进程，并实现进程在各个状态之间的转换，从而达到多进程高效率并发执行、协调、协作和资源共享的目的。进程的控制类型包括创建进程、阻塞进程、唤醒进程、挂起进程、激活进程、撤销进程等。进程控制功能都是由一种原语操作来实现的。

所谓的原语，是指在管态下执行的、具有原子性的、能实现特定系统功能的程序段。这里的原子性是指程序段“不可分割”，即在执行过程中不允许被中断。换言之，当执行一个原语操作的时候，要么不执行，要么必须把它执行完毕，且中间不能被打断。执行原语时，系统事实上是进入了一种顺序运行环境。这种情况下，除非原语被执行结束，否则处理器是不能调度执行其他程序的。

如何实现原语操作不被中断？典型的做法是设置中断屏蔽位。也就是说，将中断屏蔽掉，以确保在原语执行过程中不会被中断。

为什么要将进程控制功能用原语来实现？举例说明，创建一个进程时，结果只能是要么创建成功，要么创建不成功，而不能是创建一半进程，否则系统就难以控制，并容易出错，因此，需要确保进程创建过程不被中断。

2.2.2 进程的创建

所谓进程创建，是指在系统中从无到有地创建一个新进程。下面依次介绍进程创建的几种情况。

（1）在系统中，当用户提交一项作业后，操作系统的作业调度程序为作业创建相应的进程，以完成作业所要求的相应任务或功能。

（2）父进程拥有创建子进程的能力，父进程会调用系统提供的进程创建 API 来创建子进程，然后在系统中并发运行。

（3）用户在终端上登录系统，系统为用户创建服务进程，也将导致进程的创建。

以父进程创建子进程为例，进程的创建过程主要包括以下步骤。

（1）系统会首先在进程的 PCB 表中增加一项，从 PCB 池中取出一个空白的 PCB。

（2）为新进程分配地址空间，传递环境变量，构造共享地址空间。

（3）为新进程分配资源。除了内存资源以外，还有其他的各种资源，包括文件资源、I/O 设备等资源。

（4）查找辅存，找到进程的程序代码及数据，并将其装到用户级上下文的正文区内。

（5）初始化进程控制块，为新进程分配进程标识符、初始化 PSW。

（6）将进程加入就绪进程队列，让进程投入运行。

（7）通知操作系统的记账程序、性能监控程序等进行工作。

在 Linux 操作系统下进行系统引导时，会首先创建一个 0 号进程，然后 0 号进程创建 1 号进程；在创建 1 号进程以后，0 号进程变成对换进程，1 号进程变成始祖进程。0 号进程作为对换进程负责在内存和辅存之间对换数据；1 号进程作为始祖进程将创建其子进程，其子进程又各自创建子进程。在这种层层创建的过程中，系统中会形成一棵进程树，如图 2.2 所示。

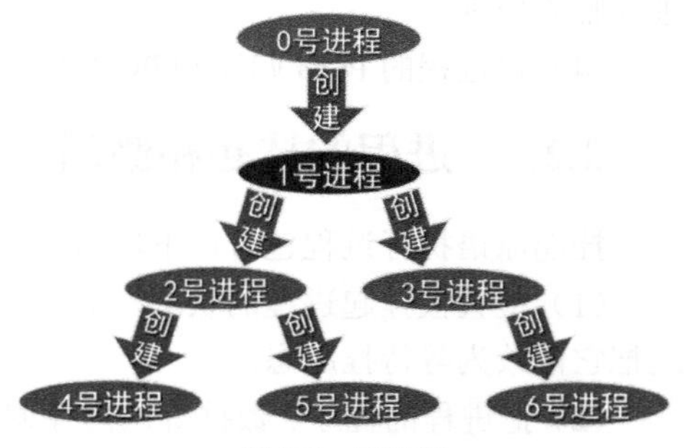

图 2.2　进程树

Linux 操作系统提供重要的系统调用 fork()，以实现父进程对子进程的创建；除了 0 号进程以外，其他的进程都是通过直接或者间接地调用 fork()来创建而成的。一个进程调用 fork()来创建一个新进程，新建的子进程是调用 fork()的父进程副本，子进程继承了父进程的许多特性，其所包含的程序、数据与父进程的一样，具有与父进程相同的用户级上下文。

由于 Linux 操作系统是开源的，感兴趣的读者可以参考 Linux 的进程创建代码 fork.c，以深入理解进程创建的操作过程。

2.2.3　进程的阻塞和唤醒

阻塞进程需要调用进程阻塞原语。在进程期待某个事件发生的时候，由于发生条件尚不具备或所需资源尚不具备等原因，进程会调用阻塞原语让自身阻塞，此时进程由运行态切换到等待态。可见，进程阻塞原语可以由进程自己调用执行。

阻塞原语阻塞进程时，将被阻塞进程置为等待态后，插入等待队列中，系统保存进程的 CPU 现场，便于它在将来被重新唤醒以后，可以从断点继续执行下去；进程调度程序从就绪队列中选择合适的进程投入运行。

进程阻塞的逆操作是进程唤醒。进程唤醒可分为以下两种情况。

（1）系统唤醒进程。系统进程统一控制事件的发生并将事件发生的消息通知等待进程，使该进程进入就绪队列。

（2）事件发生唤醒进程。事件发生进程和待唤醒的进程之间是一种合作关系。一旦待唤醒进程正在等待的事件发生时，由事件发生进程负责唤醒待唤醒的进程以便继续执行下去。

唤醒原语既可以由系统进程调用，也可以由事件发生进程调用。总之，进程可以调用阻塞原语来实现自我阻塞，而唤醒原语则要靠另外的进程调用来唤醒。

2.2.4 进程的撤销

进程的撤销，即终止进程。以下几种情况可能导致进程被撤销、被终止。

（1）进程已经完成任务而正常终止。

（2）在执行过程中进程遇到不可解决的错误，导致强行被终止。

（3）进程的父进程或操作系统强行结束进程。

（4）祖先进程要求撤销某个子孙进程。

撤销原语终止进程包括以下几个步骤。

（1）根据待撤销进程标识符，从相应的队列中找到其 PCB。

（2）将进程所拥有的资源归还给它的父进程，或归还给操作系统。

（3）如果进程本身还拥有自创建的子进程，则首先要终止它的所有子孙进程，防止这些子孙进程脱离控制。

（4）将进程的 PCB 归还到 PCB 池。

2.2.5 进程的挂起和激活

挂起原语执行过程包含以下环节。

（1）检查被挂起进程的状态，如果它是处于就绪态，修改为就绪挂起态，如果处于等待态，就把它修改为等待挂起态。

（2）把进程的程序、数据等从内存调到辅存上，有些系统会将被挂起进程的 PCB 非必须常驻内存部分也调换到辅存中。

之所以要把进程 PCB 非必须常驻内存部分也调出内存，就是希望尽可能多地腾出内存空间，供需要的进程使用。由前述可知，PCB 本身是一个庞大、复杂的数据结构，要占用相当大的内存空间。

激活原语执行过程包含以下环节。

（1）将进程的 PCB 非必须常驻内存部分调入内存。

（2）修改进程状态，将挂起状态修改为非挂起状态。

（3）将进程的程序、数据等由辅存调入内存中。

与进程的阻塞原语、唤醒原语类似，挂起原语可以由进程自己或者由其他进程调用来实现；而激活原语只能由其他进程调用，进程是不能自我激活的。

2.3 处理器调度

操作系统中的处理器调度模块主要负责对系统中各个任务实现处理器分配、使用和共享。这里重点探讨处理器调度的模式和调度的策略等。

2.3.1 处理器调度的模式

首先来探讨处理器调度模式。如图 2.3 所示，处理器的调度可以分为 3 个层级：低级调度、中级调度和高级调度。注意，这里的低级、中级、高级与一般意义上的低、中、高程度上并不一样，只是说它们涉及不同的任务调度环节。

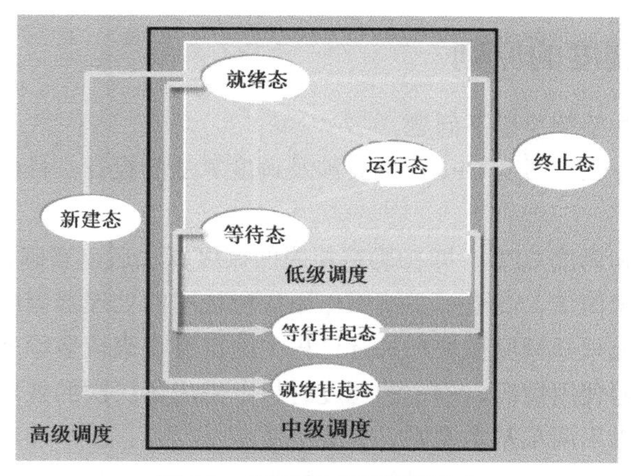

图 2.3　处理器的三级调度模式

1．低级调度

低级调度又称为进程调度，主要涉及的资源是处理器资源。低级调度实现了进程的切换和处理器的切换。低级调度按照调度策略，选择就绪队列中的进程（或是在多线程系统中的线程）调度到处理器上运行。低级调度是操作系统的处理器调度中最为核心的部分，也是执行最为频繁的部分。在并发环境中，系统不停地进行多个进程的处理器切换调度。低级调度策略的优劣，直接影响整个系统的运行性能。低级调度使进程在就绪、运行、等待三态之间切换。

2．中级调度

中级调度又称为平衡负载调度，主要涉及进程控制中的挂起和激活操作，而主要涉及的资源是内存资源。当内存不足的时候，中级调度负责将内存中的程序、数据、进程管理信息等转移到辅存上，让出内存，使其处于挂起状态，系统将空闲的内存资源提供给其他进程使用；当空闲内存充足，中级调度负责将辅存中的程序、数据、进程管理信息等移回内存，使其处于非挂起状态。

3．高级调度

所谓高级调度，主要是指在用户提交一个操作请求或操作系统接收到一项任务时，创建一个对应的进程，并对其着手分配、调度内存等基本资源，以及当任务结束时，如何终止进程，并回收相关资源。根据约翰·冯·诺依曼（John von Neumann，见图 2.4）原理，任务包含的程序、数据应输入到主机内存后再被 CPU 调度执行。在进程的生命周期里，高级调度涉及进程从无到有的新建、从新建到就绪、从运行到终止和资源回收这几个阶段。

图 2.4　约翰·冯·诺依曼

2.3.2 处理器调度的原则

处理器调度的策略主要解决以下问题。

（1）按照何种原则分配和调度 CPU，主要涉及调度算法的设计，目标是通过优化算法让系统的性能趋于最优。

（2）选择何时分配和调度 CPU，即在确定相应的调度算法后，要确认处理器调度的时机。

处理器调度机制追求简洁、高效。主流操作系统所使用的处理器调度机制往往会避免采用太过复杂的方法，以防止处理器调度模块在执行过程中给自身带来较多额外的系统开销。系统将按照处理器调度算法、资源使用情况、确定的调度时机，完成各层次的处理器调度任务。

处理器调度要遵循以下两项基本原则。

（1）调度合理性。调度合理性是指进行处理器调度时，既要保证系统实现特殊功能的要求，也要让各个任务合理地分配到处理器资源。例如，实时操作系统有实时性需求、嵌入式操作系统有低能耗需求，处理器调度要能满足它们各自的特殊要求，同时还要尽量满足系统中各个任务能够有机会分配到处理器资源，以避免出现饥饿等问题。

（2）调度有效性。调度有效性体现在系统中的处理器、内存和 I/O 设备等资源得到合理、有效地分配，使系统资源得到充分利用，提升系统的资源利用率。

因此，在设计处理器调度机制时，需要考虑以下因素。

（1）系统的设计目标。不同操作系统的设计目标并不一样，例如：实时操作系统强调系统实时性；批处理操作系统强调系统吞吐量；分时操作系统强调服务公平性。因此，在设计操作系统的处理器调度机制时，就需要将操作系统的类型和应用领域等搞清楚，这也是设计合理、有效调度策略最主要的依据。

（2）系统的资源利用率。合理的调度机制应能够让系统的资源利用率尽可能高。在实现设计目标的前提下，要发挥好 CPU、内存、I/O 设备等各种资源的效能，要避免系统出现一大堆任务在等待被调度、执行，而各种资源却处于闲置状态的情况。

（3）均衡系统全局和局部的性能。合理的调度机制应能够顾及全局的效率和性能，也能够考虑系统中局部的性能要求，对系统全局和局部间的冲突进行协调。具体来说，不因局部的要求而不管系统整体的性能，也不因仅照顾系统整体性能而使局部的要求得不到合理满足。

2.3.3 处理器调度的算法

评价处理器调度机制的性能优劣关键在于所选调度算法是否合理。

理想的情况下，处理器调度算法应实现以下目标。

（1）在单位时间内完成尽可能多的任务，让系统的吞吐率尽可能高。

（2）使处理器有任务需要完成的情况下，尽可能保持忙碌的工作状态。

（3）对于用户的服务请求、提交的任务，系统的响应时间和周转时间应尽可能短，降低用户和任务等待的时间。

（4）使各种 I/O 设备也能够得以充分利用，提高 I/O 设备的资源利用率。

（5）对于各个用户、各个任务，系统提供的服务公平、合理，避免一些类型的任务被分配到太多资源，而另外一些类型的任务却处于没有资源可用的饥饿状态。

上述几个目标存在彼此冲突的问题，因此，在一个系统中要全面实现上述所有目标，非常困难，甚至不可能。例如，系统并发度的提高，在单位时间内尽可能多地运行、完成任务以提高系统的吞吐率，就很容易导致用户的请求、提交的任务等出现相互等待的情况，个体完成任务的时间会被延长。

鉴于上述理想目标难以达到，在设计实际的调度算法时，应兼顾各指标的平衡。对上述目标折中考虑，采取的设计理念主要包括以下几个方面。

（1）调度算法应该与特定系统的设计目标保持一致。实时操作系统、分时操作系统、批处理操作系统、个人计算机操作系统、智能手机操作系统对调度算法的需求各有特色，要根据特定系统的需求设计和应用相应的调度算法。

（2）注意系统资源的均衡使用。不管是 CPU、内存还是 I/O 设备，对这些资源要均衡使用。

（3）确保提交的任务在限定时间内完成，避免不公平、不合理、饥饿等情况的出现。

（4）尽量缩短任务的平均周转时间。这是一个非常重要的可量化指标。

调度算法有一些可依据的参数作为决策因素。其中有两个参数是可明确得到的，即任务到达系统的时间和预先为任务设定的优先级。除此以外，系统有可能通过预设、估计、测算获得其他一些因素，包括任务所需的 CPU 计算时间、存储空间、I/O 资源等。

衡量调度算法的性能有两个可量化、比较重要的指标，即任务的平均周转时间和平均带权周转时间。

（1）平均周转时间

假定有 n 个任务，其中任务 i 进入系统的时间点为 S_i，它被选中执行，得到结果的时间点为 E_i，其周转时间为：

$$T_i = E_i - S_i$$

这批任务的平均周转时间为：

$$T = \left(\sum_{i=1}^{n} T_i\right) \times \frac{1}{n}$$

由上式可知，将系统中 n 个任务的周转时间相加再除以任务数量 n，就得到了系统的平均周转时间。

（2）平均带权周转时间

平均带权周转时间是在平均周转时间基础上，加入任务的实际 CPU 执行时间计算而成的。

假设任务 i 的实际 CPU 执行时间为 r_i，则这批任务的平均带权周转时间为：

$$W = \left(\sum_{i=1}^{n} \frac{T_i}{r_i}\right) \times \frac{1}{n}$$

从上式可以看出，某个任务的带权周转时间是用该任务的周转时间除以其实际 CPU 执行时间；将所有任务的带权周转时间相加再除以任务数量，就得到了系统的平均带权周转时间。

事实上，平均周转时间和平均带权周转时间在评价调度算法的性能方面是相似的，然而两者的侧重点有所不同。平均周转时间侧重于衡量不同的调度算法对同类任务的调度性能；而平均带权周转时间侧重于衡量同一调度算法对计算量大、计算量小等不同类型任务的调度性能，主要原因是平均带权周转时间增加了实际 CPU 执行时间的参数。例如，可以用平均带权周转时间来评价调度算法是适合承载计算量大的任务系统，还是适合承载计算量比较小（可能 I/O 量比较大）的任务系统。

虽然各种处理器调度算法层出不穷，但主流操作系统仍采用一些基本的调度算法。这些算法本身比较简洁，产生的额外系统开销较小。

下面具体探讨具有代表性的典型调度算法。

1．先来先服务调度算法

先来先服务（First Come First Serve，FCFS）调度算法是指一种将各任务按照到达系统的先后次序加入队列，排在队列前面的任务优先得以调动的算法。先来先服务调度算法所依据的唯一参数是任务到达系统的时间。先来先服务调度算法非常简单、很容易实现，且比较公平、合理，只需按照任务到达系统的先后次序即可为任务提供服务。

然而，先来先服务调度算法也存在性能方面的问题。例如，当计算量很小的任务到达系统的时间比较晚，而另一个计算量大的任务却排在前面时，尽管计算量很小的任务使用CPU的执行时间是很短的（可能只需要简单调用CPU计算一下，就转而去执行I/O操作），但是基于先来先服务调度算法“完全不考虑任务的计算量大小，仅根据任务到达时间的先后”原则，该计算量很小的任务就需要等待很长时间，而且由于等待时间很长，该任务的周转时间会延长。

因此，从效率角度来看，尤其是从平均周转时间角度来看，先来先服务调度算法常常不够优秀。

2．最短作业优先调度算法

最短作业优先（Shortest Job First，SJF）调度算法中的“作业”是指向计算机提交的任务实体，而进程是完成任务的执行实体。最短作业优先调度算法所依据的唯一参数就是任务的CPU执行时间。

例如，系统在某时刻需接收一批任务，基于最短作业优先调度算法“不考虑任务到达系统的先后次序，只考虑任务的计算量”原则，会从任务中挑选计算量最小的任务优先调度执行。

最短作业优先调度算法的优势在于，将CPU执行时间短的任务优先执行，后面任务的等待时间会比较短，由此缩短任务的平均周转时间。事实上，从平均周转时间单一指标来看，最短作业优先调度算法的性能是最优秀的。

3．最短剩余时间优先调度算法

最短作业优先调度算法有一种变形方法称为最短剩余时间优先（Shortest Rest Time First，SRTF）调度算法，这是一种抢占式的任务调度算法。例如，一个任务到达系统，其所需要的CPU执行时间比当前系统中正在执行任务的剩余CPU执行时间短，这个新任务就可以抢占正在CPU上执行任务的CPU等资源。

4．最高响应比优先调度算法

上述先来先服务调度算法、最短作业优先调度算法、最短剩余时间优先调度算法考虑的因素比较单一，各有利弊。其中，先来先服务调度算法效率不高，任务的平均周转时间较长；最短作业优先调度算法和最短剩余时间优先调度算法不够公平，因为两者均优先为计算量小的任务服务，计算量大的任务需排在后面，这样容易出现计算量大的任务很早到达系统，但长时间得不到调度执行的情况。最高响应比优先（Highest Response Ratio Next，HRRN）调度算法可以解决上述问题。

任务 i 响应比 H_i 的计算公式为：

$$
\begin{aligned}
H_i &= T_i / r_i \\
&= (r_i + w_i) / r_i \\
&= 1 + w_i / r_i
\end{aligned}
$$

可见，响应比是用任务 i 的整体周转时间 T_i 除以任务在CPU上的执行时间 r_i 计算而成的。任务到达系统后，要么在CPU上执行，要么不在CPU上执行，只有这两种情况。因此，任务 i 的整体周转时间由两个部分构成：一部分就是CPU执行时间，另一部分就是任务的等待时间 w_i（即不在 CPU 上执行的时间）。

事实上，响应比就是由等待时间除以 CPU 执行时间来决定的。最高响应比优先调度算法让响应比越高的任务优先执行。由响应比的计算公式可以发现，如果任务的 CPU 执行时间较小，响应比就会越高。这符合最短作业优先调度算法的思路，就是让计算量较小的任务优先调度，计算量较大的任务排在后面。在任务的 CPU 执行时间一定的情况下，任务等待时间越大，响应比也就越高。例如，某个任务的 CPU 执行时间比较长，它被排在后面调度；但是，随着该任务等待时间的延长，它的响应比将会得以提升，这就使该任务有机会被优先得以执行。

显然，最高响应比优先调度算法一方面照顾到了平均周转时间及系统的效率，另一方面也照顾到了系统的公平性、合理性，避免任务等待过长的时间。

5．基于优先级的调度算法

顾名思义，基于优先级（Highest Priority First，HPF）的调度算法，就是按照任务的优先级来为任务排列调度次序。这里关键是如何确定任务的优先级。

优先级的确定有以下两种典型的方案。

（1）静态优先级。任务的优先级由用户或系统在任务被执行前确定，定义好后将不再改变，系统按照预先为任务设定的优先级来确定任务的调度次序。

（2）动态优先级。任务的优先级由系统根据预先为任务设定的优先级、任务的 CPU 执行时间和等待时间等多个因素动态计算获得，并可随着任务的执行动态调节。

相比基于静态优先级的调度算法，基于动态优先级的调度算法考虑的因素更为全面、更为灵活，既能照顾到系统全局性能，又照顾用户的个体需求。

除了上述 5 种典型的调度算法，还有分类排队调度算法等可供选择。

2.3.4　单道环境下的调度

在 2.3.3 小节中介绍了几种典型的调度算法，本小节将探讨单道环境下调度算法各自的性能表现。

假设单道环境下有 4 个任务，已知它们进入系统的时间、估计运行时间（见表 2.1），这里会分别采用先来先服务调度算法、最短作业优先调度算法和最高响应比优先调度算法，从平均周转时间和平均带权周转时间这两个指标来看 3 种调度算法各自的性能表现。4 个任务分别为 JOB1、JOB2、JOB3、JOB4，进入系统的时间分别为 8:00、8:50、9:00、9:50，估计运行时间（即 CPU 处理时间）分别是 120min、50min、10min、20min。

表 2.1　单道环境下的 4 个任务及相应的时间

任　务	进入时间	估计运行时间（min）
JOB1	8:00	120
JOB2	8:50	50
JOB3	9:00	10
JOB4	9:50	20

1．先来先服务调度算法

采用先来先服务调度算法，须按照进入系统的先后次序确定调度次序，如表 2.2 所示。

表 2.2　先来先服务调度算法的计算结果

任　务	进入时间	估计运行时间（min）	开始时间	结束时间	周转时间（min）	带权周转时间（min）
JOB1	8:00	120	8:00	10:00	120	1
JOB2	8:50	50	10:00	10:50	120	2.4
JOB3	9:00	10	10:50	11:00	120	12
JOB4	9:50	20	11:00	11:20	90	4.5
任务平均周转时间 $T=112.5$ 任务平均带权周转时间 $W=4.975$					450	19.9

（1）8:00，JOB1 进入系统，此时系统中只有 JOB1，JOB2、JOB3 和 JOB4 还没有进入系统。任务队列中只有 JOB1 一个任务，没有其他任务跟它竞争，JOB1 立刻得以进入内存，然后调度至 CPU 运行。

（2）10:00，JOB1 运行结束，周转时间为 120min，周转时间除以在 CPU 上的运行时间 120min，得到带权周转时间为 1min。

（3）10:00，JOB2、JOB3 和 JOB4 都已进入系统，选一个任务进入内存，然后调度执行。JOB2 与 JOB3 和 JOB4 相比最先到达系统，先来先服务调度算法将选择 JOB2 进入内存，然后调度至 CPU 运行，直到 10:50 结束。JOB2 是 8:50 到达系统，因此它的周转时间为 120min；周转时间除以在 CPU 上的运行时间 50min，得到带权周转时间为 2.4min。

（4）10:50，JOB3 和 JOB4 都已进入系统，选一个任务进入内存，然后调度执行。JOB3 与 JOB4 相比最先到达系统，先来先服务调度算法将选择 JOB3 进入内存，然后调度至 CPU 运行，直到 11:00 结束。JOB3 是 9:00 到达系统，因此它的周转时间为 120min；周转时间除以在 CPU 上的运行时间 10min，得到带权周转时间为 12min。

（5）11:00，系统中仅剩 JOB4，运行 20min，直到 11:20 结束。JOB4 是 9:50 到达系统，因此它的周转时间为 90min；周转时间除以在 CPU 上的运行时间 20min，得到带权周转时间为 4.5min。

（6）将所有的周转时间相加再除以 4，就可以得到平均周转时间为 112.5min；把所有的带权周转时间相加再除以 4，就可以得到平均带权周转时间为 4.975min。

2．最短作业优先调度算法

采用最短作业优先调度算法，须按照任务的运行时间长短确定调度次序，如表 2.3 所示。

表 2.3　最短作业优先调度算法的计算结果

任　务	进入时间	估计运行时间（mim）	开始时间	结束时间	周转时间（min）	带权周转时间（min）
JOB1	8:00	120	8:00	10:00	120	1
JOB2	8:50	50	10:30	11:20	150	3
JOB3	9:00	10	10:00	10:10	70	7
JOB4	9:50	20	10:10	10:30	40	2
任务平均周转时间 $T=95$ 任务平均带权周转时间 $W=3.25$					380	13

（1）8:00，JOB1 进入系统，此时系统中只有 JOB1，JOB2、JOB3 和 JOB4 还没有进入系统。任务队列中只有 JOB1 一个任务，没有其他任务跟它竞争，JOB1 立刻得以进入内存，然后调度至 CPU 运行。

（2）10:00，JOB1 运行结束，周转时间是 120min，周转时间除以在 CPU 上的运行时间 120min，得到带权周转时间为 1min。

（3）10:00，JOB2、JOB3 和 JOB4 都已进入系统，选一个任务进入内存，然后调度执行。JOB3 与 JOB2 和 JOB4 相比运行时间最短，最短作业优先调度算法将选择 JOB3 进入内存，然后调度至 CPU 运行，直到 10:10 结束。JOB3 是 9:00 到达系统，因此它的周转时间为 70min；周转时间除以在 CPU 上的运行时间 10min，得到带权周转时间为 7min。而 JOB2 虽然进入系统时间较早，却得不到被系统调度的机会。

（4）10:10，JOB2 和 JOB4 都已进入系统，选一个任务进入内存，然后调度执行。JOB4 与 JOB2 相比运行时间短，最短作业优先调度算法将选择 JOB4 进入内存，然后调度至 CPU 运行，直到 10:30 结束。JOB4 是 9:50 到达系统，因此它的周转时间为 40min；周转时间除以在 CPU 上的运行时间 20min，得到带权周转时间为 2min。

（5）10:30，系统中仅剩 JOB2，从 10:30 开始运行 50min，直到 11:20 结束；JOB2 是 8:50 到达系统，因此它的周转时间为 150min；周转时间除以在 CPU 上的运行时间 50min，得到带权周转时间为 3min。

（6）同理，可得到该算法下的平均周转时间和平均带权周转时间，分别为 95min 和 3.25min。

3．最高响应比优先调度算法

采用最高响应比优先调度算法，须按照任务的响应比高低动态确定调度次序，如表 2.4 所示。

表 2.4　最高响应比优先调度算法的计算结果

任　务	进入时间	估计运行时间（min）	开始时间	结束时间	周转时间（min）	带权周转时间（min）
JOB1	8:00	120	8:00	10:00	120	1
JOB2	8:50	50	10:10	11:00	130	2.6
JOB3	9:00	10	10:00	10:10	70	7
JOB4	9:50	20	11:00	11:20	70	3.5
任务平均周转时间 $T=97.5$ 任务平均带权周转时间 $W=3.525$					390	14.1

（1）8:00，JOB1 进入系统，此时系统中只有 JOB1，JOB2、JOB3 和 JOB4 还没有进入系统。任务队列中只有 JOB1 一个任务，没有其他任务跟它竞争，JOB1 立刻得以进入内存，然后调度至 CPU 运行。

（2）10:00，JOB1 运行结束，周转时间是 120min，周转时间除以在 CPU 上的运行时间 120min，得到带权周转时间为 1min。

（3）10:00，JOB2、JOB3 和 JOB4 都已进入系统，选一个任务进入内存，然后调度执行。此时，计算 JOB2、JOB3 和 JOB4 的响应比分别为 2.4、7、1.5；JOB3 与 JOB2 和 JOB4 相比，其响应比最高，最高响应比优先调度算法将选择 JOB3 进入内存，然后调度至 CPU 运行，直到 10:10 结束。JOB3 是 9:00 到达系统，因此它的周转时间为 70min；周转时间除以在 CPU 上的运行时间 10min，得到带权周转时间为 7min。

（4）10:10，再次计算 JOB2 和 JOB4 的响应比分别为 2.6、2；JOB2 与 JOB4 相比，其响应比最高，最高响应比优先调度算法将选择 JOB2 进入内存，然后调度至 CPU 运行，直到 11:00 结束。JOB2 是 8:50 到达系统，因此它的周转时间为 130min；周转时间除以在 CPU 上的运行时间 50min，得到带权周转时间为 2.6min。

（5）11:00，系统中仅剩 JOB4，从 11:00 开始运行 20min，直到 11:20 结束；JOB4 是 9:50 到达系统，因此它的周转时间为 70min；周转时间除以在 CPU 上的运行时间 20min，得到带权周转时间为 3.5min。

（6）同理，可得到该算法下的平均周转时间和平均带权周转时间，分别为 97.5min 和 3.525min。

由此可以看出，与最短作业优先调度算法相比，最高响应比优先调度算法在 JOB2、JOB4 之间会优先调度 JOB2；与 JOB4 相比，虽然 JOB2 的运行时间较长，但等待的时间也更长，为避免“饥饿”这种过度不公平的调度状况，故引入最高响应比优先调度算法。最高响应比优先调度算法既兼顾到了系统的整体性能，又兼顾了各个任务间的公平性、合理性。从平均周转时间和平均带权周转时间这两个指标来看，最高响应比优先调度算法的性能是介于先来先服务调度算法和最短作业优先调度算法之间的。先来先服务调度算法的性能较差，最短作业优先调度算法和最高响应比优先调度算法的性能较好。

2.3.5 多道环境下的调度

本小节将探讨多道环境下任务的调度情况。假设允许两个任务同时进入内存，然后在 CPU 上调度运行，任务调度采用的是最短作业优先/最短剩余时间优先调度算法。

（1）在高级调度层面，选择进入内存的任务时，最短作业优先，且任务一旦被调度进入主机内存，除非运行完毕，否则无法从内存退出。

（2）在低级调度层面，进入内存后，调度至 CPU 运行，最短剩余时间优先，即可以按照任务运行时间的长短调整任务的状态，CPU 会被剩余时间短的任务剥夺。

现有 4 个作业，已知它们进入系统的时间、估计运行时间，如表 2.5 所示。

表 2.5 多道环境下的 4 个任务及相应的时间

任　务	进入时间	估计运行时间（min）
JOB1	10:00	30
JOB2	10:05	20
JOB3	10:10	5
JOB4	10:20	10

高级调度采用最短作业优先的非抢占式调度算法，低级调度采用最短剩余时间优先的抢占式调度算法，调度次序如表 2.6 所示。

表 2.6 最短作业优先/最短剩余时间优先调度算法的计算结果

任　务	进入时间	估计运行时间（min）	开始时间	结束时间	周转时间（min）	带权周转时间（min）
JOB1	10:00	30	10:00	11:05	65	2.167
JOB2	10:05	20	10:05	10:25	20	1
JOB3	10:10	5	10:25	10:30	20	4
JOB4	10:20	10	10:30	10:40	20	2
作业平均周转时间 $T=31.25$ 作业平均带权周转时间 $W=2.292$					125	9.167

（1）8:00，JOB1 进入系统，此时系统中只有 JOB1，JOB2、JOB3 和 JOB4 还没有进入系统。任务队列中只有 JOB1 一个任务，没有其他任务跟它竞争，JOB1 立刻得以进入内存，然后调度至

CPU 运行。

（2）10:05，JOB2 进入系统，由于允许两个任务进入内存，JOB2 立刻得以进入内存。由于 CPU 是可以被抢占的，因此，JOB1 和 JOB2 会竞争 CPU。此刻，JOB1 已经在 CPU 上运行了 5min，它剩余的运行时间为 25min；而 JOB2 此时所需要的剩余 CPU 运行时间为 20min，因此 CPU 被剩余时间短的 JOB2 剥夺占用。JOB1 回到就绪队列，并处于就绪状态，等待再次被 CPU 调度。

（3）10:10，JOB3 进入系统，内存是非抢占式的且仅能容纳两个任务，并且此时内存中已经有 JOB1 和 JOB2，所以 JOB3 不能进入内存，而要在“输入井”等待，JOB2 继续在 CPU 上执行。

（4）10:20，JOB4 进入系统，JOB1 和 JOB2 都没运行结束。JOB4 不能进入内存，也在“输入井”等待。

（5）10:25，JOB2 运行结束，退出 CPU 和内存。内存中仅剩下 JOB1，JOB3、JOB4 将有机会进入内存；由于 JOB3 的 CPU 处理时间比较短，只需要 5min，而 JOB4 需要 10min，所以 JOB3 进入内存；进入内存以后，JOB3 就要跟 JOB1 竞争 CPU，JOB1 还需要 25min 的 CPU 运行时间，JOB3 只需要 5min 就可以运行完毕，因此 JOB3 立刻占用 CPU 并运行，JOB1 继续在就绪队列中等待。

（6）10:30，JOB3 运行结束，退出 CPU 和内存。内存中仅剩下 JOB1，JOB4 可以进入内存；进入内存以后，JOB4 就要跟 JOB1 竞争 CPU，JOB1 还需要 25min 的 CPU 运行时间，JOB4 只需要 10min 就可以运行完毕，因此 JOB4 立刻占用 CPU 并运行，JOB1 继续在就绪队列中等待。

（7）10:40，JOB4 运行结束，退出 CPU 和内存。内存中仅剩下 JOB1，重新占用 CPU 并运行。

（8）11:05，JOB1 运行结束，退出 CPU 和内存。

2.3.6　低级调度的方式与算法

低级调度主要负责动态地将处理器分配给进程或线程。操作系统中实现低级调度的程序，称为进程调度程序或线程调度程序。前面章节介绍的处理器调度算法也适用于低级调度。

低级调度主要完成以下工作。

（1）记录系统中所有进程的执行情况，将进程状态等信息变化记录在各进程的进程控制块中。根据各个进程的状态特征和资源需求等信息，将进程的 PCB 排入相应的队列中。进程调度模块还将通过 PCB 的变化来掌握系统中所有进程的执行情况和状态特征。

（2）在适当的时机下按照调度算法，从就绪队列中选出合适的进程。

（3）检查系统是否允许进行进程上下文的切换（有时是不允许进行上下文切换的，比如在执行原语操作的时候），保留被调度出 CPU 进程的信息，选择一个处于就绪状态的新进程，确定其获得处理器的时机和占用处理器的时间长短，修改进程的上下文，将 CPU 调度给被选中的进程。

（4）对处理器进行回收，进入下一轮调度。

1．低级调度方式

低级调度主要有以下两种调度方式。

（1）抢占式调度。比正在运行的进程优先级更高的进程就绪时，系统可强行剥夺正在运行进程的 CPU，供具有更高优先级的进程使用。采用时间片轮转调度算法（后续详细探讨该算法）的系统，运行进程时间片用完后会被剥夺 CPU 资源。支持多任务并发的操作系统都采用抢占式调度方式。

（2）非抢占式调度。内存中存在多个并发运行的进程，其中一个进程如果占用 CPU，除非正常结束或出错而被终止，否则它将一直在 CPU 上运行，不能被强行剥夺 CPU 资源。

以上是典型的两种低级调度方式。有的操作系统还将这两种方式进行了融合使用，提出了折中方式。

2．低级调度算法

除了前面介绍的 FCFS、SJF、SRTF、HRRN、HPF 等调度算法，具有代表性的低级调度算法还包括时间片轮转调度算法和性能保证调度算法等。

（1）时间片轮转调度算法

时间片轮转调度算法将 CPU 的执行时间划分成若干小时间片（见图 2.5），处于就绪状态的进程构成就绪队列，系统每次给进程分配一个时间片。当进程获得 CPU 使用权并运行一个时间片后，就会被剥夺 CPU，系统将进行进程上下文切换，当前进程可能被排到就绪队列的尾部，等待下一轮调度。

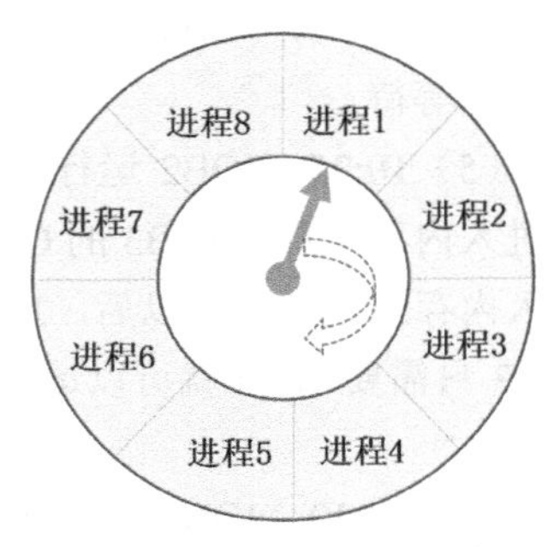

图 2.5　时间片轮转调度示意图

时间片轮转调度算法可以防止那些很少使用外围设备的进程过长地占用处理器，使得要使用外围设备的进程有机会去启动外围设备。显然，时间片轮转调度算法是一种抢占式调度算法，进程频繁切换易导致系统的开销较大，而且开销与时间片的大小有关。

问题在于，CPU 时间片设置为多大更合适。如果将时间片设置得太小，很多进程都不能在一个时间片内运行结束，得经过多轮调度才能够运行完毕，切换频繁，开销太大。从系统的效率来看，时间片似乎应该设置得大一些。然而，如果将 CPU 时间片设置得太大，随着就绪队列中进程数量的增加，CPU 轮转一次的总时间就会增大，那么对进程的响应速度就会降低。极端的情况是，如果 CPU 时间片大到可以完整执行任何一个进程的计算任务，时间片轮转调度算法就会退化为先来先服务调度算法。为了满足响应的时间要求，就需要限制就绪队列中的进程数量。

关于时间片大小的确定，要综合考虑系统并发度、调度开销、系统效率、周转时间、响应时间等因素。另外一种可行策略是采用动态时间片法，即根据当前系统情况，动态调节时间片的大小。

（2）性能保证调度算法

性能保证调度算法是一种需要对进程做明确的性能保证的算法。例如，保证进程可以获得的 CPU 时间片份额，然后努力达到目标。举例说明，在一个有 n 个进程运行的系统中，先保证每个进程获得 CPU 处理能力的 $1/n$，跟踪各个进程自创建以来已经使用了多少 CPU 时间，再根据各个进程应获得的 CPU 时间，计算实际获得的 CPU 时间和应获得的 CPU 时间之比，优先调度比率最低的进程，即将 CPU 资源向此前得到 CPU 资源少的进程倾斜，从而让各个进程能够达到当初对性能的保证目标。

彩票调度算法是性能保证调度算法的一种具体实现方式。该算法的基本思想是向每一个进程发放针对 CPU 资源的彩票，低级调度程序随机选择一张彩票，持有该彩票的进程就可以获得 CPU 时间片资源。如果进程平等，那么可以分配给各进程平等数量的彩票（即中奖概率相同），进程获得 CPU 时间片的概率相等；如果进程间有优先级差异，可以分配给高优先级进程较多的彩票以增加中奖的机会，达到优先调度 CPU 时间片资源的目标。彩票调度算法的反应很迅速，而且合作进程之间还可以通过交换、流通彩票来提高完成整体任务的效率。

2.4 进程联系

2.4.1 顺序程序与顺序环境

所谓顺序程序，是指编写程序时的指令或语句序列是顺序的，指令或语句的执行也是顺序的。

非并发的计算机系统是一种单道顺序环境，体现的环境顺序性主要包含以下几点。

（1）程序是一个个地在系统中顺序执行的。一个程序执行完毕，另外一个程序才开始执行。

（2）在计算机系统中只有一个程序在运行。

（3）每个程序执行时，将独占系统中的所有资源。

（4）程序的执行不受外界影响。

因此，顺序程序与顺序环境的特征可总结为：顺序性执行、封闭独占资源和确定可再现性。确定可再现性的含义就在于：系统正常运行的时候，程序反复地执行；只要输入是相同的，输出也将是确定的，每次的执行结果是一样的。

2.4.2 并发环境与并发进程

所谓并发环境，是指在一定的时间内，主机系统中有两个或两个以上的进程处于开始运行但尚未结束的状态，程序执行次序不是事先确定的。这本质上就是多道程序运行环境。

在并发环境中，假设系统中有 A、B 两个进程并发运行，可能是 A 执行完了以后，B 再执行；或者是 B 执行完了以后，A 再执行；也或者是 A 执行了一半，B 再执行；还可能是 B 执行了一半，A 再执行。程序的执行次序有多种可能性。

由此可见，并发环境及并发进程与顺序环境及顺序程序相比，具有截然不同、甚至刚好相反的特征。

（1）程序执行结果具有不可再现性。多个进程在系统中反复地并发运行时，执行结果与每个程序向前推进的速度是相关的，将会出现一种不确定、随机、不可再现的状态；即使输入是相同的，输出却是不确定的，每次的执行结果并非一定是一样的。

（2）程序的执行具有间断性。程序可能执行一段时间后从 CPU 切换出来，另外一个程序再切换进 CPU 执行，即程序在执行的过程中被中断，中断后在未来的某个时间点又被再次恢复执行。

（3）系统中各类资源具有共享性。多个进程在系统中可以共享 CPU、内存、I/O 设备等多种资源，系统不再是一种封闭的独占状态。

（4）并发进程具有独立性和制约性。系统中并发的多个进程各自独立地运行，同时又存在 CPU、内存、I/O 设备资源竞争等相互制约的关系，彼此之间可能还进行数据交换、信号传递和任务协作等。

2.4.3 与时间有关的不确定

本小节进一步探讨并发环境中与时间有关的不确定问题，即进程执行结果的不可再现性。

举例说明，已知有两个进程 P1 和 P2 在系统中是并发运行的，如图 2.6 所示。

进程 P1 和进程 P2 的逻辑关系很简单：两个进程之间存在一个共享变量 C，进程 P1 首先取出共享变量 C 的值，将其存到 P1 的局部变量 R1 中，然后让 R1 自增 1，再把结果传给 C；进程

P2 也是类似，首先取出共享变量 C 的值，将其存到 P2 的局部变量 R2 中，然后让 R2 自增 1，再把结果传给 C。

P1: ①R1=C	P2: ④R2=C
②R1=R1+1	⑤R2=R2+1
③C=R1	⑥C=R2

图 2.6 结果不可再现的典型案例（一）

假设当前 C 的值为 4。

（1）如果进程 P1 执行完所有语句后，进程 P2 再执行，C 增 1 以后再增 1，C 将会增加 2，最终值为 6。

（2）在 P1 执行完语句②后，R1 的值为 4+1= 5；在 P1 执行完语句②还没执行语句③时，CPU 被调度给 P2，将 C 的值 4 赋给 R2，然后执行语句⑤，R2 的值为 4+1= 5，再执行语句⑥，把 R2 的值 5 再传给 C；P2 执行完后，CPU 重新被调度给 P1，再执行语句③，把 R1 的值 5 传给 C，最终 C 的值为 5。

可见，在并发的环境下，由于对共享变量 C 没有控制好，导致了结果的不可再现。然而，在很多情况下，系统希望最终的结果是确定的，否则会出现难以预料的情况。以订飞机票为例，假设两个用户各自利用智能手机或个人计算机连入同一个订票系统进行网上订票操作，恰好准备购买同一天的同一航班机票。如果对订票进程不加任何控制，那么这两个用户对应的两个进程都会从网上查票，发现有剩余票，就开始订票。

假如 P1 查到机票时发现剩余票数为 10，确认买票后就对这个票数做减 1 处理，再把减 1 后的值 9 写回服务器。假如 P2 在 P1 查票数时还没有做买票操作，查到的机票剩余票数也为 10，确认买票后也对这个票数做减 1 处理，再把减 1 后的值 9 写回服务器。这就出现了一个问题：明明是卖出 2 张票，应该剩余 8 张票，系统中却显示剩余 9 张票。

下面再看另外一个例子。如图 2.7 所示，假设现有 get、copy 和 put 这 3 个并发运行的进程，而系统中又有 f、s、t、g 这 4 个缓冲区被进程共享使用，缓冲区 f 初始时存放 m 个数字：1,2,3,…,m。理想的目标是希望利用进程 get、copy 和 put 彼此协作，能够像流水线一样，把缓冲区 f 里面的值依次转移到缓冲区 g 中。

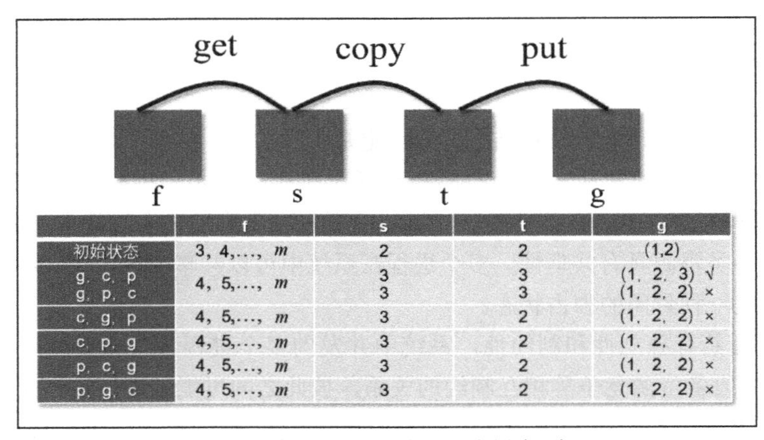

	f	s	t	g
初始状态	3, 4,…, m	2	2	(1,2)
g, c, p g, p, c	4, 5,…, m	3 3	3 3	(1, 2, 3) √ (1, 2, 2) ×
c, g, p	4, 5,…, m	3	2	(1, 2, 2) ×
c, p, g	4, 5,…, m	3	2	(1, 2, 2) ×
p, c, g	4, 5,…, m	3	2	(1, 2, 2) ×
p, g, c	4, 5,…, m	3	2	(1, 2, 2) ×

图 2.7 结果不可再现的典型案例（二）

正确的流程是：get 把数字从 f 取到 s 中，copy 把 s 中的数字取到 t 中，put 把 t 中的数字取到 g 中，get、copy、put 这 3 个并发运行的进程应能够像车间流水线上的工人那样协同工作，最后实现 1,2,3,…,m 这 m 个数字依次转移到 g 中。在计算机系统中，这种转移本质上不是“移动”，而是一种复制过程。

我们知道，车间流水线上的工人实际上是被产品传送带控制的，前一个工人操作后的产品会被传送带传给下一个工人处理，所有的工人都在有序地并行工作。但在系统中并发运行的进程 get、copy、put 如果彼此完全独立，缺乏一个类似于传送带的控制机制，最终在 g 中可能不会出现 1,2,3,⋯,m 这 m 个数字，而是会出现多种可能性。如图 2.7 所示，假设 copy 没有等着 get 把下一个数字 3 从 f 取到 s 中，而是将存于 s 中的数字 2 再次复制到 t 中，导致最终 put 把 t 中的数字取到 g 中的是之前的数字 2。

可见，对于合作关系进程，要对其运行流程进行有效的控制，才能确保达到预设目标。

2.4.4　相交进程与无关进程

在一个主机系统中运行的进程间会发生各种关系。进程间关系体现为两种制约：直接式制约，两个进程本身在逻辑上就有预先设定好的特定联系，如一个进程需要另一个进程提供的信息；间接式制约，进程之间没有一个特定的合作关系，而是在竞争系统中的同一个资源时发生关联。逻辑上存在直接式制约关系的进程称为相交进程，逻辑上无任何联系的并发进程称为无关进程。注意，无关进程并非完全“无关”，进程间可能存在间接式制约关系。

例如，2.4.3 小节中提到的 get、copy、put 这 3 个进程在逻辑上是有联系的，并存在合作关系，这种进程称为相交进程；2.4.3 小节中提到的 P1、P2 这两个进程在逻辑上是没有关系的，并没有事先安排进程之间的合作关系。

总之，直接式制约发生在相交进程之间，而间接式制约既可以发生在相交进程之间，也可能发生在无关进程之间。

2.4.5　进程同步与进程互斥

直接式制约又称为直接作用，也称为进程同步；间接式制约又称为间接作用，也称为进程互斥。

1．进程同步

进程同步意味着进程会按照一定的时序关系合作完成任务。并发进程因程序员有意识地预先设定好的关系而互相等待，彼此发送消息、传递数据进行合作，需要进行步调的协同。

以生活中的公交车系统为例，其进程同步示意代码如图 2.8 所示。

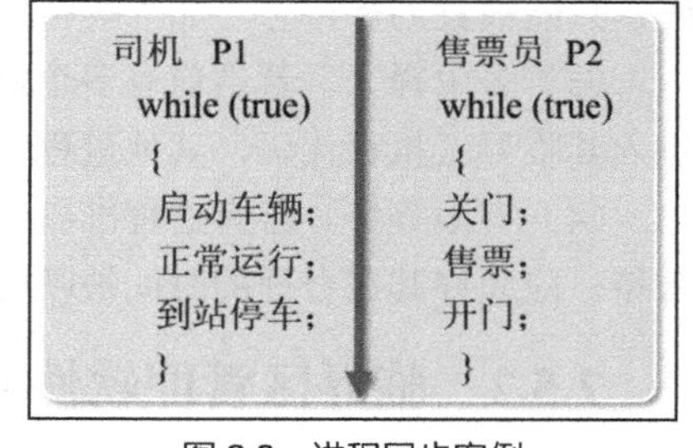

图 2.8　进程同步案例

公交车系统中，存在司机 P1 和售票员 P2 两个并发运行的进程。

（1）司机进程 P1 的主要工作流程是启动车辆、正常运行、到站后停车，反复进行。

（2）售票员进程 P2 的主要工作流程是关车门、车辆行驶过程中售票、到站后开车门。

司机 P1 和售票员 P2 两个并发运行的进程间是合作关系，步调需要严格控制，系统才能正常、安全地运行，具体如下。

（1）在司机启动车辆前，售票员要完成关车门的操作，司机得知售票员已经把车门关好以后，才可以启动车辆，以确保安全。

（2）在车辆正常运行的过程中，售票员可以售票。

（3）到达站点后，司机要完成停车的操作，售票员在得知车已经停好后，才能够进行开车门的操作，以保障乘客安全。这个时候，在司机和售票员之间其实就要发生一种消息传递事件。

（4）重复上述操作过程。

2．进程互斥

进程互斥体现在各个进程竞争使用临界资源。所谓临界资源，是指一次只允许一个进程使用的系统共享资源，如共享变量等。

进程互斥意味着进程之间要通过临界资源发生联系，但这种联系并非无意识安排的，哪怕是不希望发生这种联系。然而，在系统的相交进程和无关进程之间，都会发生进程互斥的竞争性关系。在 2.4.3 小节提到的订飞机票案例中，两个用户进程之间就是互斥关系，竞争的资源就是关于同一天的同一航班机票数共享变量。

2.5 临界区管理

2.5.1 临界区及其使用原则

临界区（又称为互斥区）是指进程中涉及临界资源的程序段；多个进程针对同一临界资源的临界区称为相关临界区。因此，本质上，临界区就是程序代码片段。

由前述可知，由于进程间存在同步和互斥的关系，必须要合理、有序地执行临界区的代码，才能够避免多个进程在并发运行过程中的与时间有关的不确定现象，让进程执行结果确定化可控。

为了达到这一目标，对临界区的使用应该遵循一定的基本原则，包括有空让进、无空等待、多中择一、有限等待等。

（1）有空让进。并发进程中没有任何一个进程，在执行相关临界区代码时，可以允许想执行临界区代码的进程进入临界区，执行临界区的代码。

（2）无空等待。当前有进程已经进入相关临界区执行代码，其他进程若准备执行其临界区代码，只能被置为等待态，加入等待队列中。

（3）多中择一。若当前有多个进程准备进入相关临界区执行代码，只能允许其中某一个进程进入其临界区执行代码，其他进程会被置为等待态。

（4）有限等待。若有进程准备进入相关临界区却未被允许且被置为等待态，但不能让其无限等待，应允许其在合理的时间被唤醒进入临界区执行代码。

2.5.2 临界区管理软件方法

要遵循上述临界区使用原则，需要对临界区进行有效管理。针对临界区的管理有以下两种典型策略。

（1）相关临界区涉及的多个进程通过平等协商原则来实现对临界资源的有序使用，具体方法包括软件方法和硬件方法。

（2）由操作系统基于进程控制原语，利用有效的临界区管理机制协调涉及相关临界区并发进程的执行步调，以控制各进程对临界资源的有序使用。

下面重点介绍基于平等协商原则的临界区管理软件方法。

如何用软件方法来控制临界区代码的执行呢？假设并发进程 P1 和 P2 存在相关临界区，需要保证 P1 和 P2 对临界区的使用遵循基本原则。

首先来看第一个尝试（尝试 1），算法伪代码如下所示。

```
bool inside1=false; bool inside2=false;
cobegin
    process P1                          process P2
        begin                               begin
            while(inside2) do                   while(inside1) do
            begin end;                              begin end;
            inside1=true;                       inside2= true;
            临界区;                             临界区;
            inside1=false;                      inside2=false;
        end                                 end
coend
```

该方法设置了 inside1 和 inside2 两个指示器，其中 inside1 代表 P1 进程即将进入临界区；inside2 代表 P2 进程即将进入临界区。P1 开始执行的时候，如果 inside2 为 true，P1 将陷入 while 空循环。换言之，如果 P1 察觉到 P2 在执行临界区代码的时候，它将不能进入临界区执行代码。如果 inside2 为 false，比如初始状态时，P1 将跳出 while 循环，并将会 inside1 置为 true，代表 P1 将进入临界区执行代码。当 P1 正在执行临界区代码，P2 开始执行，通过检测 inside1，发现 inside1 为 true，P2 将陷入 while 空循环而无法向下执行，不能进入临界区。由此可见，该方法似乎成功地实现了 P1 在执行临界区代码的时候，P2 就不能执行临界区代码的操作目标，反之，同样如此。

当 P1 执行完临界区代码后，将 inside1 重新恢复成 false，如果 P2 检测到 inside1 为 false，就会跳出 while 空循环，将 inside2 置成 true，然后就可以执行临界区代码。执行完临界区代码以后，P2 将 inside2 恢复成 false。

然而，上述尝试是失败的。错在哪呢？由于 P1 和 P2 在系统中是并发运行的，CPU 调度给谁，谁就可以运行。假设 P1 先执行，检测到 inside2 为 False，跳出 while 空循环；在跳出 while 空循环还没有来得及将 inside1 赋值为 true 的时候，CPU 转而去调度 P2，此时 P2 检测到的 inside1 为 false，因此 P2 也将跳出 while 空循环。也就是说，P1 和 P2 都可以自由进入各自的临界区执行代码，对临界区的控制就失败了，不符合对临界区的使用原则。

下面来看第二个尝试（尝试 2），算法伪代码如下所示。

```
bool inside1=false; bool inside2=false;
cobegin
    process P1                          process P2
        begin                               begin
            inside1=true;                       inside2= true;
            while(inside2) do                   while(inside1) do
                begin end;                          begin end;
            临界区;                             临界区;
            inside1=false;                      inside2=false;
        end                                 end
coend
```

该方法针对尝试 1 中 inside1 和 inside2 置为 true 不及时导致两个进程同时进入临界区的问题，将 inside1 和 inside2 赋值为 true 并分别放到 while 空循环语句前面，试图避免两个进程同时进入临界区。

假设 P1 先调度执行，将 inside1 置为 true，然后只要 inside2 为 false，就可以执行临界区代码了。当 P2 被调度执行的时候，检测 inside1，发现 inside1 已经为 true 了，它将陷入 while 空循环，无法进入临界区执行代码，从而避免两个进程同时进入相关临界区执行代码。

然而，尝试 2 也是失败的。错在哪呢？假设 P1 先执行，将 inside1 赋值为 true，还没来得及执行 while 空循环，CPU 转而去调度 P2，P2 将 inside2 置为 true。

此时，如果 P2 继续执行 while 空循环，所检测到的 inside1 为 true，P2 就陷入 while 空循环，无法执行后续语句；CPU 再调度到 P1，P1 继续执行 while 空循环时，所检测到的 inside2 也为 true，所以 P1 也陷入 while 空循环，无法执行后续语句。即，两个进程将永远陷入 while 空循环，永远无法往下执行，都无法执行临界区代码，这不符合有空让进的原则，所以这个尝试也是失败的。

基于软件方法的典型成功解决方案有两个：Dekker 算法和 Peterson 算法。这里重点介绍 Dekker 算法。

Dekker 算法伪代码如下所示。

```
var inside: array[1…2] of Boolean; inside[1]=false; inside[2]=false;
turn: integer; turn=1 or 2;
cobegin
    process P1                                  process P2
        begin                                       begin
            inside[1]=true;                             inside[2]=true;
            while inside[2] do if turn=2 then           while inside[1] do if turn=1 then
                begin                                       begin
                    inside[1]=false;                            inside[2]=false;
                    while turn=2 do begin end;                  while turn=1 do begin end;
                    inside[1]=true;                             inside[2]=true;
                end                                         end
            临界区;                                      临界区;
            turn= 2;                                    turn = 1;
            inside[1]=false;                            inside[2]=false;
        end                                         end
    coend
```

Dekker 算法与上述两个失败尝试的方法有相似之处。然而，为了解决上述方法的问题，这里在 Dekker 算法中进行了改进。主要的不同之处是：除了指示器 inside[1]和 inside[2]，又增加了一个指示器 turn，其只能取值 1 或 2。

（1）inside[1]为 true，代表进程 P1 准备进入临界区。

（2）inside[2]为 true，代表进程 P2 准备进入临界区。

（3）turn 为 1，代表进程 P1 可以进入临界区或正在执行临界区代码。

（4）turn 为 2，代表进程 P2 可以进入临界区或正在执行临界区代码。

关于 Dekker 算法，下面重点以 P1 为例，观察该算法的运行流程。

（1）P1 执行时，首先将 inside[1]置为 true，然后检测 inside[2]是否为 true，即 P1 需要了解 P2 是否也想进入临界区。

（2）如果 inside[2]为 true，代表 P2 也想进入临界区，接着检测 turn 是否为 2。

（3）如果 turn 为 2，表明 P2 已经有资格进入临界区或者正在执行临界区代码。P1 就会立刻将 inside[1]改成 false，表示暂时不准备进入临界区，然后利用 while 循环反复检测 turn 的值是否仍然为 2。

（4）如果 turn 为 1，就表明 P2 已经执行完临界区代码。将 turn 置为 1，inside[2] 改成 false，P1 将跳出 while 循环，并已经有资格进入临界区，随即将 inside[1] 改成 true。

（5）P1 再检测 inside[2]是否为 true 时，由于 inside[2]已经为 false，P1 将跳出外围的 while 循环，也将可以进入临界区。

假设一开始 P1 刚准备进入临界区时将 inside[1]置为 true 后，CPU 调度 P2，P2 也将 inside[2]置为 true；此时，关键看 turn 的值。假设 turn 的值为 1，如果 P2 在 CPU 上执行，P2 将会发现 inside[1]为 true 且 turn 的值为 1，表示 P1 有资格进入临界区，同时 P2 就会立刻将 inside[2]改成 false，表示暂时不准备进入临界区，然后利用 while 循环反复检测 turn 的值是否仍然为 1；而 P1 将跳出外围的 while 循环，也将可以进入临界区。

由此可以发现，Dekker 算法既避免了两个进程永远都不能进入临界区，也避免了两个进程同时进入临界区。

然而，Dekker 算法也存在两个明显的缺点。首先，采用双层 while 循环语句进行检测，带来了比较大的额外计算开销；其次，多个指示器 inside[1]、inside[2]和 turn 的使用，使得程序略显复杂。

与 Dekker 算法相比，Peterson 算法比较简洁。关于 Peterson 算法，请读者自行查阅相关的资料进行学习。

2.5.3　临界区管理硬件方法

本小节重点介绍基于平等协商原则的临界区管理硬件方法。临界区管理硬件方法是采用专门的硬件指令等机制来实现对临界区代码执行的控制。

1．测试并建立指令

测试并建立指令 TS（Test-and-Set）是指 CPU 指令集中通常会包括的指令，该指令的基本原理如下式所示。

$$y = \mathrm{TS}(x)$$

式中的输入 x 是一个布尔类型的值，输出 y 也是一个布尔类型的值。

（1）当 x 值为 true 时，y 值也将为 true，而 x 本身会被改成 false。

（2）当 x 值为 false 时，y 值也将为 false，而 x 本身将仍为 false。

下面来看如何利用测试并建立指令来实现临界区的控制。

```
s : bool;   s = true;
cobegin
    process Pi                /* i = 1,2,…,n */
          pi : boolean;       /* i = 1,2,…,n */
        begin
          repeat pi = TS(s) until pi;
                    临界区;
          s = true;
        end
coend
```

该程序采用 repeat…until 语句来测试 s 的值，从而实现对临界区的控制。

（1）假设进程 Pi 最先被 CPU 调度执行，共享变量 s 的值为 true，TS 指令将 s 改成 false，返回的局部变量 pi 值为 true，因此程序可以跳出 repeat…until 循环去执行临界区代码。

（2）假设在进程 Pi 处于临界区时，另外一个进程 Pj 被 CPU 调度执行，共享变量 s 的值为 false，s 值保持不变，返回的局部变量 pj 值为 false，因此程序不能跳出 repeat…until 循环，无法继续执行临界区代码。

（3）当进程 Pi 执行完临界区代码后，就将 s 恢复为 true；若 Pj 再被 CPU 调度执行，由于 s 的值为 true，s 会被改成 false，返回的局部变量 pj 值为 true，因此 Pj 可以跳出 repeat…until 循环去执行临界区代码。

由此可见，利用测试并建立指令配合 repeat…until 循环语句，可以实现对临界区的有效控制。

2．数据交换指令

数据交换指令 XCHG 也是 CPU 指令集中通常会包括的指令。指令 XCHG 有两个布尔类型的参数 a 和 b，即为 XCHG(a,b)。执行 XCHG(a,b)，可以将 a 和 b 两个参数的值相互交换。

下面来看如何利用数据交换指令来实现临界区的控制。

```
s : bool;   s = false;
cobegin
    process Pi              /* i = 1,2,…,n */
            pi : boolean;   /* i = 1,2,…,n */
        begin
            pi = true;
            do XCHG (s, pi) while pi;
            临界区;
            s = false;
        end
coend
```

该程序采用 do while 语句来测试 pi 的值，从而实现对临界区的控制。

（1）假设进程 Pi 最先被 CPU 调度执行，共享变量 s 的值为 false，局部变量 pi 的值为 true，执行 XCHG 指令将 s 改成 true，而将 pi 值改为 false，因此程序可以跳出 do while 循环去执行临界区代码。

（2）假设在进程 Pi 处于临界区时，另外一个进程 Pj 被 CPU 调度执行，共享变量 s 的值已经为 true，局部变量 pj 值也为 true；执行 XCHG 指令后，s 和 pj 值仍为 true，因此程序不能跳出 do while 循环，无法继续执行临界区代码。

（3）当进程 Pi 执行完临界区代码后，就将 s 恢复为 false；若 Pj 再被 CPU 调度执行，由于 s 的值为 false，pj 的值会被改成 false，s 的值被改成 true，因此 Pj 可以跳出 do while 循环去执行临界区代码。

由此可见，利用数据交换指令配合 do while 循环语句实现一个类似于对临界区进行加锁的功能，可以有效控制进程对临界区代码的执行。

3．开/关中断指令

在 2.5.2 小节中分析了两个失败的尝试方案，关键问题在于进程在执行语句之间会被中断。如果让进程在进入临界区前，执行“关中断”指令可以屏蔽中断；离开临界区后，执行“开中断”指令，可以保证该进程执行完临界区代码以后，才可能被其他进程中断，从而保证不会出现多个进程处于临界区的情况，有效控制进程互斥进入临界区。

2.5.4　软、硬件方法的问题

临界区管理的软、硬件方法基本都是基于平等协商原则（开/关中断指令除外），存在一系列缺陷。

（1）除了开/关中断指令外，其他的几种方法都是通过循环语句反复检测的方式来实现控制进程对临界区的先后进入，系统开销大。

（2）以 Dekker 算法为代表的软件方法实现起来比较复杂，需要比较高的编程技巧，容易出错。

（3）硬件方法代码简洁、高效，但需要调用硬件指令。

（4）利用开/关中断指令实现中断的屏蔽和开放，代价较高；如果临界区的代码比较长，还会降低系统的并发性，且不适合多处理器的环境。

2.6　信号量与 P/V 操作

2.6.1　信号量

如前面所述，现代操作系统引入进程的并发机制，提高了系统的效率。进程在系统中异步执行，资源被共享使用，但这也带来了一个新的问题，就是程序结果的不确定性。为解决这个问题，就需要引入合适的临界区管理机制。临界区管理机制可以使进程有序合作，资源也可以得到合理共享，还可以使程序执行结果确定化，如图 2.9 所示。

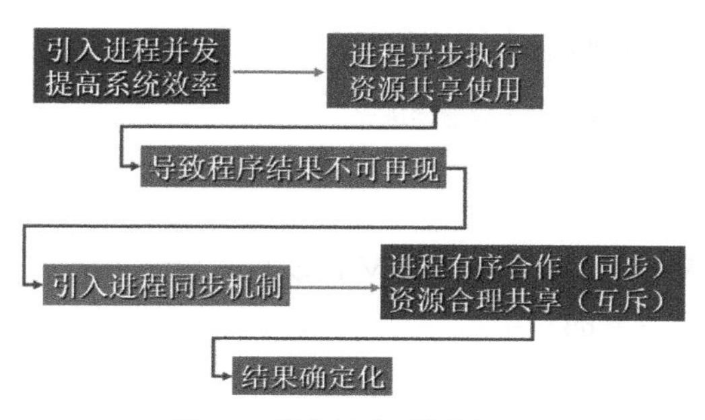

图 2.9　进程并发引发的问题

然而，基于平等协商原则的临界区管理机制存在一系列问题，需要寻找更好的方法来实现进程间同步与互斥。

信号量（Semaphore）和 P/V（Proberen/Verhogen）操作机制是由图灵奖获得者艾兹格 • W. 迪科斯彻（Edsger Wybe Dijkstra）提出的一种卓有成效的进程同步和互斥机制，可有效控制临界区的进入，并被广泛应用于现代计算机系统中。信号量是一个很简单的结构体，由两个部分构成：一个整型的信号量值和一个指向某进程等待队列的指针。信号量结构示意图如图 2.10 所示。

```
Struct semaphore
{
        int value;                  //信号量值
        pointer_PCB queue;          //信号量队列指针
}
```

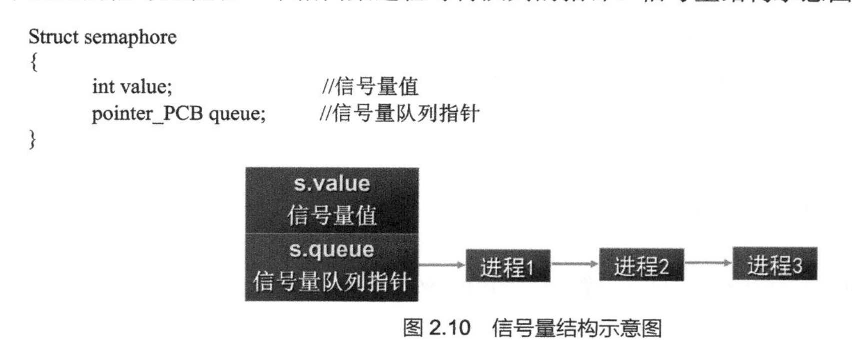

图 2.10　信号量结构示意图

2.6.2　P/V 操作

仅有信号量并不能解决进程的同步和互斥问题，还需要与其配套的 P/V 操作。

1．P 操作

P 操作中的 P 代表荷兰语中单词 Proberen（尝试、测试）的首字母。

P 操作的工作流程如图 2.11 所示。

（1）P 操作先会对信号量 s 的值 s.value 做减 1 操作。

（2）减 1 以后要测试，测试 s 的值是否小于 0。

（3）如果 s 的值小于 0，系统将执行 P 操作的进程加到信号量指针 s.queue 指向的进程等待队列中。

（4）如果 s 的值不小于 0，就正常返回。

P 操作的伪代码如下。

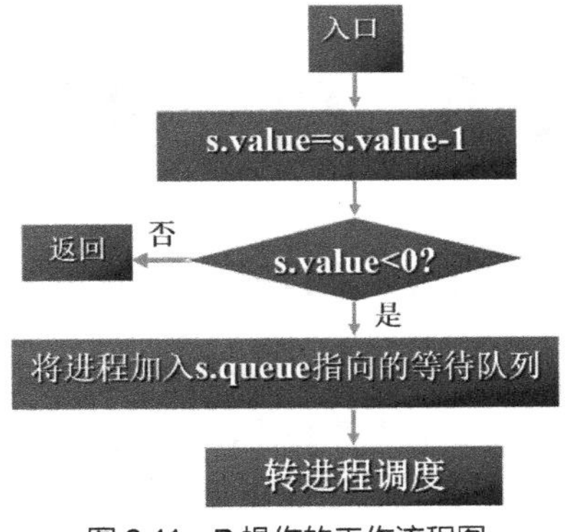

图 2.11　P 操作的工作流程图

```
P(s)
{
  s.value = s.value−1 ;            //s.value 减 1
  if (s.value < 0)
  //该进程被阻塞，进入相应的队列，然后转进程调度
  {
      该进程状态置为等待状态;
      将该进程加入相应的等待队列 s.queue 的末尾;
  }
  //若 s.value 减 1 后仍大于或等于 0，则进程继续执行
}
```

2．V 操作

与 P 操作相对应的是 V 操作。V 操作中的 V 代表荷兰语中单词 Verhogen（增加、增量）的首字母。

V 操作的工作流程如图 2.12 所示。

（1）V 操作先对信号量 s 的值 s.value 做一个加 1 操作。

（2）加 1 以后，检测 s.value 是否仍然小于或等于 0。

（3）如果 s.value 小于或等于 0，就把信号量指针 s.queue 所指向的进程等待队列中的某一个进程唤醒。

（4）如果 s.value 不是小于或等于 0，则正常返回。

V 操作的伪代码如下。

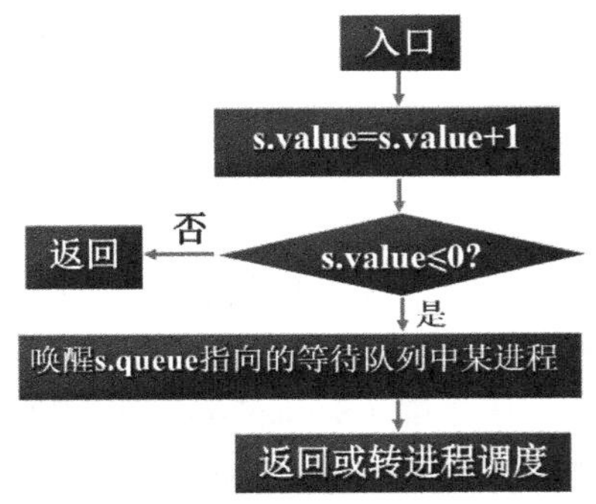

图 2.12　V 操作的工作流程图

```
V(s)
{
  s.value = s.value +1;            //s.value 加 1
  if (s.value < = 0)
  //从队列中唤醒一个等待进程，然后继续执行或转进程调度
  {
    唤醒相应等待队列 s.queue 中等待的一个进程;
    将其状态修改为就绪态，并将其插入就绪队列;
  }
  //若相加结果大于 0，进程继续执行
}
```

在使用信号量时必须设置一次且只能设置一次初值，初值不能为负数，其只能执行 P/V 操作。

2.6.3　基本问题的解决

本小节介绍如何用信号量及 P/V 操作来解决进程间的互斥问题和同步问题。

1．解决进程间互斥问题

解决进程间互斥问题仅需一个信号量即可，伪代码如下。

```
mutex : semaphore; mutex.value= 1;
cobegin
    process Pi           /* i = 1,2,⋯,n */
        begin
```

```
        ⋮
        P(mutex);
        临界区;
        V(mutex);
        ⋮
    end
coend
```

假设现有 P1、P2 和 P3 这 3 个并发运行进程，且有相关临界区。如上述伪代码所示，每个进程在要进入临界区之前都要执行 P 操作，执行完临界区后要执行 V 操作，从而实现对临界区的控制。

（1）假设 P1 先被 CPU 调度执行，进入临界区前执行 P(mutex)，由于 mutex.value 的初值为 1，执行 P(mutex)后，mutex.value 减 1 变成 0；检测 mutex.value 是否小于 0，由于 mutex.value 为 0，并非小于 0，因此进程 P1 不会被阻塞，将进入临界区。

（2）在 P1 执行临界区代码时被中断，CPU 调度 P2 并执行。P2 进入临界区前也须执行 P(mutex)，由于此时 mutex.value 的值为 0，执行 P(mutex)后，mutex.value 减 1 变成−1；检测 mutex.value 是否小于 0，−1 是小于 0 的，因此 P2 会被阻塞，并被加入 mutex.queue 指向的等待队列中，P2 就不能执行临界区代码了。

（3）假设在 P2 被阻塞以后，P1 仍在执行临界区代码，此时 CPU 调度 P3 并执行，P3 进入临界区前也须执行 P(mutex)，由于此时 mutex.value 的值为−1，执行 P(mutex)后，mutex.value 减 1 变成−2；检测 mutex.value 是否小于 0，−2 是小于 0 的，因此 P3 也会被阻塞，并被加入 mutex.queue 指向的等待队列中，P3 也不能执行临界区代码。

（4）当 P1 执行完临界区代码后，执行 V(mutex)；由于此时 mutex.value 的值为−2，执行 V(mutex)后，mutex.value 加 1 变成−1；检测 mutex.value 是否小于或等于 0，−1 小于 0，因此 V 操作将 mutex.queue 指向的进程等待队列中的一个进程（如队首进程）唤醒。

（5）假设唤醒进程 P2，P2 将能进入临界区；执行完临界区代码后，也执行 V(mutex)；由于此时 mutex.value 的值为−1，执行 V(mutex)后，mutex.value 加 1 变成 0；检测 mutex.value 是否小于或等于 0，0 等于 0，因此 V 操作将 mutex.queue 指向的进程等待队列中的剩余进程 P3 唤醒。

（6）进程 P3 被唤醒后，P3 也能进入临界区；执行完临界区代码后，也执行 V(mutex)；由于此时 mutex.value 的值为 0，执行 V(mutex)后，mutex.value 加 1 变成 1；检测 mutex.value 是否小于或等于 0，1 大于 0，因此 V 操作无须执行唤醒操作，事实上此时等待队列中已无被阻塞的进程。

由此，利用信号量配合 P/V 操作，确实能够有效实现 P1、P2、P3 这 3 个进程互斥进入临界区，解决了进程互斥控制问题。

2．解决进程间同步问题

信号量与 P/V 操作可以有效地解决进程间同步问题。典型的进程间同步问题是生产者/消费者问题。

如图 2.13 所示，假设系统中有两个并发运行进程。

（1）一个是生产者进程 P，一个是消费者进程 C，共享一个缓冲区。

（2）生产者进程 P 要往缓冲区写数据，消费者进程 C 从缓冲区读数据。

（3）数据读写必须有序进行，生产者进程 P 往共享缓冲区写一个数据，消费者进程 C 往共享缓冲区读一个数据。

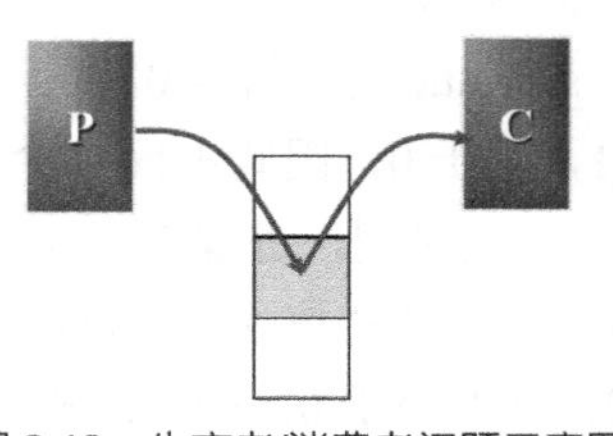

图 2.13　生产者/消费者问题示意图

（4）如果进程 P 之前写的数据没有被进程 C 取走，即缓冲区为满，进程 P 就不能够往缓冲区写新数据。

（5）如果进程 C 之前已经把缓冲区的数据读走，而进程 P 还没有往缓冲区写新数据，即缓冲区为空，消费者就不能来读数据。

解决基本的生产者/消费者同步问题，需要两个信号量 s1、s2，伪代码如下所示。

```
s1 : semaphore; s1.value= 1;
s2 : semaphore; s2.value= 0;
B : var;
cobegin
    process P                    process C
    p : var                      c : var
        begin                        begin
        ⋮                              ⋮
        P(s1);                         P(s2);
        B = p;                         c = B;
        V(s2);                         V(s1);
        ⋮                              ⋮
        end                          end
coend
```

如上述伪代码所示，生产者进程 P 和消费者进程 C 在读/写缓冲区时，都要执行 P 操作，读/写缓冲区后都要执行 V 操作，从而实现同步控制。注意进程 P 和进程 C 会被 CPU 反复调度执行。

（1）设置信号量

① 初始时缓冲区 B 是空的，用信号量 s1 来标识缓冲区；初值为 1，就代表初始时生产者进程 P 有空缓冲区可用。

② 初始时，对于消费者进程 C 来说，缓冲区 B 中无可用数据，用信号量 s2 来标识缓冲区中的数据；初值为 0，就代表初始时消费者进程 C 无数据可用。

（2）场景 1

① 假设初始时，进程 P 先被 CPU 调度执行，在往共享缓冲区 B 写一个数据前须先执行 P(s1)，由于 s1.value 的初值为 1，执行 P(s1)后，s1.value 减 1 变成 0；检测 s1.value 是否小于 0，由于 s1.value 为 0，并非小于 0，因此进程 P 不会被阻塞，将执行 B = p，即将本地变量 p 中的数据写入 B 中；然后，进程 P 执行 V(s2)，s2.value 加 1 变成 1，检测 s2.value 是否小于或等于 0，1 大于 0，因此 V 操作不需要执行唤醒操作。

② 某时刻，进程 C 被 CPU 调度执行，在从共享缓冲区 B 读数据前须先执行 P(s2)，由于 s2.value 此时值为 1，执行 P(s2)后，s2.value 减 1 变成 0；检测 s2.value 是否小于 0，由于 s2.value 为 0，并非小于 0，因此进程 C 不会被阻塞，将执行 c = B，即将 B 中的数据读入本地变量 c 中；然后，进程 C 执行 V(s1)，s1.value 加 1 又恢复为 1，这意味着缓冲区 B 重新为空。

（3）场景 2

① 假设初始时，进程 C 先被 CPU 调度执行，在从共享缓冲区 B 读数据前须先执行 P(s2)，由于 s2.value 初始值为 0，执行 P(s2)后，s2.value 减 1 变成−1；检测 s2.value 是否小于 0，由于 s2.value 为−1，小于 0，因此进程 C 会被阻塞，并被放入 s2.queue 指向的进程等待队列中。

② 某时刻，进程 P 被 CPU 调度执行，在往共享缓冲区 B 写一个数据前须先执行 P(s1)，由于 s1.value 的初值为 1，执行 P(s1)后，s1.value 减 1 变成 0；检测 s1.value 是否小于 0，由于 s1.value 为 0，并非小于 0，因此进程 P 不会被阻塞，将执行 B = p，即将本地变量 p 中的数据写入 B 中；然后，进程 P 执行 V(s2)，s2.value 加 1 变成 0，检测 s2.value 是否小于或等于 0，0 等于 0，因此 V 操作将 s2.queue 指向的进程等待队列中的进程 C 唤醒，这意味着缓冲区 B 中有了可用数据，进

程 C 可以取数据。

（4）场景 3

① 假设初始时，进程 P 先被 CPU 调度执行，在往共享缓冲区 B 写一个数据前须先执行 P(s1)，由于 s1.value 的初值为 1，执行 P(s1)后，s1.value 减 1 变成 0；检测 s1.value 是否小于 0，由于 s1.value 为 0，并非小于 0，因此进程 P 不会被阻塞，将执行 B = p，即将本地变量 p 中的数据写入 B 中；然后，P 执行 V(s2)，s2.value 加 1 变成 1，检测 s2.value 是否小于或等于 0，1 大于 0，因此 V 操作不需要执行唤醒操作。

② 某时刻，在进程 C 被 CPU 调度执行前，进程 P 再次被 CPU 调度执行，在往共享缓冲区 B 写一个数据前仍须先执行 P(s1)，由于此时 s1.value 的值为 0，执行 P(s1)后，s1.value 减 1 变成−1；检测 s1.value 是否小于 0，由于 s1.value 为−1，小于 0，因此进程 P 会被阻塞，并被放入 s1.queue 指向的进程等待队列中。

③ 某时刻，进程 C 被 CPU 调度执行，在从共享缓冲区 B 读数据前须先执行 P(s2)，由于 s2.value 此时值为 1，执行 P(s2)后，s2.value 减 1 变成 0；检测 s2.value 是否小于 0，由于 s2.value 为 0，并非小于 0，因此进程 C 不会被阻塞，将执行 c = B，即将 B 中的数据读入本地变量 c 中；然后，进程 C 执行 V(s1)，s1.value 加 1 为 0，0 等于 0，因此 V 操作将 s1.queue 指向的进程等待队列中的进程 P 唤醒，这意味着缓冲区 B 为空，进程 P 可以将数据写入缓冲区，这里执行 B = p，即将本地变量 p 中的数据写入 B 中；最后，P 再执行 V(s2)，s2.value 加 1 变成 1，检测 s2.value 是否小于或等于 0，1 大于 0，因此 V 操作不需要执行唤醒操作。

由上述分析可以发现，生产者不能往满的缓冲区中写数据，消费者也不能从空的缓冲区中取数据，生产者进程与消费者进程实现了步调协同，并完成了正确的同步操作。

2.6.4　信号量及 P/V 操作使用规律

基于上述分析，可以发现基于信号量及 P/V 操作的临界资源控制机制的工作原理，类似停车场的管理。信号量就像停车场门口的指示牌，标识停车场当前可使用的车位数，如图 2.14 所示。

图 2.14　停车场管理问题示意图

初始时，如果停车场内没有停任何车辆，指示牌上显示为总车位数。如果停车场不断地有车辆进入，停满车辆后，指示牌上的数值为 0，表明里面已经没有停车位空闲。此时，如果有车辆欲驶入停车场，是不被允许的，须在门口等待；如果从停车场里有车辆开出，而在停车场的门口还有其他等待进入的车辆，指示牌将通知等待车辆，让它有机会进入停车场。

信号量及 P/V 操作的使用规律可以总结为如下几点。

（1）信号量的值代表可使用的临界资源数量或等待的进程数。如果信号量的值大于或等于 0，它的值代表可使用的临界资源数量；如果信号量的值小于 0，则该值的绝对值代表信号量的指针所指向的进程等待队列中被阻塞的进程数。

（2）P 操作代表测试和申请使用临界资源，V 操作代表释放临界资源；P 操作在测试无可用临界资源时阻塞执行该 P 操作的进程，V 操作在释放临界资源并测试到有阻塞进程时，唤醒一个被阻塞的进程。

（3）P 操作和 V 操作都是成对出现的，P 操作后面会执行 V 操作。在解决进程互斥问题时，针对同一信号量的 P/V 操作存在于同一个进程内；在解决进程同步问题时，针对同一信号量的 P/V 操作存在于不同进程中。

信号量及 P/V 操作的优缺点如下。

信号量及 P/V 操作的优点：机制简单，合理设计可用来解决任何进程同步、互斥问题。主流操作系统基本都提供信号量和 P/V 操作机制。

信号量及 P/V 操作的缺点：对于复杂的进程同步、互斥问题，程序设计复杂，甚至有可能导致死锁问题；针对同一信号量的 P/V 操作可能分散在各个进程中，使得各个进程间呈现紧耦合的关系，给系统带来隐患（如安全性、稳定性、可维护性等）。

2.6.5 经典进程互斥问题

1．哲学家吃通心面问题

哲学家吃通心面问题似乎描述的是一个生活场景中的问题，其实是映射计算机系统的问题。首先来看问题描述。

（1）有若干哲学家围坐在一个圆桌旁，桌子中央有一盘共享通心面。

（2）每两位哲学家之间摆放着一把叉子。

（3）每位哲学家都反复处于思考、饥饿、取面、吃面这几种状态。

（4）每位哲学家必须直接从自己的左手边和右手边获得两把叉子以后，才能够吃面。

事实上，共享通心面不是问题的关键，叉子才是问题的关键。由于哲学家要获得左手边和右手边的这两把叉子以后才能够取面和吃面，因此，每位哲学家和其相邻哲学家之间形成了竞争性的互斥关系。这里所竞争的资源是叉子。叉子显然是互斥性资源，这是因为一位哲学家拿到叉子以后，另外两位哲学家将不能拿到。

假设有 n+1 位哲学家，意味着有 n+1 把叉子，定义一个信号量数组 fork[i]，用一个信号量来代表一把叉子。控制哲学家吃通心面的伪代码如下。

```
var fork[i] : array[0…n] of semaphore; fork[i] = 1;
cobegin
  process Pi              /* i = 1,2,…,n */
    begin
      while (true)
          begin
              思考;
              P(fork[i]);
              P(fork[(i+1) mod(n+1)]);
              取通心面;
              吃通心面;
              V(fork[i]);
              V(fork[(i+1) mod(n+1)]);
          end
    end
coend
```

如上述伪代码所示，假设系统中仅有哲学家进程 P0 和 P1 并发执行，现对其执行过程进行首轮分析。

（1）假设初始时，哲学家进程 P0 先被 CPU 调度执行，P0 执行 P(fork[0])，测试左手边那把叉子。fork[0].value 的初值为 1，执行 P(fork[0])后，fork[0].value 减 1 变成 0；检测 fork[0].value 是否小于 0，由于 fork[0].value 为 0，并非小于 0，因此进程 P0 此时不会被阻塞。

（2）随即，P0 执行 P(fork[1])，测试右手边那把叉子。fork[1].value 的初值也为 1，执行 P(fork[1])后，fork[1].value 减 1 变成 0；检测 fork[1].value 是否小于 0，由于 fork[1].value 为 0，并非小于 0，因此进程 P0 此时也不会被阻塞，代表该哲学家可以顺利地取面、吃面。

接下来的过程分几种情况来分析。

① 场景 1。

a．P0 执行完吃面操作后，执行 V(fork[0])，fork[0].value 加 1 变成 1，检测 fork[0].value 是否小于或等于 0，1 大于 0，因此 V(fork[0])不需要执行唤醒操作；然后，执行 V(fork[1])，fork[1].value 加 1 变成 1，检测 fork[1].value 是否小于或等于 0，1 大于 0，因此 V(fork[1])也不需要执行唤醒操作。

b．假设接着 P1 被 CPU 调度执行，P1 先执行 P(fork[1])，测试左手边那把叉子。由于 fork[1].value 的值已经恢复为 1，在执行 P(fork[1])后，fork[1].value 减 1 又变成 0；检测 fork[1].value 是否小于 0，由于 fork[1].value 为 0，并非小于 0，因此进程 P1 此时不会被阻塞。接着，P1 执行 P(fork[2])，测试右手边那把叉子。fork[2].value 的初值也为 1，执行 P(fork[2])后，fork[2].value 减 1 变成 0；检测 fork[2].value 是否小于 0，由于 fork[2].value 为 0，并非小于 0，因此进程 P1 此时也不会被阻塞，代表该哲学家可以顺利地取面、吃面。

c．P1 执行完吃面操作后，执行 V(fork[1])，fork[1].value 加 1 变成 1，检测 fork[1].value 是否小于或等于 0，1 大于 0，因此 V(fork[1])不需要执行唤醒操作；然后，执行 V(fork[2])，fork[2].value 加 1 变成 1，检测 fork[2].value 是否小于或等于 0，1 大于 0，因此 V(fork[2])也不需要执行唤醒操作。

② 场景 2。

a．P0 执行吃面操作的过程中，P1 被 CPU 调度执行，P1 先执行 P(fork[1])，测试左手边那把叉子。fork[1].value 此时的值为 0，代表左手边无叉子可用，执行 P(fork[1])后，fork[1].value 减 1 变成−1；检测 fork[1].value 是否小于 0，由于 fork[1].value 为−1，小于 0，因此进程 P1 会被阻塞，并被加入到 fork[1].queue 指向的进程等待队列中。

b．P0 执行完吃面操作后，执行 V(fork[0])，fork[0].value 加 1 变成 1，检测 fork[0].value 是否小于或等于 0，1 大于 0，因此 V(fork[0])不需要执行唤醒操作；然后，执行 V(fork[1])，fork[1].value 加 1 变成 0，检测 fork[1].value 是否小于或等于 0，0 等于 0，因此 V(fork[1])将执行唤醒操作，即将 fork[1].queue 指向的进程等待队列中的 P1 唤醒。

c．P1 被唤醒后，执行 P(fork[2])，测试右手边那把叉子。fork[2].value 的初值也为 1，执行 P(fork[2])后，fork[2].value 减 1 变成 0；检测 fork[2].value 是否小于 0，由于 fork[2].value 为 0，并非小于 0，因此进程 P1 不会被阻塞，代表哲学家可以顺利地取面、吃面。

由此可见，上述程序代码实现了哲学家互斥地使用两两相邻叉子的目的。

然而，上述程序有可能会导致死锁问题。下面假设所有哲学家进程 P0,P1,…,Pn 并发执行，来分析存在的死锁问题。

（1）假设初始时，哲学家进程 P0 先被 CPU 调度执行，P0 执行 P(fork[0])，测试左手边那把叉子。fork[0].value 的初值为 1，执行 P(fork[0])后，fork[0].value 减 1 变成 0；检测 fork[0].value 是否小于 0，由于 fork[0].value 为 0，并非小于 0，因此进程 P0 此时不会被阻塞。

（2）随即，在 P0 执行 P(fork[1])前，P0 被中断。接着，P1 被 CPU 调度执行，P1 执行 P(fork[1])，测试左手边那把叉子。由于 fork[1].value 的值为 1，在执行 P(fork[1])后，fork[1].value 减 1 变成 0；检测 fork[1].value 是否小于 0，由于 fork[1].value 为 0，并非小于 0，因此进程 P1 此时不会被阻塞。

（3）在 P1 执行 P(fork[2])前，P1 被中断。接着，P2 被 CPU 调度执行，P2 执行 P(fork[2])，测试左手边那把叉子。由于 fork[2].value 的值为 1，在执行 P(fork[2])后，fork[2].value 减 1 变成 0；检测 fork[2].value 是否小于 0，由于 fork[2].value 为 0，并非小于 0，因此进程 P2 此时不会被阻塞。

（4）同理，P3～Pn 进程均在其左边相邻进程试图获得另外一把叉子时，申请并获得了其左手边的叉子。例如，Pn 执行 P(fork[n])，测试左手边那把叉子，由于 fork[n].value 的值为 1，执行 P(fork[n])，fork[n].value 减 1 变成 0；检测 fork[n].value 是否小于 0，由于 fork[n].value 为 0，并非小于 0，因此进程 Pn 此时不会被阻塞；再执行 P(fork[0])，fork[0].value 减 1 变成−1；检测 fork[0].value 是否小于 0，由于 fork[0].value 小于 0，因此进程 Pn 此时会被阻塞，并被加入到 fork[0].queue 指向的进程等待队列中。

（5）P0～Pn−1 进程均在获得其左手边叉子，又申请右手边叉子时被阻塞，并被加入到 fork[1].queue，fork[2].queue，…，fork[n−1].queue 指向的进程等待队列中。由此可见，所有的进程都被阻塞了。

可见，所有的哲学家都拿到了各自左手边的那把叉子，而右手边的叉子都被右边相邻的哲学家拿走了，因此每位哲学家都加入等待右手边叉子的进程队列中；由于所有哲学家进程都被阻塞，无法向下执行取面、吃面及归还叉子并唤醒右手边哲学家进程的操作，导致所有哲学家进程陷入死锁状态。

如何解决死锁问题呢？有以下几种典型的解决策略。

（1）强制性规定至多只允许 n 位哲学家同时去申请叉子（假设共有 n+1 把叉子），这样就避免了 n+1 位哲学家都拿到他们各自左手边的那把叉子，而右手边的叉子都被右边相邻的哲学家拿走的情况。

（2）按照哲学家的编号限定取叉子的规则，例如限定奇数号哲学家（P1、P3、P5……）先取左手边叉子，偶数号哲学家（P0、P2、P4……）先取右手边的叉子。这种限定也是为了避免所有哲学家都拿到左手边叉子，却得不到右手边叉子的情况。

（3）改变规则，要求哲学家必须同时取两把叉子，否则一把叉子也不能拿。这样可以避免由于在 P(fork[i])和 P(fork[i+1])这两条语句之间中断，导致所有哲学家只拿到 1 把叉子而无法向下执行的情况发生。

2．读者/写者问题

首先来看读者/写者问题的描述。

（1）存在若干读者进程和若干写者进程共享同一个文件 F，读者进程对文件 F 执行读操作，写者进程对文件 F 执行写操作。

（2）多个读者同时对文件 F 执行读操作，各个读者对文件 F 的读操作不存在互斥性，可以同时操作，但读者读时，不允许写者来写。

（3）当前只允许一个写者执行写操作。在一个写者写文件时，不允许任何读者读，也不允许其他写者写，即写者和读者是互斥关系，写者和写者之间也是互斥关系。

假设有 m 个读者、n 个写者，控制读者进程和写者进程有序操作文件的伪代码如下。

```
rc: integer; rc = 0; r: semaphore; w: semaphore; r.value = 1; w.value = 1;
cobegin
    process Ri /* i = 1,2,…,m */                process Wj /* j = 1,2,…,n */
        begin                                       begin
            P(r);                                       P(w);
            rc = rc + 1;                                写文件 F;
            if   rc=1 then P(w);                        V(w);
            V(r);                                   end
            读文件 F;
            P(r);
            rc = rc − 1;
            if   rc = 0 then V(w);
            V(r);
        end
coend
```

为了实现对读者进程和写者进程的控制，上述程序中设置了相应的共享变量和信号量。

（1）信号量 w 本质上标识了文件资源 F，用于实现读者与写者之间、写者与写者之间的互斥。w.value 初值为 1，表示初始时文件对于读者或写者来说均可用。

（2）由于要求“读者读时，不允许写者来写”，即正在读文件 F 的读者数量为 0 时，写者才有可能获得写文件的权限，因此，程序中设置了读者数量的计数器 rc。rc 初值为 0，表示初始时读文件 F 的读者数量为 0。

（3）rc 为共享变量，所有读者均可以对计数器 rc 的值进行更新，为了防止计数出错，需要对计数器进行互斥控制，因此，程序中用信号量 r 来控制对计数器的更新，r.value 初值为 1。

下面从几个典型场景入手，分析程序的运行情况。

（1）场景 1

① 假设初始时，写者进程 W1 先被 CPU 调度执行，在往共享文件 F 写数据前须先执行 P(w)，由于 w.value 的初值为 1，执行 P(w)后，w.value 减 1 变成 0；检测 w.value 是否小于 0，由于 w.value 为 0，并非小于 0，因此进程 W1 不会被阻塞，可以顺利地往共享文件 F 中写数据。

② 假设在写者进程 W1 往共享文件 F 写数据时，写者进程 W2 被 CPU 调度执行，在往共享文件 F 写数据前也须先执行 P(w)，由于 w.value 此时的值为 0，执行 P(w)后，w.value 减 1 变成−1；检测 w.value 是否小于 0，由于 w.value 为−1，小于 0，因此进程 W2 会被阻塞，并被加入 w.queue 指向的进程等待队列中。

③ 当 W1 执行完写操作后，执行 V(w)；由于此时 w.value 的值为−1，执行 V(w)后，w.value 加 1 变成 0；检测 w.value 是否小于或等于 0，0 等于 0，因此 V 操作将 w.queue 指向的进程等待队列中的进程 W2 唤醒。

④ 唤醒后的写者进程 W2 被 CPU 调度执行，也往共享文件 F 写数据；当 W2 执行完写操作后，执行 V(w)；由于此时 w.value 的值为 0，执行 V(w)后，w.value 加 1 变成 1；检测 w.value 是否小于或等于 0，1 大于 0，因此 V 操作无须执行唤醒操作。由此，实现了写者进程之间互斥地对文件 F 进行写操作。

（2）场景 2

① 假设初始时，写者进程 W1 先被 CPU 调度执行，在往共享文件 F 写数据前须先执行 P(w)，由于 w.value 的初值为 1，执行 P(w)后，w.value 减 1 变成 0；检测 w.value 是否小于 0，由于 w.value 为 0，并非小于 0，因此进程 W1 不会被阻塞，可以顺利地往共享文件 F 中写数据。

② 假设在写者进程 W1 往共享文件 F 写数据时，读者进程 R1 被 CPU 调度执行；R1 先执行 P(r)，由于 r.value 的初值为 1，执行 P(r)后，r.value 减 1 变成 0；检测 r.value 是否小于 0，由于 r.value

为 0，并非小于 0，因此进程 R1 不会被阻塞；rc 初值为 0，对计数器 rc 进行加 1 操作，rc 值变为 1，然后判断 rc 是否为 1，rc 为 1，因此执行 P(w)操作；执行 P(w)后，w.value 减 1 变成−1；检测 w.value 是否小于 0，由于 w.value 为−1，小于 0，因此进程 R1 被阻塞，并被加入 w.queue 指向的进程等待队列中。

③ 在进程 R1 被阻塞后，假设进程 W1 仍在对共享文件 F 执行写操作，读者进程 R2 被 CPU 调度执行，R2 先执行 P(r)，由于 r.value 值此时为 0，执行 P(r)后，r.value 减 1 变成−1；检测 r.value 是否小于 0，由于 r.value 为−1，小于 0，因此进程 R2 会被阻塞，并被加入 r.queue 指向的进程等待队列中。

④ 当 W1 执行完写操作后，执行 V(w)；由于此时 w.value 的值为−1，执行 V(w)后，w.value 加 1 变成 0；检测 w.value 是否小于或等于 0，0 等于 0，因此 V 操作将 w.queue 指向的进程等待队列中的进程 R1 唤醒；唤醒后 R1 被 CPU 调度执行，先执行 V(r)；由于此时 r.value 的值为−1，执行 V(r)后，r.value 加 1 变成 0；检测 r.value 是否小于或等于 0，0 等于 0，因此 V 操作执行唤醒操作，将 r.queue 指向的进程等待队列中的进程 R2 唤醒。

⑤ 假设唤醒进程 R2 后，R1 继续在 CPU 上运行，其可以读文件 F；在 R1 读文件 F 过程中，R2 被 CPU 调度执行，对计数器 rc 进行加 1 操作，rc 值变为 2，然后判断 rc 是否为 1，rc 为 2，因此不执行 P(w)操作；接着执行 V(r)，由于此时 r.value 的值为 0，执行 V(r)后，r.value 加 1 变成 1；检测 r.value 是否小于或等于 0，1 大于 0，因此 V 操作不执行唤醒操作，其可以和 R1 并发读文件 F。

⑥ 假设进程 R1 先读完文件 F，就执行 P(r)，由于 r.value 此时值为 1，执行 P(r)后，r.value 减 1 变成 0；检测 r.value 是否小于 0，由于 r.value 为 0，并非小于 0，因此进程 R1 不会被阻塞；rc 值为 2，对计数器 rc 进行减 1 操作，rc 值变为 1，然后判断 rc 是否为 0，rc 不为 0，因此不执行 V(w)操作；最后执行 V(r)，r.value 加 1 变成 1，检测 r.value 是否小于或等于 0，1 大于 0，因此 V 操作不执行唤醒操作。

⑦ 当进程 R2 读完文件 F，就执行 P(r)，由于 r.value 此时值为 1，执行 P(r)后，r.value 减 1 变成 0；检测 r.value 是否小于 0，由于 r.value 为 0，并非小于 0，因此进程 R2 不会被阻塞；rc 值为 1，对计数器 rc 进行减 1 操作，rc 值变为 0，然后判断 rc 是否为 0，rc 为 0，因此执行 V(w)操作；执行 V(w)后，w.value 加 1 变成 1；检测 w.value 是否小于或等于 0，1 大于 0，因此 V(w)不执行唤醒操作；最后执行 V(r)，r.value 加 1 变成 1，检测 r.value 是否小于或等于 0，1 大于 0，因此 V 操作不执行唤醒操作。由此，实现了写者与读者进程之间互斥地对文件 F 进行写操作。

（3）场景 3

① 假设初始时，读者进程 R1 先被 CPU 调度执行，R1 执行 P(r)，由于 r.value 的初值为 1，执行 P(r)后，r.value 减 1 变成 0；检测 r.value 是否小于 0，由于 r.value 为 0，并非小于 0，因此进程 R1 不会被阻塞；rc 初值为 0，对计数器 rc 进行加 1 操作， rc 值变为 1，然后判断 rc 是否为 1，rc 为 1，因此执行 P(w)操作；执行 P(w)后，w.value 减 1 变成 0；检测 w.value 是否小于 0，由于 w.value 为 0，不小于 0，因此进程 R1 也不被阻塞；R1 接着执行 V(r)，由于此时 r.value 的值为 0，执行 V(r)后，r.value 加 1 变成 1；检测 w.value 是否小于或等于 0，1 大于 0，因此 V 操作不执行唤醒操作；随后，R1 继续在 CPU 上运行，可以读文件 F。

② 假设在 R1 读文件 F 的过程中，写者进程 W1 被 CPU 调度执行，在往共享文件 F 写数据前须先执行 P(w)，由于 w.value 的值此时为 0，执行 P(w)后，w.value 减 1 变成−1；检测 w.value 是否小于 0，由于 w.value 为−1，小于 0，因此进程 W1 会被阻塞，并被加入 w.queue 指向的进程

等待队列中，暂时不能往共享文件 F 写数据。

③ 假设进程 R1 读完文件 F 后，就执行 P(r)，由于 r.value 此时值为 1，执行 P(r)后，r.value 减 1 变成 0；检测 r.value 是否小于 0，由于 r.value 为 0，并非小于 0，因此进程 R1 不会被阻塞；rc 值为 1，对计数器 rc 进行减 1 操作，rc 值变为 0，然后判断 rc 是否为 0，rc 为 0，因此需执行 V(w)操作；由于此时 w.value 的值为−1，执行 V(w)后，w.value 加 1 变成 0；检测 w.value 是否小于或等于 0，0 等于 0，因此 V 操作将 w.queue 指向的进程等待队列中的进程 W1 唤醒；R1 执行 V(r)，r.value 加 1 变成 1，检测 r.value 是否小于或等于 0，1 大于 0，因此 V(r)不执行唤醒操作。

④ 唤醒后的进程 W1 被 CPU 调度执行，对共享文件 F 执行写操作；当 W1 执行完写操作后，执行 V(w)；由于此时 w.value 的值为 0，执行 V(w)后，w.value 加 1 变成 1；检测 w.value 是否小于或等于 0，1 大于 0，因此 V 操作无须执行唤醒操作。

可以发现，上述程序有效地实现了以下几点：只要有一个写者在写共享文件，所有读者都不能读文件；多个读者可以同时读文件；只要有一个读者在读文件，任何一个写者都不能写文件。这段程序代码并不长，语句很简单，但设计非常精巧。

2.6.6 经典进程同步问题

1．多生产者、多消费者共享多缓冲区问题

与 2.6.3 小节中介绍的基本生产者/消费者问题不尽相同，这里将对生产者/消费者问题的场景进行进一步复杂化。基本生产者/消费者问题是一个生产者进程、一个消费者进程共享一个缓冲区来实现进程间通信。而这里探讨的是若干个生产者进程和若干个消费者进程，共享若干个缓冲区来进行数据交换。其问题的描述如下。

（1）假设存在 k 个共享缓冲区（k 远大于 1），m 个生产者进程不断向缓冲区写数据，每次将数据写入其中一个缓冲区；n 个消费者进程从缓冲区读数据，每次读出其中一个缓冲区的数据。

（2）至少一个缓冲区有数据，消费者才能读取数据；至少有一个缓冲区为空，生产者才能写入数据。

（3）任何时刻只能有一个进程可对共享缓冲区进行操作，以免重复读/写等问题出现。生产者和生产者之间、消费者和消费者之间、生产者和消费者之间均为互斥关系。

控制 m 个生产者、n 多消费者有序共享 k 个缓冲区实现生产者和消费者同步的伪代码如下。

```
var B: array[0…k−1] of item; in, out: integer; in = 0; out = 0;
empty, full, lock: semaphore; empty.value = k; full.value = 0; lock.value = 1;
cobegin
process Pi   /* i = 1,2,⋯,m */              process Cj        /* j = 1,2,⋯,n */
    begin                                        begin
        L1:   produce a product;                     L2:  P(full);
              P(empty);                                   P(lock);
              P(lock);                                    Product = B[out];
              B[in] = product;                            out = (out+1) mod k;
              in= (in+1) mod k;                           V(lock);
              V(lock);                                    V(empty);
              V(full);                                    Consume a product;
          Goto L1;                                   Goto L2;
    end                                          end
coend
```

为了实现对消费者进程和生产者进程的控制，上述程序中设置了相应的共享变量和信号量。

（1）信号量 empty 代表空缓冲区的数量，empty.value 初值为 k，因为初始时有 k 个空缓冲区。

（2）信号量 full 代表缓冲区中可用数据的数量，full.value 初值为 0，因为初始时缓冲区中无

可用数据。

（3）full.value+empty.value=k，因为一个缓冲区只能是要么有数据，要么为空。

（4）信号量 lock 实现对缓冲区的互斥访问，起到对缓冲区加锁的作用。lock.value 初值为 1。

（5）in 和 out 分别为读指针、写指针，初值均为 0，代表开始时指针指向缓冲区 B[0]。

下面从几个典型场景入手，分析程序的运行情况。

（1）场景 1

① 假设初始时，生产者进程 P1 先被 CPU 调度执行，开始制造数据产品；在往共享缓冲区 B 写数据前须先执行 P(empty)，由于 empty.value 的初值为 k，执行 P(empty)后，empty.value 减 1 变成 k−1；检测 empty.value 是否小于 0，由于 empty.value 为 k−1，并非小于 0，因此进程 P1 不会被阻塞；接着执行 P(lock)，由于 lock.value 的初值为 1，执行 P(lock)后，lock.value 减 1 变成 0；检测 lock.value 是否小于 0，由于 lock.value 为 0，并非小于 0，因此进程 P1 不会被阻塞，并顺利将新制造的数据产品写入 B[0]中，接着调节写指针 in，指向 B[1]；然后，P1 执行 V(lock)，lock.value 加 1 变成 1，检测 lock.value 是否小于或等于 0，1 大于 0，因此 V(lock)不需要执行唤醒操作；最后，P1 执行 V(full)，full.value 加 1 变成 1，检测 full.value 是否小于或等于 0，1 大于 0，因此 V(full)不需要执行唤醒操作。

② 假设某时刻，消费者进程 C1 被 CPU 调度执行，在从共享缓冲区 B 读数据前须先执行 P(full)，由于 full.value 此时值为 1，执行 P(full)后，full.value 减 1 变成 0；检测 full.value 是否小于 0，由于 full.value 为 0，并非小于 0，因此进程 C1 不会被阻塞；进一步执行 P(lock)，由于 lock.value 的值已经恢复为 1，执行 P(lock)后，lock.value 减 1 变成 0；检测 lock.value 是否小于 0，由于 lock.value 为 0，并非小于 0，因此进程 C1 不会被阻塞，并顺利读取 B[0]中的数据产品；然后，C1 执行 V(lock)，lock.value 加 1 变成 1，检测 lock.value 是否小于或等于 0，1 大于 0，因此 V(lock)不需要执行唤醒操作；最后，C1 执行 V(empty)，empty.value 加 1 又恢复为 k，这意味着缓冲区 B 重新拥有 k 个空缓冲区，且由于 empty 大于 0，因此 V(empty)不需要执行唤醒操作；接着进程 C1 使用数据产品。

（2）场景 2

① 假设初始时，生产者进程 P1 先被 CPU 调度执行，开始制造数据产品；在往共享缓冲区 B 写数据前须先执行 P(empty)，由于 empty.value 的初值为 k，执行 P(empty)后，empty.value 减 1 变成 k−1；检测 empty.value 是否小于 0，由于 empty.value 为 k−1，并非小于 0，因此进程 P1 不会被阻塞；接着执行 P(lock)，由于 lock.value 的初值为 1，执行 P(lock)后，lock.value 减 1 变成 0；检测 lock.value 是否小于 0，由于 lock.value 为 0，并非小于 0，因此进程 P1 不会被阻塞，然后顺利地将新制造的数据产品写入 B[0]中。

② 进程 P1 在执行写数据过程中被中断，而生产者进程 P2 被 CPU 调度执行，同样制造数据产品；在往共享缓冲区 B 写数据前须先执行 P(empty)，由于 empty.value 的值为 k−1，执行 P(empty)后，empty.value 减 1 变成 k−2；检测 empty.value 是否小于 0，由于 empty.value 为 k−2，并非小于 0，因此进程 P2 不会被阻塞；接着执行 P(lock)，由于 lock.value 此时的值为 0，执行 P(lock)后，lock.value 减 1 变成−1；检测 lock.value 是否小于 0，由于 lock.value 为−1，小于 0，因此进程 P2 会被阻塞，并被加入 lock.queue 指向的进程等待队列中。

③ 假设进程 P2 被阻塞后，消费者进程 C1 立刻被 CPU 调度执行，在从共享缓冲区 B 读数据前须先执行 P(full)，由于 full.value 此时值还为 0，执行 P(full)后，full.value 减 1 变成−1；检测 full.value 是否小于 0，由于 full.value 为−1，小于 0，因此进程 C1 会被阻塞，并被加入到 full.queue 指向的进程等待队列中。

④ 进程 P1 被 CPU 调度执行，将数据产品写入 B[0]中，接着调节写指针 in，指向 B[1]；然后，P1 执行 V(lock)，lock.value 加 1 变成 0，检测 lock.value 是否小于或等于 0，0 等于 0，因此 V(lock)需要执行唤醒操作，唤醒 lock.queue 指向的进程等待队列中的 P2；最后，P1 执行 V(full)，full.value 加 1 变成 0，检测 full.value 是否小于或等于 0，0 等于 0，因此 V(full)需要执行唤醒操作，唤醒 full.queue 指向的进程等待队列中的 C1。

⑤ 假设进程 C1 被唤醒后，被调度到 CPU 上运行，执行 P(lock)。由于 lock.value 的此时值为 0，执行 P(lock)后，lock.value 减 1 变成−1；检测 lock.value 是否小于 0，由于 lock.value 为−1，小于 0，因此进程 C1 会被阻塞，并被加入 lock.queue 指向的进程等待队列中。

⑥ 此时 P2 被唤醒，并处于就绪状态，顺利地将新制造的数据产品写入 B[1]中，接着调节写指针 in，指向 B[2]；然后，P2 执行 V(lock)，lock.value 加 1 变成 0，检测 lock.value 是否小于或等于 0，0 等于 0，因此 V(lock)需要执行唤醒操作，唤醒 lock.queue 指向的进程等待队列中的 C1；最后，P2 执行 V(full)，full.value 加 1 变成 1，检测 full.value 是否小于或等于 0，1 大于 0，因此 V(full)不需要执行唤醒操作。

⑦ 进程 C1 被再次唤醒后，被调度到 CPU 上运行，并顺利读取 B[0]中的数据产品；然后，C1 执行 V(lock)，lock.value 加 1 变成 1，检测 lock.value 是否小于或等于 0，1 大于 0，因此 V(lock)不需要执行唤醒操作；最后，C1 执行 V(empty)，empty.value 加 1 为 k−1，这意味着缓冲区 B 拥有 k−1 个空缓冲区，V(empty)不需要执行唤醒操作；接着进程 C1 使用数据产品。

由以上这两个场景可以发现，上述程序有效地控制了生产者和消费者之间的同步和互斥、两个生产者之间的互斥，同时对读/写指针也实现有效控制。

对于控制 m 个生产者、n 个消费者有序共享 k 个缓冲区实现生产者和消费者同步的复杂问题，P 操作的部署位置值得关注。

假如将上述代码改为如下形式。

```
var B: array[0…k−1] of item; in, out: integer; in = 0; out = 0;
empty, full, lock: semaphore; empty.value = k; full.value = 0; lock.value = 1;
cobegin
    process Pi   /* i = 1,2,⋯,m */            process Cj       /* j = 1,2,⋯,n */
        begin                                     begin
            L1: produce a product;                    L2:  P(lock);
                P(lock);                                   P(full);
                P(empty);                                  Product = B[out];
                B[in] = product;                           out = (out+1) mod k;
                in= (in+1) mod k;                          V(lock);
                V(lock);                                   V(empty);
                V(full);                                   Consume a product;
            Goto L1;                                  Goto L2;
        end                                       end
coend
```

经过对比可以发现，上述代码在生产者进程 Pi 中将 P(empty)和 P(lock)两个语句的次序颠倒，在消费者进程 Cj 中将 P(full)和 P(lock)两个语句的次序颠倒。问题在于，语句颠倒会导致死锁问题的出现。下面分两个场景对死锁问题进行分析。

（1）场景 1——k 个缓冲区已经全部写满

① 当 k 个缓冲区已经全部写满时，empty.value 的值为 0，full.value 的值为 k。

② 假如此时某生产者进程 Pi 被 CPU 调度执行，开始制造数据产品；在往共享缓冲区 B 写数据前须先执行 P(lock)，由于 lock.value 此时值为 1，执行 P(lock)后，lock.value 减 1 变成 0；检测 lock.value 是否小于 0，由于 lock.value 为 0，并非小于 0，因此进程 Pi 不会被阻塞；接着执行 P(empty)，

由于 empty.value 的值为 0，执行 P(empty)后，empty.value 减 1 变成−1；检测 empty.value 是否小于 0，由于 empty.value 为−1，小于 0，因此进程 Pi 会被阻塞，并被加入 empty.queue 指向的进程等待队列中。

③ 正常情况下，如果是由于缓冲区全部写满而导致生产者进程被阻塞，那么，当消费者进程取走数据后应该可以唤醒生产者进程。然而，在本场景中，假设接着消费者进程 Cj 被 CPU 调度执行，先执行 P(lock)，由于 lock.value 的值已经为 0，执行 P(lock)后，lock.value 减 1 变成−1；检测 lock.value 是否小于 0，由于 lock.value 为−1，小于 0，因此进程 Cj 会被阻塞，并被加入 lock.queue 指向的进程等待队列中。

由此可知，后续所有的生产者进程和消费者进程在执行时，都会被阻塞，陷入死锁状态。

（2）场景 2——k 个缓冲区全部为空

① 当 k 个缓冲区全部为空时，empty.value 的值为 k，full.value 的值为 0。

② 假如此时某消费者进程 Cj 被 CPU 调度执行，先执行 P(lock)，由于 lock.value 此时值为 1，执行 P(lock)后，lock.value 减 1 变成 0；检测 lock.value 是否小于 0，由于 lock.value 为 0，并非小于 0，因此进程 Cj 不会被阻塞；接着执行 P(full)，由于 full.value 的值为 0，执行 P(full)后，full.value 减 1 变成−1；检测 full.value 是否小于 0，由于 full.value 为−1，小于 0，因此进程 Cj 会被阻塞，并被加入 full.queue 指向的进程等待队列中。

③ 正常情况下，如果是由于缓冲区全部为空而导致消费者进程被阻塞，那么，当生产者进程生产并放入数据到缓冲区后应该可以唤醒消费者进程。然而，在本场景中，假设接着生产者进程 Pi 被 CPU 调度执行，开始制造数据产品；在往共享缓冲区 B 写数据前须先执行 P(lock)，由于 lock.value 的值已经为 0，执行 P(lock)后，lock.value 减 1 变成−1；检测 lock.value 是否小于 0，由于 lock.value 为−1，小于 0，因此进程 Pi 会被阻塞，并被加入 lock.queue 指向的进程等待队列中。

同样地，后续所有的生产者进程和消费者进程在执行时，都会被阻塞，陷入死锁状态。

综上所述，如果在生产者进程 Pi 中将 P(empty)和 P(lock)两个语句次序颠倒，在消费者进程 Cj 中将 P(full)和 P(lock)两个语句次序颠倒，当缓冲区为全满或全空的情况下，将有可能导致死锁。可见，对于复杂的进程同步、互斥问题，P 操作的部署顺序至关重要。因此，当一个同步 P 操作与一个互斥 P 操作排在一起时，同步 P 操作应部署在互斥 P 操作前面，而 V 操作的部署次序无关紧要。

2．苹果—桔子问题

类似生产者/消费者的另一个典型进程同步问题是苹果—桔子问题，如图 2.15 所示。

图 2.15 苹果—桔子问题示意图

首先来看问题描述。

（1）桌上有一个盘子，其中只能放入一个水果。

（2）爸爸专门向盘子中放苹果。

（3）妈妈专门向盘子中放桔子。

（4）儿子专等去取、吃盘子中的桔子。

（5）女儿专等去取、吃盘子里的苹果。

很显然，妈妈和儿子之间是一种生产者和消费者关系，而爸爸和女儿之间也是一种生产者和消费者关系。其实，这里面还隐含着互斥关系。例如，爸爸、妈妈是互斥的，当爸爸先向盘子里放了苹果，而苹果没有被取走，妈妈就不能往盘子里放桔子。

事实上，苹果—桔子问题对应着计算机系统中的一个典型问题——多个进程共享同一个缓冲区实现定向通信问题，如图 2.16 所示。

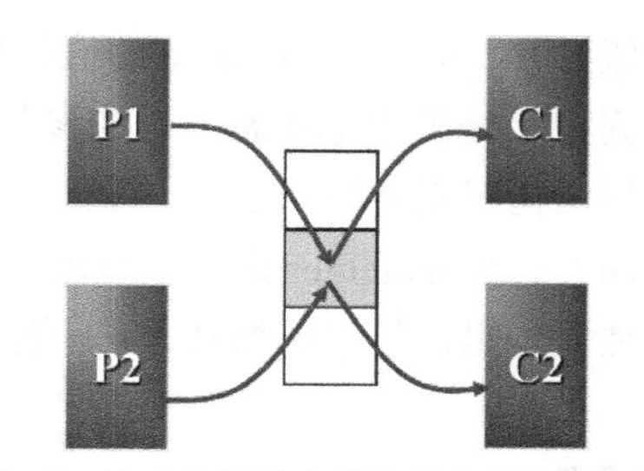

图 2.16　多个进程共享缓冲区定向通信示意图

从算法时空复杂度角度来说，多个进程共享一个缓冲区可以有效地降低对内存空间的消耗。

利用信号量和 P/V 操作来解决苹果—桔子问题以实现进程同步与互斥，需要定义 3 个分别代表不同资源的信号量。

（1）信号量 s 代表可用的空盘子数，盘子就一个。开始时，盘子当然是空的，因此将信号量 s.value 的初值设置为 1。

（2）信号量 g1 代表盘子里有没有桔子。开始时，盘子里没有桔子，因此 g1.value 的初值为 0。

（3）信号量 g2 代表盘子里有没有苹果。开始时，盘子里没有苹果，因此 g2.value 的初值为 0。

定义好信号量以后，关键是看如何合理部署与其配套的 P/V 操作，如图 2.17 所示。

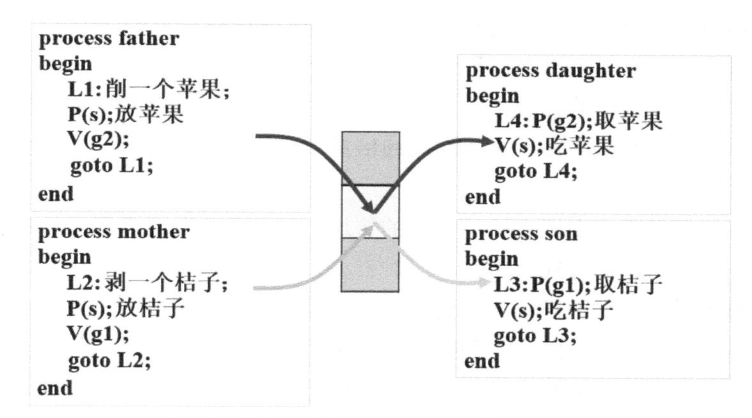

图 2.17　苹果—桔子问题中的信号量和 P/V 操作

现有 father、mother、daughter、son 这 4 个并发运行进程，下面对程序运行情况进行分析。

（1）假设 father 进程先被调度执行，执行削一个苹果的操作，然后测试盘子是不是空的，因为只有空的才可以使用。father 执行 P(s)操作，先要对 s.value 的值减 1，s.value 的初值为 1，减 1 后变为 0，0 不小于 0，因此，father 进程不会被阻塞。father 进程执行完放苹果的操作以后，要对信号量 g2 执行 V 操作。信号量 g2 的初值为 0，加 1 后变为 1，1 大于 0，因此正常返回。g2.value 的值被修改为 1，代表有一个苹果资源可用。

（2）假设 daughter 进程被调度执行，我们来看 daughter 能不能获得苹果。首先 daughter 执行 P(g2)，前面已经将 g2.value 的值修改为 1，再执行这个 P 操作，就要做减 1 运算，1 减 1 等于 0，0 不小于 0，因此 daughter 不会被阻塞，其可以成功地取到苹果。取到苹果以后，daughter 要对 s 信号量做一个 V 操作，s.value 的值前面已经被父亲进程修改成 0，daughter 通过 V 操作对 s.value 的值做加 1 操作，s.value 的值又变成了 1，1 不是小于或等于 0 的，因此无须做唤醒操作。可见，father 和 daughter 之间的生产者和消费者关系用信号量和 P/V 操作建立得很好，这是正常情况。

（3）假设 father 进程已经完成把苹果放到盘子里的操作，daughter 进程没有被调度执行，son 进程却被调度执行。如果 son 能取走苹果，就代表上述程序中的信号量与 P/V 操作机制失效，这是因为son不允许取走苹果，只允许取走桔子。如果son进程先对g1信号量做P操作，g1.value的初值为0，减1后g1.value的值就变成小于0的−1了，因此son会被加到g1.queue所指向的等待队列中，处于阻塞状态，不能参与调度。此时，son就不能够继续执行取水果的操作，所以前述的异常情况就被解决了。

（4）后续daughter进程被调度执行，完成取走苹果的操作，然后mother进程被调度执行，其完成往盘子里放桔子的操作，son进程被唤醒。

2.7 进程通信

2.7.1 进程通信的概念与类型

进程通信又称为进程间通信（Inter-Process Communication，IPC），它是指各进程在系统中同时运行，并相互传递、交换信息。通过进程通信能够实现数据传输、通知事件、资源共享、进程控制等；进程能够通过与内核及其他进程之间的互相通信来协调它们的行为。

根据进程间通信的内容，可以将进程通信分成以下两种。

（1）低级通信。低级通信的代表是信号通信，其主要是传递一些很简单的控制信号。信号在计算机里面可以用一个整数来进行表示，因此通信量是很少的，且无须交换大量的数据，例如信号量机制。

（2）高级通信。高级通信支持大批量数据的传送，其所传送的是各种有实际意义的数据。

下面来了解进程间的通信方式。

进程间通信的典型方式之一是主从式通信。有些操作系统将进程分为主进程和从进程，这两种进程的地位是不对等的，即：主进程可以自由地使用从进程的资源；而从进程受主进程的控制，运行并不是完全自主的。主进程和从进程的关系是固定的，例如终端控制进程和终端进程就是一种典型的主从式进程，它们之间可以进行主从式通信。

进程间通信的另一种典型方式是会话式通信，例如有些操作系统中的用户进程和服务进程之间的通信。用户进程可以调用服务进程提供的服务，但在调用前其必须要得到服务进程的许可，然后服务进程根据用户进程的要求提供服务。用户进程和服务进程之间这种一来一往的通信方式就是会话式通信。

此外，还有一种典型的进程间通信方式——基于消息队列、邮箱、共享缓冲区的通信。这种通信方式的原理是在信息发送进程和接收进程之间设置消息队列、邮箱、共享缓冲区等中介，用中介来使得发送进程和接收进程之间间接地传递信息。各进程的地位是平等的，只要有可临时存放信息的消息队列、空闲邮箱、空缓冲区，发送进程就可以直接把数据发送给中介，然后接收进程在某个时刻向中介索取相应的数据。

上述几种进程通信方式可以总结为直接通信和间接通信两类。

（1）直接通信：发送方把信息直接发送给接收方。在发送的时候，发送方需要知道接收方的地址或标识。如果是广播式通信，发送方就不必了解接收方的地址或标识，便可直接以一对多方式把消息发送出去。

（2）间接通信：借助收发双方进程以外的中介作为通信中转来进行通信。对于发送方和接收方而言，重要的是要知道如何找到消息队列、邮箱、共享缓冲区，而不必直接了解发送方/接收方的地址或标识。

进程通信的数据格式有以下两种类型。

（1）字节格式。通信以字节为单位，即一个字节一个字节地传输数据，接收方不保留各次发送之间的分界。

（2）报文格式。每次发送数据是以报文为单位，报文和报文之间有明显的分界；报文可以是定长的，也可以是不定长的；根据通信对可靠性的不同需求，报文通信可以是可靠通信，也可以是不可靠通信。

2.7.2　低级通信之信号通信

几乎所有的计算机系统均提供信号通信机制。典型的信号为正整数常量，即信号编号，以区分不同信号。信号代表了各个进程之间事先约定的传送信息类型，例如通知进程发生了某个异常事件等。每个进程在运行过程中，都要通过信号机制来检查是否有信号到达，如果有信号到达，暂时中断正在执行的程序，转向与该信号相对应的处理程序；处理结束后，返回到原来的断点继续运行。

信号机制类似中断机制，所以有时将信号机制称为软中断。信号机制与中断机制的相似点包括相同的异步通信方式，检测到信号或中断请求的时候，都会暂停正在执行的程序，转而去执行相应的处理程序，待处理完后，再回到原来的断点继续运行；信号和中断都是可以屏蔽的，即不响应信号和中断。但是，信号机制和中断机制也有区别。例如：在大部分系统中，信号没有优先级，信号是平等的，而中断是有优先级的；信号处理程序一般是在目态下运行，而中断处理程序通常是在管态下运行；信号响应一般会有较大的时间延迟，而中断响应一般是很及时的。

1．kill ()

以 Linux 操作系统为例，发送进程利用系统调用 kill()以实现信号的发送。具体语法格式如下：

```
int kill(pid, sig)
```

参数 pid 的含义如下。

（1）pid>0 时，将信号发送给进程 pid。

（2）pid=0 时，将信号发送给与发送进程同组的所有进程。

（3）pid=−1 时，将信号发送给所有用户标识符等于发送进程的有效用户标识号的进程。

参数 sig 为要发送的软中断信号，Linux 软中断信号的含义如表 2.7 所示。

表 2.7　Linux 软中断信号的含义

信号值	名　字	说　明
01	SIGHUP	挂起
02	SIGINT	中断，当用户从键盘按 Ctrl+C 组合键时出现该信号
03	SIGQUIT	退出，当用户从键盘按 Ctrl+D 组合键时出现该信号
04	SIGILL	执行了非法指令，通常因为可执行文件本身出现了错误
05	SIGTRAP	由断点指令或其他陷阱指令产生，一般由调试程序使用
06	SIGIOT	由输入/输出陷阱（input/output trap）产生
07	SIGBUS	当总线出现错误时送往进程的信号，例如访问了不存在的物理内存地址
08	SIGFPE	浮点运算溢出，当执行错误的数学运算时，该信号将被送往进程

续表

信号值	名　字	说　明
09	SIGKILL	强制结束进程的运行
10	SIGUSR1	用户自定义信号 1
11	SIGSEGV	内存使用错误信号，进程试图访问不可用或未分配给其的虚拟内存，或是当进程试图向没有写权限的内存写入时
12	SIGUSR2	用户自定义信号 2
13	SIGPIPE	向某个末端未连接任何进程的管道中写入数据
14	SIGALRM	时钟定时信号，当到达指定时间间隔后，该信号将被发送到进程
15	SIGTERM	程序结束信号，通常要求程序正常退出
16	SIGSTKFLT	栈错误
17	SIGCHLD	当子进程终止时，父进程收到该信号
18	SIGCONT	进程在停止态时，收到该指令后继续执行
19	SIGSTOP	该信号指示操作系统停止进程，以便稍后恢复

2．signal ()

系统中预置了信号处理方式。接收信号的进程利用系统调用 signal()来实现对处理方式的调用，按事先规定完成对事件的处理。具体语法格式如下：

```
signal(sig,function)
```

参数 function 的含义如下。

（1）function=1 时，对信号不予理睬，屏蔽该类信号。

（2）function=0 时，进程在接收到 sig 信号后应终止。

（3）function≠0 或 function≠1 时，function 的值作为信号处理程序的指针。

2.7.3　高级通信之共享缓冲区通信

基于共享缓冲区的进程间通信是一种高级通信方式，也被认为是信息交换速率最高的一种通信机制。所谓共享缓冲区通信，事实上是指将进程间通信转换为一个对共享缓冲区的读写过程。

如图 2.18 所示，在内存中划分共享缓冲区，然后若干个进程都连接到这个区域，共享这个区域。具体而言，如果进程欲利用共享缓冲区进行通信，需要先在内存中申请并建立一个共享缓冲区，然后将它链接到自己的虚地址空间上。此后，进程就可以通过对共享缓冲区中数据的读/写实现进程间通信。利用共享缓冲区机制，并配合进程同步、互斥机制能够实现有序、正确的进程间通信。

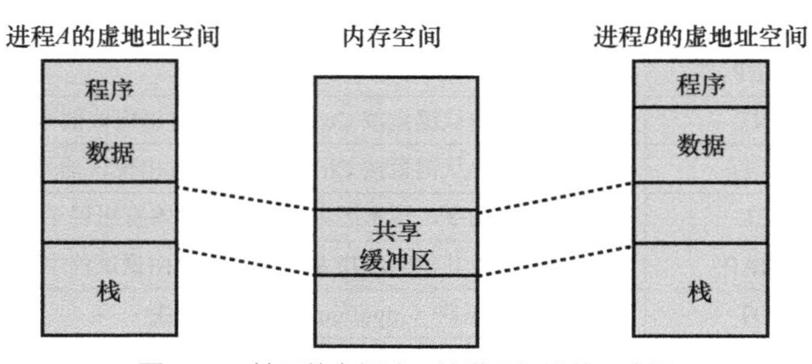

图 2.18　基于共享缓冲区的进程间通信示意图

以 Linux 操作系统为例，为了支持进程利用共享缓冲区通信，系统提供了一系列系统调用函数。

（1）shmget()：创建一个共享缓冲区。

（2）shmat()：将共享缓冲区映射到进程的虚拟地址空间。

（3）shmdt()：将共享缓冲区从进程的虚地址空间断开。

（4）shmctl()：控制共享缓冲区，对其状态进行读取和修改。

2.7.4　高级通信之消息通信

消息通信机制中的消息是一种格式化的、可变长的信息单元。消息通信机制支持进程给其他进程发送消息。在将消息放到一个消息队列中后，消息队列一般用一个关键字来进行标识，其即为消息队列描述符。进程可以利用消息队列描述符来对消息队列进行访问，如图 2.19 所示。

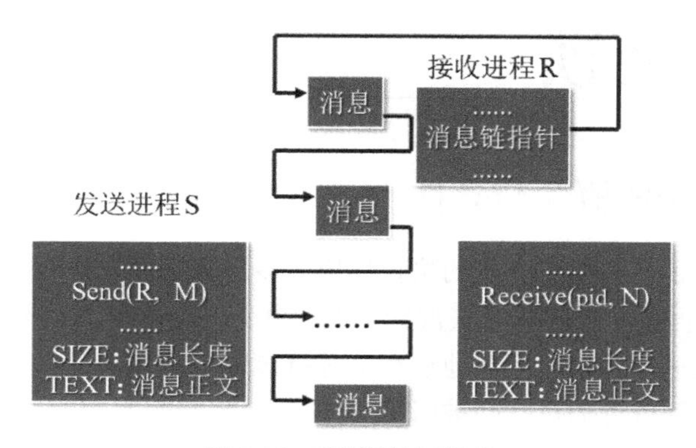

图 2.19　消息通信示意图

以 Linux 操作系统为例，为了支持进程间的消息通信，系统提供了一系列系统调用函数。

（1）msgget()：创建一个消息队列，获得消息队列的描述符。

（2）msgsnd()：向指定的消息队列发送一个消息，并将该消息添加到该消息队列的末尾。

（3）msgrcv()：从指定的消息队列中读取消息。

（4）msgctl()：读取消息队列的状态并进行修改，如查询消息队列描述符、修改许可权限及删除该队列等。

2.7.5　高级通信之管道通信

管道通信机制是在 UNIX 操作系统中首先被提出并实现的重要进程间的通信机制，Linux 等操作系统也继承了这一机制。

管道是连接写进程和读进程且允许以生产者—消费者方式进行通信的共享文件，其又被称为 pipe 文件。共享管道的写进程和读进程以生产者—消费者方式进行通信。如图 2.20 所示，写进程从管道的写入端将数据写入管道，而读进程从管道的读出端读取数据。由于这种一写一读是以先进先出方式进行的，可以很形象地令人想到流进管道的水，管道通信故而得名。

图 2.20　管道通信示意图

管道又可分为以下两种类型。

（1）有名管道。有名管道跟一般的文件，在文件系统中长期存在的、具有路径名的文件，在

UNIX、Linux 系统中，用系统调用 mknod()建立，其他进程可以利用路径名来访问该文件，与访问其他文件相似。

（2）无名管道。无名管道是用系统调用 pipe()建立起来的、临时的无名文件，我们用该系统调用返回的文件描述符来标识该文件。只有调用 pipe()的进程及其子孙进程，才能识别此文件描述符并利用该管道进行通信。

基于管道的进程通信也需要有效的互斥控制机制支持。各个进程互斥访问管道文件，每个进程在访问的时候，先检查管道文件是不是被上锁，如果被上锁，进程要等待，否则就可以使用这个管道。

2.8 进程死锁

2.8.1 进程死锁的概念与条件

现代操作系统提供了多道程序并发的执行环境。多道程序并发执行虽然提高了系统的资源利用率，但会出现多个进程彼此之间争夺资源的情况。由于资源有限，因此当多个进程并发运行时，就很可能出现资源被某进程占用，而其他进程需等待该进程释放资源以后才能够利用资源继续运行的情况。注意，得不到资源的进程会被阻塞。

所谓死锁，是指系统中两个或者两个以上的进程无限期地等待永远不会被满足的条件，永远在等待着永远得不到的资源而处于的停滞状态。这种现象就称为进程死锁，而这组进程被称为死锁进程。进程在争夺同类资源或多种资源时都可能产生死锁。

1．申请同类资源

假设现有 n 个并发运行进程，并存在以下约束。

（1）内存资源有 m 个可分配单元。

（2）n 个进程共享内存资源。

（3）进程每次只能申请一个单元。

（4）满足总量才能使用。

（5）每个进程使用完一次性释放。

例如，当前系统中有 P1、P2 和 P3 这 3 个进程正在并发运行，它们都需要使用内存资源，而内存仅有两个可用单元。此外，已知 P1、P2 各需要两个内存单元才能够执行完毕，P3 需要 1 个内存单元才能够执行完毕，并注意执行完释放内存资源。

经过分析，可知内存资源似乎是不足的。这是因为 P1 需要两个内存单元，P2 需要两个内存单元，P3 需要 1 个内存单元，累计共需要 5 个内存单元，而系统中只有两个可用的内存单元。

但是，资源在并发的环境下，可以通过分时共享方式来满足上面所有进程的需求。

（1）将两个内存单元都分给 P1，P1 执行完毕，释放这两个内存单元。

（2）将这两个内存单元再分配给 P2，P2 执行完毕，释放这两个内存单元。

（3）任选 1 个内存单元分配给 P3，P3 执行完毕再释放。

（4）经过确认，3 个进程都可以正常地执行完毕。

然而，由于进程每次只能申请并获得 1 个内存单元，因此，现出现了下列情况。

（1）P1 获得 1 个内存单元，还缺少 1 个内存单元。

（2）P2 也获得 1 个内存单元，还缺少 1 个内存单元。

（3）P3 没有获得任何内存单元。

（4）系统中 P1 在等着 P2 释放内存资源，P2 在等着 P1 释放内存资源，P3 在等待 P1 或者 P2 释放内存资源，所有进程处于一种僵局状态。

总之，P1、P2、P3 都缺少它们所需要的全部内存单元，无法执行下去，并被阻塞到等待内存的进程队列中，于是死锁就产生了。

2．申请多类资源

假设当前系统中有两种资源：资源 1 和资源 2，且各自的数量均为 1，并有两个进程 P1 和 P2 正在并发运行。

（1）进程 P1 在执行过程中需要先申请资源 1，然后申请资源 2。如果将资源 1 和资源 2 都分配给 P1，它才可以使用；用完后，将资源 1 和资源 2 分别释放。

（2）进程 P2 在执行过程中需要先申请资源 2，然后申请资源 1。如果将资源 2 和资源 1 都分配给 P2，它才可以使用；用完后，将资源 1 和资源 2 分别释放。

其伪代码如下。

```
cobegin
    process P1                                  process P2
        begin                                       begin
            …                                           …
            申请资源 1                                  申请资源 2
            申请资源 2                                  申请资源 1
            使用                                        使用
            释放资源 1                                  释放资源 1
            释放资源 2                                  释放资源 2
            …                                           …
        end                                         end
coend
```

然而，由于进程每次只能申请并获得一种内存资源，因此，现出现了下列情况。

（1）假设 P1 申请并获得了资源 1，在其尚未来得及申请资源 2 的时候，P1 因 CPU 时间片已到而被中断执行。

（2）P2 被调度到 CPU 上执行，申请并获得了资源 2；在 P2 申请资源 1 时，却发现资源 1 已经被 P1 占用，此时 P2 被阻塞，并被加入等待资源 1 的进程等待队列中。

（3）P1 被调度到 CPU 上执行，申请资源 2，可是资源 2 已经被 P2 占用，此时 P1 被阻塞，并被加入等待资源 2 的进程等待队列中。

由上述可知，此时 P1 和 P2 处于一种僵局中，即：P1 在等待着资源 2，P2 在等待着资源 1，但都无法得到。于是，死锁就这样产生了。

可以发现，死锁产生的根本原因是系统的资源不足。如果系统的资源充足，所有进程的资源请求都能够立刻得到满足，死锁就不会产生了。在申请同类资源的案例中，如果有 5 个内存单元，P1、P2、P3 绝对不会出现死锁现象；在申请多类资源的案例中，如果系统中有两个资源 1、两个资源 2，P1 和 P2 绝对不会出现死锁现象。

在资源不足的情况下，如果进程推进的步调不恰当，就可能产生死锁。在申请多类资源的案例中，P1 进程先申请资源 1 再申请资源 2，P2 进程先申请资源 2 再申请资源 1，并分别在申请到一个资源时就被中断了，导致两者都得不到相应的另外一个资源而被阻塞。可见，这个步调顺序就不合适。

在资源不足的情况下，如果资源分配不当，也可能产生死锁。在申请同类资源的案例中，把

1 个内存单元分配给 P1、1 个内存单元分配给 P2，资源分配不合理，死锁就产生了。

产生死锁有以下 4 个必要条件。

（1）互斥使用：又称为资源独占，资源每次只能给一个进程使用。例如内存单元，某一时刻只能给一个进程使用。

（2）不可抢占：又称为不可剥夺，资源申请方不能强行从资源占有方处夺取资源，该资源只能由占有方自愿释放。在申请同类资源的案例中，P1 不能剥夺 P2 已经占用的内存资源，P2 也不能剥夺 P1 已经占用的内存资源，只能待各自执行完后自愿释放。

（3）请求和保持：又称为部分分配、占有申请，进程在申请新资源的同时，会保持对原有资源的占有，不会将原来占有的资源释放。

（4）循环等待。系统中如果有死锁产生，将会出现进程等待队列。例如，系统中 P1,P2,…,P*n* 进程正在并发运行，最后出现 P1 等待 P2、P2 等待 P3……P*n*−1 等待 P*n*、P*n* 等待 P1 释放资源的情况，形成了进程等待环路，陷入死循环状态。

所谓必要条件，是指死锁产生时，这 4 个条件都得具备。需要注意的是，必要条件不是充分条件，即使 4 个必要条件都具备，死锁也不一定产生。

2.8.2 进程死锁的预防机制

产生死锁的 4 个必要条件，其实也给我们解决死锁问题带来了有的放矢的策略，即通过破坏死锁的 4 个必要条件来解决死锁问题。

死锁的预防机制是指预先确定资源分配方案，以保障不产生死锁。然而，破坏“互斥使用”这一必要条件不现实，这是因为资源常常必须要被独占、互斥使用，否则就可能出错。下面重点来探讨破坏其他 3 种必要条件的方法。

1．破坏“不可抢占”条件

破坏“不可抢占”条件的方法是指让资源变成可抢占、可剥夺的。其具体思想是要求在允许进程动态申请资源的前提下，进程申请新的资源却不能够立刻得以满足，此时在该进程变成等待态前，要将该进程原来所占用的资源剥夺，以便将来再重新申请。

例如，在 2.8.1 小节申请多类资源的案例中，进程 P1、进程 P2 分别占用了资源 1、资源 2，进程 P1 在申请资源 2 却得不到而被迫阻塞前，将 P1 原来占用的资源 1 剥夺，这样 P2 就有机会获得资源 1，从而获得全部的资源并可以运行下去。然后释放资源，让 P1 将来有机会获得所需资源，从而解决死锁问题。

2．破坏“请求和保持”条件

破坏“请求和保持”条件的典型方法是禁止进程一部分一部分地申请、获得资源，而要求进程在运行前要一次性地申请所需要的所有资源，系统也在该进程所需资源全部满足的情况下一次性分配给该进程，以避免进程仅能获得部分资源，从而确保进程只要执行就一定可获得全部资源并可执行完毕。执行完后，资源被释放。这样，死锁便不会产生。

3．破坏“循环等待”条件

破坏“循环等待”条件的目标就是避免进程等待死循环，其典型的方法是资源有序分配法。资源有序分配法的核心思想是对系统中所有的资源进行编号，然后要求所有进程在申请资源的时候，必须严格按照资源编号的递增次序进行（先申请小号资源，再申请大号资源）。如果进程违反这个要求，就不予以分配资源。

例如，在申请多类资源的案例中，将进程申请资源的次序都设置为先申请资源 1 再申请资源 2，伪代码如下。

```
cobegin
    process P1                          process P2
        begin                               begin
            …                                   …
            申请资源 1                          申请资源 1
            申请资源 2                          申请资源 2
            使用                                使用
            释放资源 1                          释放资源 1
            释放资源 2                          释放资源 2
            …                                   …
        end                                 end
coend
```

下面对进程 P2 修改为先申请资源 1 再申请资源 2 后的进程执行情况进行分析。

（1）假设 P1 申请并获得了资源 1，在其尚未来得及申请资源 2 的时候，P1 因 CPU 时间片已到而被中断执行。

（2）P2 被调度到 CPU 上执行，也必须先申请资源 1，再申请资源 2，可是资源 1 已经被 P1 占用，此时 P2 被阻塞，并被加入等待资源 1 的进程等待队列中。

（3）P1 被调度到 CPU 上执行，申请资源 2，并获得资源 2。P1 获得所有资源后，继续运行，然后释放资源 1 和资源 2。

（4）资源 1 和资源 2 空闲后，系统可以唤醒 P2。P2 获得所有资源后，可以继续运行。

可以发现，资源有序分配法有效地解决了死锁问题。

2.8.3 进程死锁的避免机制

死锁的预防机制通过预先确定资源分配方案以保障不产生死锁，这事实上是一种静态分配策略。该策略会带来系统的资源利用率下降或资源分配不合理的问题。静态方法还会导致僵化的结果。解决该问题的思路就是动态地避免死锁的产生。

死锁避免机制是指在系统运行前不做硬性规定，在系统运行过程中再对进程发出的每一次资源申请进行动态检查，并根据检查的结果来决定是否分配资源。这种检查其实是一种模拟测试。如果经过测试，发现分配以后会导致死锁的产生，那就不予以分配，否则就真正予以分配。因此，死锁避免机制的关键就是要识别安全状态和不安全状态。安全状态是指在这种状态下死锁不会产生；而不安全状态是指会导致死锁产生的状态。

死锁避免的典型算法是银行家算法，该算法也是由提出信号量与 P/V 操作机制的艾兹格·W.迪科斯彻提出来的。

银行家算法的核心思想如下。

（1）银行家管理着周转资金，多个客户分期申请贷款。银行家对应着操作系统，周转资金对应着系统中的资源，客户对应着进程。

（2）假设一名客户能够顺利得到申请的所有贷款资金，将来就一定能够完成任务，完成后肯定将贷款归还给银行。

（3）假设一名客户不能够顺利得到申请的所有贷款资金，就不能够完成任务，并且他/她已经获得的部分资源也将不能够归还。

（4）银行家显然要谨慎地发放贷款，以防发生客户贷款收不回的状况。银行家所采用的具体方法是在每次满足客户新提出的贷款申请后，均要测试是否有足够的资金来满足剩余客户的需求。通过反复检测以确保所有客户能够获得所需要的所有资金来完成任务，最后银行家才能够收回所有的贷款。

假设系统拥有某类资源单元 10 个，并有 P、Q 和 R 共 3 个进程在系统中并发运行，每个进程分批申请所需资源，当前资源分配情况如表 2.8 所示。

（1）进程 P 一共需要 8 个资源单元，目前其已经获得 4 个资源单元，还缺 4 个资源单元。

（2）进程 Q 一共需要 4 个资源单元，目前其已经获得 2 个资源单元，还缺 2 个资源单元。

（3）进程 R 一共需要 9 个资源单元，目前其已经获得 2 个资源单元，还缺 7 个资源单元。

表 2.8 当前资源分配情况

系统拥有某类资源单元 10 个		
进程	已有资源数量	还需资源数量
P	4	4
Q	2	2
R	2	7

我们说目前系统处于一种安全状态。下面对进程的资源分配情况进行分析。

（1）系统拥有某类资源单元 10 个，目前已经累计分配了 8 个资源单元，还剩余 2 个资源单元。

（2）假设将两个剩余资源单元分配给进程 Q，进程 Q 就可以获得所需要的全部（4 个）资源单元；执行完后，释放全部资源，系统就拥有 4 个可分配资源单元。

（3）将 4 个资源单元分配给进程 P，进程 P 就可以获得所需要的全部（8 个）资源单元；执行完后，释放全部资源，系统就拥有 8 个可分配资源单元。

（4）将 8 个可分配资源单元中的 7 个单元分配给进程 R，进程 R 就可以获得所需要的全部（9 个）资源单元；执行完后，释放全部资源，系统就回收了所有的 10 个可分配资源单元。

上述流程事实上提供了一个资源分配序列：Q→P→R。这个序列被称为安全序列。当然，安全序列可能不唯一，但只要能够有一个安全序列，当前的状态就是安全的，不会陷入死锁。

在安全的状态下，基于银行家算法，操作系统每次都要对新的资源申请进行检查。如果发现这次资源分配会导致不安全状态的产生，就拒绝这次资源申请，否则就会满足这次申请。检查状态的关键就是找到一个安全序列。如果能够将所有的进程排成至少一个安全序列，系统就处于安全状态。

1．单种资源分配

假设系统当前有 150 个可用的内存单元，进程 P1、进程 P2、进程 P3 并发运行，均需要内存资源。

（1）进程 P1 最大需求为 70 个内存单元，其已经获得 25 个内存单元，还需 45 个内存单元。

（2）进程 P2 最大需求为 60 个内存单元，其已经获得 40 个内存单元，还需 20 个内存单元。

（3）进程 P3 最大需求为 60 个内存单元，其已经获得 45 个内存单元，还需 15 个内存单元。

此时，系统中有新进程 P4 调入，假设可能有两种情况出现。

情况 1：进程 P4 最大需求为 60 个内存单元，最初进程 P4 请求 25 个内存单元。

系统需要确定是否能将进程 P4 申请的 25 个内存单元分给它。目前，P1、P2 和 P3 这 3 个进程合计消耗了 110 个内存单元，系统中还剩 40 个内存单元。

（1）基于银行家算法，假设已将 25 个内存单元分配给进程 P4，系统中还剩 15 个内存单元。

（2）此时，关键看是否能找到安全序列。如果先将剩余的 15 个内存单元都分给进程 P3，进程 P3 获得所需的全部内存资源后，就可以顺利地执行完毕，然后将 60 个内存单元全部释放。

（3）接着有多种选择：其中的一种选择是从 60 个内存单元中选 45 个内存单元分给进程 P1，进程 P1 获得所需的全部内存资源后，就可以顺利地执行完毕，然后将 70 个内存单元全部释放，系统当前可用内存单元为 85 个；选 20 个内存单元分给进程 P2，进程 P2 获得所需的全部内存资源后，就可以顺利地执行完毕，然后将 60 个内存单元全部释放，系统当前可用内存单元为 125 个；最后选 35 个内存单元分给进程 P4，进程 P4 获得所需的全部内存资源后，就可以顺利地执行完毕，然后将 60 个内存单元全部释放，系统当前可用内存单元为 150。

由上述可见，我们找到了一个安全序列为 P3→P1→P2→P4，事实上可以找到 6 个安全序列。这表明即使满足进程 P4 的需求，系统仍然处于安全状态，不会陷入死锁。

总之，发现一个分配方案以后，系统仍然处于安全状态，因此可以满足进程 P4 的资源申请。

情况 2：进程 P4 最大需求为 60 个内存单元，最初请求 35 个内存单元。

（1）基于银行家算法，假设已将 35 个内存单元分配给进程 P4，系统中还剩 5 个内存单元。

（2）此时，关键看是否能找到安全序列。很显然，将剩余的 5 个内存单元分配给 P1、P2、P3、P4 中任意一个进程，都不能满足各自所需的全部内存资源需求，无法顺利地执行完毕，因此无法找到一个安全序列，系统将会处于不安全状态，陷入死锁。

因此，进程 P4 的本次资源申请会被拒绝，进程 P4 会被修改为等待态，并被加入等待内存资源的进程等待队列中；等到未来某一个时刻，系统的可用资源能够满足进程 P4 的需求，又不会导致系统陷入死锁状态时，进程 P4 会被唤醒，然后继续执行。

2．多种资源分配

系统中一般都包含多种资源，进程在运行中会涉及对多种资源的共享和互斥使用。在针对多种资源的系统环境下，同样可用银行家算法来避免死锁的产生，只需将单一数字的运算变为向量的运算。

（1）将所涉及的 n 个资源各自的数量排为固定序列，构成向量结构（资源 1 数量,资源 2 数量,……,资源 n 数量）。

（2）按照上述向量结构，构建总资源数向量 $\boldsymbol{E}$，已分配资源数向量 $\boldsymbol{P}$，剩余资源数向量 $\boldsymbol{A}$。

（3）当进程向系统发出资源请求时，也将请求的资源数投射到一个向量 $\boldsymbol{X}$ 上，注意结构要相同。

同样地，利用银行家算法寻找安全序列，操作系统每次都要对新资源申请向量进行检查。如果发现按照资源申请向量进行资源分配会导致系统处于不安全状态，系统就拒绝这次资源申请，否则就会满足这次资源申请。

假设系统当前有 A、B、C、D 这 4 种资源，进程 P0、进程 P1、进程 P2、进程 P3、进程 P4 并发运行，当前资源分配情况如表 2.9 所示。

表 2.9 当前资源分配情况

进程	已分配资源数向量 *P*	所需要总资源数向量 *E*	剩余资源数向量 *A*
	A B C D	A B C D	A B C D
P0	0 0 3 2	0 0 4 4	1 6 2 2
P1	1 0 0 0	2 7 5 0	
P2	1 3 5 4	3 6 10 10	
P3	0 3 3 2	0 9 8 4	
P4	0 0 1 4	0 6 6 10	

此时，进程 P1 发出的资源申请向量为(1, 0, 0, 0)，即进程 P1 申请 1 个 A 类资源、0 个 B 类资源、0 个 C 类资源、0 个 D 类资源。

（1）基于银行家算法，系统尝试将进程 P1 当前需要的资源数向量(1, 0, 0, 0)分给它，此时进程 P1 获得的资源数向量变为(2, 0, 0, 0)，剩余资源向量为(0, 6, 2, 2)。

（2）此时，关键看是否能找到安全序列。由于此时进程 P0 还需要 0 个 A 类资源、0 个 B 类资源、1 个 C 类资源、2 个 D 类资源，即还需要的资源数向量为(0, 0, 1, 2)，该向量小于系统剩余资源数向量(0, 6, 2, 2)。如果先将剩余资源数向量(0, 6, 2, 2)中的资源(0, 0, 1, 2)都分给进程 P0，进程 P0 获得所需的全部资源后，可以顺利地执行完毕，然后将资源(0, 0, 4, 4)全部释放。将原先占用的资源(0, 0, 3, 2)加到系统剩余资源数向量(0, 6, 2, 2)，此时系统剩余资源数向量为(0, 6, 5, 4)。

（3）接着按照同样的原理，依次满足进程 P3、进程 P1、进程 P2、进程 P4 的剩余需求，所有进程均可执行完毕。

由上述可见，我们可以找到了一个安全序列为 P0→P3→P1→P2→P4，事实上可以找到多个安全序列。这表明即使满足进程 P1 的需求，系统仍然处于安全状态，不会陷入死锁，可以真正对进程 P1 进行资源分配。

2.8.4 进程死锁检测与解决

死锁的检测和解决与死锁预防及死锁避免最大不同之处是允许死锁的产生。为什么其能够允许死锁产生呢？有一个前提就是在系统中死锁产生的可能性比较小，不容易产生死锁，不必花费格外的开销或附加太多限制条件来实施死锁预防和避免的措施。

相比之下，无论是死锁预防还是死锁避免，都带来比较大的额外系统开销。例如，死锁预防的限制条件让系统的资源利用率降低、资源使用不便，而死锁避免每次都要在资源分配前执行银行家算法来进行检测，结果导致系统产生了比较大的计算开销。

死锁的检测和解决措施尽管允许死锁产生，但是操作系统要不断地监视系统的进展情况，判断当前是不是确实有死锁产生；一旦死锁确实产生了，系统就要采取专门的措施来解除死锁，并恢复系统的运行。

1．检测时机

实施死锁的检测和解决措施首要考虑的问题是什么时候检测。一般来说，当系统发现大量进程处于等待态的时候，就检测是不是有死锁产生，进而导致这么多进程都处于等待状态。另外，当系统资源利用率下降的时候，特别是系统中有大量的并发进程，CPU 资源利用率很低时，系统就会检查是不是因为死锁导致很多进程存在，其实没有进程在使用 CPU。另外一种策略就是定时检测，每隔一段时间检测系统中有没有死锁问题。

2．检测手段

检测死锁的工作原理和流程与银行家算法有相似之处，本质上关键是看是否存在无法解决的循环等待问题。

为了更直观地理解死锁检测机制，我们可以引入了进程—资源分配图，如图 2.21 所示。

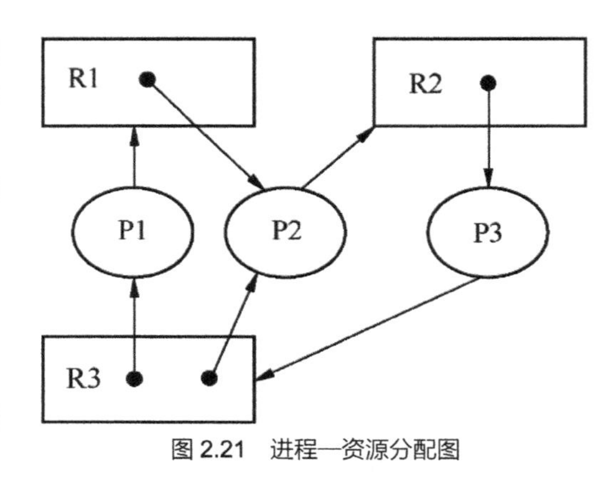

图 2.21 进程—资源分配图

（1）矩形框用来代表资源类。

（2）矩形框内的黑色圆点用来代表资源实例。

（3）圆圈+进程名用来表示进程。

（4）资源实例指向进程的一条有向边用来表示分配边，表明该资源实例已经分配给该进程。

（5）进程指向资源类的一条有向边用来代表申请边，表明该进程需要该资源类的某个资源实例。

“无法解决的循环等待问题”在进程—资源分配图中就表现为“环路”现象。这里，“环路”意味着系统中出现了循环等待的状况。注意：循环等待是死锁产生的一个必要条件，即有环路存在，不一定产生死锁，但如果死锁产生了，系统中一定会存在着一个环路；假设没有环路，系统中绝对不会有死锁。

然而，假设每个资源类仅有一个资源实例，系统中出现环路就会产生死锁，此时环路是系统产生死锁的一个充分必要条件；如果系统中的资源类有多个资源实例，则环路就不意味着一定产生死锁，环路仅仅是一个必要条件，而不是充分条件。

因此，在系统中资源类有多个资源实例，同时又存在环路的情况下，死锁检测的流程如下所示。

（1）在进程—资源分配图中找只有分配边、没有申请边的进程节点。只有分配边、没有申请边，那就意味着这个进程已经获得了所需要的全部资源，执行完毕，将占用的资源全部释放。去掉该进程的分配边，可以使它变成孤立节点。

（2）去掉进程的分配边，本质上意味着进程释放了资源；将空闲的资源分配给等待该资源的进程，即将进程的申请边转变为分配边。

（3）重复执行上面两个步骤，力求将所有的进程节点变为没有边的孤立节点。如果最后还存在非孤立节点，表明系统中存在无法满足所有资源需求的死锁进程，系统出现了死锁问题；如果所有进程都可以变成孤立节点，就表示系统暂时没有出现死锁问题。

如图 2.21 所示，经过上述检测，P1、P2 和 P3 都无法变为孤立节点。这 3 个进程为死锁进程，表示系统出现了死锁问题。

3．死锁解除

当系统检测出死锁，下一步就是以最小的代价解除死锁，恢复系统的运行。具体有以下两种解除死锁的方法。

（1）资源剥夺法。资源剥夺法是指一旦发现死锁，从部分进程剥夺足够数量的资源给另外一部分等待资源的进程，以确保这些进程能够执行完毕，后续再将资源重新分配给被剥夺资源的相关进程，从而解除死锁状态。剥夺资源再分配方法显然会带来一定的系统开销。

（2）进程撤销法。进程撤销法是指终止全部死锁进程、回收资源，使系统恢复正常状态。该方法简单，但是代价太大。改进的进程撤销法是按照某种顺序来逐个终止死锁进程，直到有足够的资源供其他未被撤销的进程使用，从而解除死锁状态。

事实上，单独使用死锁预防、死锁避免、死锁检测与死锁解除并不能全面解决操作系统中遇到的所有死锁问题，因此，可以考虑综合这几种方法。例如，把系统中的资源按照层次分成若干个类，对于每一类资源可以使用最适合的方法来解决死锁问题，以提高系统的性能、降低死锁带来的开销。

【补充阅读】CPU 相关知识回顾

1．CPU 的构成和基本工作方式

目前典型的 CPU 由运算器、控制器、一系列寄存器及高速缓冲存储器构成。

运算器执行指令集中的算术和逻辑运算指令。这是计算机 CPU 中最为核心的部件。

控制器主要负责控制程序的运行流程，包括到内存里面去取指令、维护 CPU 的状态、实现

CPU 和内存的交互等。

寄存器是 CPU 工作过程中暂存数据、地址等信息的存储设备。寄存器在整个计算机的存储体系中拥有最快的访问速度，单位存储价格一般也最贵。典型的寄存器包含用户可见寄存器及控制寄存器。

（1）用户可见寄存器一般由编译器通过算法分配来使用，以减少访问内存的次数。用户可见寄存器主要包括通用寄存器、数据寄存器、地址寄存器等，其中数据寄存器一般存放操作数，地址寄存器一般存放数据和指令的物理地址等。

（2）控制寄存器用来控制 CPU 的操作，大部分对用户是不可见的，一部分可在特权模式下访问。常见的控制寄存器包括：程序计数器，主要用来存储指令的内存地址；指令寄存器，用来暂存指令；程序状态字，用来记录 CPU 的运行模式等信息。此外还有中断寄存器等。

高速缓冲存储器分内外两种：一种是做到 CPU 里面的高速缓冲存储器；另一种是做到主板上的高速缓冲存储器，在逻辑上位于 CPU 和物理内存之间，一般由存储管理单元（Memory Management Unit，MMU）来进行管理。目前高速缓冲存储器常用静态随机访问存储器（Static Random-Access Memory，SRAM）构成，而内存一般用动态随机访问存储器（Dynamic Random-Access Memory，DRAM）构成。高速缓冲存储器比内存访问速度快很多，可以利用程序局部性原理，把当前正在用的指令、数据都存放到高速缓冲存储器中，因为在未来也会有较大的概率再次使用这些指令和数据，这可以减少 CPU 访问内存的次数，提高效率。高速缓冲存储器的硬件成本也比内存要高。

2．特权指令与非特权指令

计算机的 CPU 指令集可以分成两个集合：特权指令集合和非特权指令集合。非特权指令是操作系统、应用程序都可以使用的指令，而只能由操作系统来执行的指令称为特权指令。

在现代操作系统中，计算机的指令系统都区分特权指令和非特权指令。因为如果一般的应用程序都可以直接使用特权指令，则会对系统全局造成影响，甚至是严重的负面结果。

典型的特权指令包括启动 I/O 设备、设置系统时钟、控制中断屏蔽位、清内存、建立存储键、加载程序状态字等。特权指令由操作系统来统一使用，有助于提升系统的安全可靠性，让系统有序运行。问题的关键是 CPU 如何知道当前运行的是操作系统程序还是应用程序，这可以用程序状态字来进行标识。

3．CPU 状态

根据运行程序对资源和机器指令的使用权限，可以将 CPU 设置为不同状态。所谓 CPU 状态，是跟权限密切相关的。很多操作系统将 CPU 状态划分为管态和目态。

操作系统的管理程序在 CPU 上运行的状态称为管态。在管态下，系统可以执行特权指令和非特权指令，拥有较高的权限级别。管态又称为特权态或系统态。

另外一种 CPU 状态是目态。目态就是应用程序运行时的 CPU 状态。在目态下，CPU 只允许执行非特权指令，这意味着 CPU 运行在低权限级别。目态又被称为普通态或用户态。

还有一些操作系统把 CPU 状态划分为核心状态、管理状态和用户状态。划分为两态和三态各有优劣。划分为两态，系统管理起来比较简单，因为状态只有管态和目态，状态之间的切换比较简单，无非是管态到目态和目态到管态这两种可能。划分为三态，CPU 状态切换起来就有更多的可能性，包括从核心状态切换到管理状态、管理状态切换到用户状态、用户状态切换到管理状态、管理状态切换到核心状态、核心状态切换到用户状态、用户状态切换到核心状态，相对来说比较复杂。

目态到管态的转换通过中断来实现，而管态到目态的转换通过调用设置程序状态字的指令来实现。

4．程序状态字

CPU 有一个程序状态字寄存器，用于存放进程的程序状态字。CPU 状态可以是程序状态字的一个组成部分。例如，可以用程序状态字的 1 个 bit 来表示 CPU 的状态。程序状态字可以用来控制指令的执行顺序、保留和指示与程序有关的系统状态，以实现进程状态的保护和恢复。

在现代操作系统中，由于多进程并发运行，进程在执行完毕之前常常进出 CPU。我们把 1 个进程切换出 CPU，再把它切换回 CPU 的时候，就需要恢复 CPU 现场信息，而 CPU 现场信息就是程序状态字的组成部分。每一个进程都有一个与其执行有关的程序状态字，CPU 设置了相应的程序状态字寄存器。当一个进程占有 CPU 的时候，它的程序状态字就会占用 CPU 的程序状态寄存器。

5．中断

中断是指计算机系统内或系统外发生的随机性异步事件。所谓随机性异步事件，指的是无一定时序关系的、随机发生的不确定性事件。

一旦发生中断，CPU 就要暂时停止执行当前的程序，保留 CPU 现场信息，转而去执行中断处理程序；处理完毕，再回到先前被暂停的程序断点继续执行。

中断有多种可能性。硬件出现故障，程序执行发生异常错误，正常程序执行结束，系统都会产生相应的中断信号。

中断有不同的分类方式，例如，可根据中断的性质把中断分为强迫性中断和自愿性中断。

（1）强迫性中断指正在运行的程序所不期望的、由某种硬件故障或外部请求引起的中断。例如，当一个进程正在读硬盘上的文件时，这个文件所存储的位置出现了硬盘磁道损坏，进程无法读取所需要的数据，这个时候就会产生强迫性中断。

（2）自愿性中断指程序员在程序中有意安排的中断。程序员在编程时为了让操作系统提供服务，会有意使用一些访管指令或系统调用，使中断发生。例如，程序执行一半时需要使用打印机把结果打印出来，这个时候程序就会发出一个中断信号，请求系统为它提供打印服务。

此外，中断还可分为硬中断和软中断。硬中断又分为外中断和内中断，而软中断又分为信号中断和软件中断。所谓硬中断是要通过硬件来产生的中断请求；而软中断只是借用了硬中断的概念，用软件的方法对中断机制进行模拟。

【补充阅读】线程及其基本概念

线程（Thread）也是现代计算机系统中的一个重要概念。引入线程的基本目的就是将进程以更细的粒度加以切分，以低开销进一步提高系统的并发度。

所谓线程，有些系统称之为轻量级进程，是进程中一个运行的实体。线程是 CPU 的调度单位，资源分配的单位仍然是进程。

在多线程的计算机系统中，多线程的设计指将一个进程里面的任务再分解成多个线程，以进一步提高系统并发度。

线程属于进程，线程运行在进程空间中，同一个进程所产生的线程共享一个物理内存空间。当进程终止时，该进程所产生的线程都会被强制终止。与进程一样，线程也是有生命周期的，创建、就绪、运行、等待、终止，在多个状态之间进行切换。Java 将线程分为创建状态、可运行状态、不可运行状态、死亡状态等。可以看出，这与我们前面讲的进程非常相似。下面介绍线程的结构。

在进程中，进程控制块记录了进程的所有信息。进程拥有逻辑地址空间，用户栈用于执行用户程序，核心栈用于执行核心程序。在多线程模型中，除了进程控制块和进程的虚地址空间以外，每个线程还拥有一个线程控制块（Thread Control Block，TCB）。每个线程都有一个用户栈和核心栈，跟进程相似。在操作系统中，线程、进程的管理机制有相似和相通之处。

线程控制块包含线程标识、线程状态和调度优先级等。

在把进程分成多个线程的时候，进程仅作为资源分配的基本单位，多个线程可以共享一个进程的相关资源。线程切换时，由于同一个进程内的线程共享资源和地址空间，因此不涉及资源信息的保存和地址变化问题，从而减少了线程切换的时间开销。进程的调度和切换都是由操作系统内核完成的；而线程的调度和切换既可以由操作系统内核完成，也可以由用户程序进行。

下面我们来了解一下线程的实现。

线程有以下 2 种类型。

（1）用户级线程。用户级线程没有操作系统内核的支持，完全在用户级提供一个库程序来实现多线程。这些库提供了创建、同步、调度和管理线程的所有功能，而不需要操作系统的特别支持。例如，Java 对线程的操作可不涉及内核，线程的创建、结束、调度、现场保护和切换开销就更少；TCB 也保存在目态空间，对于操作系统来说，调度仍然以进程为单位。

（2）核心级线程。核心级线程就是由操作系统支持实现的线程，操作系统维护核心级线程的各种管理表格，负责线程在 CPU 上的调度和切换。线程也是 CPU 调度的基本单位，操作系统也提供了一系列的调用接口，让用户程序委托操作系统进行线程的创建、结束、同步等操作。

2.9 本章小结

本章主要围绕着处理器资源的管理与进程的控制展开：首先介绍了操作系统中最为核心的概念进程及其实现机制，主要内容包括进程的定义、类型、特性和状态、进程控制块、进程上下文及其切换；接着介绍了进程的控制机制，如进程的创建、进程的阻塞和唤醒、进程的撤销、进程的挂起和激活等；然后重点介绍了处理器调度机制，如处理器调度的模式、原则、算法等；针对并发环境下进程间的联系，重点分析了进程间的同步与互斥关系，以及与此相关的临界区管理问题；为了有效实现正确的进程同步与互斥，操作系统普遍应用了信号量与 P/V 操作机制，因此，本章重点介绍了信号量的数据结构、P/V 操作的基本原理，还分析了信号量及 P/V 操作使用规律，并利用经典范例阐明如何解决进程互斥和同步问题；接下来介绍了进程通信机制，主要内容包括进程通信的概念与类型，并具体描述了信号通信、共享缓冲区通信、消息通信和管道通信；最后探讨了操作系统中的进程死锁问题，主要内容包括进程死锁的概念与条件、进程死锁的预防机制和避免机制及检测与解决机制。

习题 2

1．选择题

（1）下列选项中，不属于进程关键要素的是（　　）。

A．程序　　B．数据和栈　　C．进程控制块　　D．原语

（2）操作系统的管理程序运行的状态具备较高特权级别，称为（　　）。

A．用户态　　B．目态　　C．管态　　D．普通态

（3）在操作系统中，PSW 的中文全称是（　　）。

A．程序状态字　　B．进程标识符

C．作业控制块　　D．进程控制块

（4）当系统中或系统外发生异步事件时，CPU 暂停正在执行的程序，保留现场并转去执行相应事件的处理程序，处理完成后返回断点，继续执行被打断的进程，这一过程称为（　　）。

A．作业调度　　B．页面置换

C．磁盘调度　　D．中断

（5）以下关于进程的说法，错误的是（　　）。

A．进程是程序在处理器上的一次执行过程

B．一个进程是由若干作业组成的

C．在线程出现后，进程仍然是操作系统中资源分配的基本单位

D．进程具有创建其他进程的功能

（6）在下列关于父进程和子进程的叙述中，正确的是（　　）。

A．父进程创建了子进程，因此父进程执行完，子进程才能运行

B．子进程执行完，父进程才能运行

C．撤销子进程时，应该同时撤销父进程

D．一个子进程只有一个父进程，但一个父进程可以有多个子进程

（7）任何两个并发进程之间（　　）。

A．一定存在互斥关系　　B．一定存在同步关系

C．一定彼此独立无关　　D．可能存在同步或互斥关系

（8）调度程序每次把 CPU 分配给就绪队列首进程使用一个时间片，就绪队列中的每个进程轮流地运行一个时间片。当这个时间片结束时，强迫一个进程让出处理器，让该进程排到就绪队列的末尾，等候下一轮调度。这种进程调度方式称为（　　）调度。

A．最高响应比优先　　B．先来先服务

C．短作业优先　　D．时间片轮转

（9）若当前进程因时间片用完而让出处理器时，该进程应转变为（　　）状态。

A．就绪　　B．等待　　C．运行　　D．完成

（10）若在一个单核单处理器的系统中有 3 个进程，且假设当前时刻有一个进程处于运行态，则处于就绪态的进程最多有（　　）个。

A．1　　B．2　　C．3　　D．4

（11）下列作业调度算法中，（　　）算法与作业的运行时间和等待时间有关。

A．先来先服务　　B．短作业优先　　C．均衡调度　　D．最高响应比调度

（12）一作业 8:00 到达系统，估计运行时间为 1h，若 9:00 开始执行该作业，其响应比为（　　）。

A．2　　B．1　　C．3　　D．0.5

（13）临界区是指并发进程中访问共享变量的（　　）段。

A．管理信息　　B．信息存储　　C．数据　　D．程序

（14）设与某资源关联信号量的初值为 3、当前值为−1。若 M 表示该资源的可用个数，N 表示等待该资源的进程数量，则 M、N 分别为（　　）、（　　）。

A．0　1　　B．1　0　　C．1　2　　D．2　0

（15）设某个信号量 S 的初值为 5。若执行某个 V(S)时发现（　　），则唤醒相应等待队列中等待的一个进程。

A．S 的值小于或等于 0

B．S 的值大于或等于 5

C．S 的值小于 5

D．S 的值大于 5

（16）以下不属于产生死锁原因的是（　　）。

A．因为系统资源不足

B．采用的进程调度算法效率低下

C．进程运行推进的顺序不合适

D．资源分配不当

（17）在多进程的并发系统中，不会因竞争（　　）而产生死锁。

A．打印机　　B．磁带机　　C．CPU　　D．磁盘

（18）当每类资源只有一个资源实例时，下列说法中不正确的是（　　）。

A．有环必死锁　　B．死锁必有环

C．有环不一定死锁　　D．死锁进程一定全在环中

（19）下列有关死锁的描述中，正确的是（　　）。

A．系统中仅有一个进程进入了死锁状态

B．多个进程由于竞争 CPU 而进入死锁

C．多个进程由于竞争互斥使用的资源又互不相让而进入死锁

D．由于进程调用 V 操作而造成死锁

（20）进程—资源分配图是用于（　　）。

A．死锁的预防　　B．解决死锁的静态方法

C．死锁的避免　　D．死锁的检测与解除

2．填空题

（1）Linux 操作系统按照事件来源和实现手段将中断分为________、________。

（2）系统调用是通过________来实现的；发生系统调用，处理器的状态常从目态变为管态。

（3）在 Linux 操作系统中，创建进程的原语是________。

（4）进程的基本三状态模型并不足以描述进程真实的情况，而进程的五状态模型则在基本三状态模型的基础上增加了两个状态，它们分别是________和________。

（5）系统中进程存在的唯一标志是________。

（6）进程上下文包括进程本身和运行环境，它是对进程执行活动全过程的静态描述。进程上下文可分成 3 个部分：________、________和________。

（7）低级调度又称为进程调度，进程调度方式通常有________和________两种方式。

（8）若信号量 S 的初值定义为 10，则对 S 调用执行了 16 次 P 操作和 15 次 V 操作后，S 的值应该为________。

3．简答题

（1）请简单描述进程三态模型中进程状态的转换情况。

（2）进程被创建可能源于以下事件：提交一个批处理作业；在终端上交互式地登录；操作系统创建一个服务进程；进程孵化新进程等。请描述进程的创建过程。

（3）请简述时间片轮转调度算法的工作流程及确定时间片大小所需要考虑的因素。

（4）假设有两个优先级相同的并发运行进程 P1 和 P2，它们各自执行的操作如下。以下代码中信号量 S1 和 S2 的初值均为 0，x、y 和 z 的初值为 0。

```
cobegin
    P1:                          P2:
        begin                        begin
            y=0;                         x=2;
            y=y+4;                       x=x+6;
            V(S1);                       P(S1);
            z=y+3;                       x=x+y;
            P(S2);                       V(S2);
            y=z+y                        z=z+x;
    end                          end
coend
```

试问进程 P1、P2 并发执行后，x、y、z 的值有几种可能？各为多少？

（5）为什么说最高响应比优先作业调度算法是对先来先服务算法和短作业优先算法这两种调度算法的折衷？

（6）请对比操作系统中“死锁”和“饥饿”问题。

（7）一个计算机系统中有 6 台打印设备，并且分别被 n 个进程竞争使用，每个进程最多需要两台。n 最多为多少时，系统不存在死锁的危险？

（8）已知 3 个进程 P1、P2 和 P3 并发工作，其中：进程 P1 需用资源 S3 和 S1；进程 P2 需用资源 S1 和 S2；进程 P3 需用资源 S2 和 S3。试完成以下问题。

① 若对资源分配不加限制，会产生死锁情况。请画出产生死锁时，3 个进程和 3 个资源之间的进程—资源分配图。

② 为保障进程正确工作，应采用怎样的资源分配策略？

4．解答题

（1）某系统有 3 个作业：

作　　业	到达时间	所需 CPU 时间
1	8.8	1.5
2	9.0	0.4
3	9.5	1.0

系统确定在它们全部到达后，开始采用响应比高者优先调度算法，并忽略系统调度时间。试问它们的调度顺序是怎样的？它们各自的周转时间是多少？请写出计算过程，并填写在下面的表格中。

作　　业	到达时间	所需 CPU 时间	开始时间	完成时间	周转时间
1					
2					
3					

（2）有一个拥有两个作业的批处理系统，其作业调度采用短作业优先的非抢式调度算法、进程调度采用以优先数为基准的抢占式调度算法。在下表所示的作业序列中，作业优先数即为进程优先数，且优先数越小，优先级越高。

作　业	到达时间	所需 CPU 时间（min）	优先数
A	10:00	40	5
B	10:20	30	3
C	10:30	50	4
D	10:50	20	6

列出所有作业进入内存时间及结束时间，并计算平均作业周转时间。

（3）有一个垃圾分拣机器人系统，它的两只机器手臂可分别自动在垃圾箱里面分拣可回收易拉罐和塑料瓶。设分拣系统有 P1 和 P2 两个进程，其中 P1 驱动左臂拣易拉罐、P2 驱动右臂拣塑料瓶，并规定：每只手臂每次只能拣一个物品；当一只手臂在拣时，不允许另一只手臂去拣；当一只手臂拣了一个物品后，必须让另一只手臂有机会去拣物品。试用信号量和 P/V 操作实现进程 P1 和 P2 能并发正确执行的程序。

（4）桌上有一只空盘子，盘中仅允许存放一个水果。爸爸可向盘中放的水果包括苹果和桔子，儿子专等着取盘中的桔子并将其吃掉；女儿专等着取盘中的苹果并将其吃掉。规定：爸爸每次只能向盘子中放一个水果，盘子中的水果没有被取走时，爸爸不可放新水果；盘子中没有水果时，女儿和儿子来取水果将需等待。请用信号量和 P/V 操作实现爸爸、儿子、女儿 3 个并发进程的同步。

（5）内存中有一组缓冲区可被多个生产者进程和多个消费者进程共享使用，该缓冲区总共能存放 10 个数据，生产者进程把生成的数据放入缓冲区，消费者进程从缓冲区中取出数据使用。缓冲区满时生产者进程就停止将数据放入缓冲区，缓冲区空时消费者进程停止取数据。数据的存入和取出不能同时进行，试用信号量及 P/V 操作来实现该方案。

（6）假定系统有 3 个并发进程 read、move 和 print 共享缓冲器 B1 和 B2。其中，进程 read 负责从输入设备上读信息，每读出一条记录后把它存放到缓冲器 B1 中；进程 move 负责从缓冲器 B1 中取出一条记录，加工后存入缓冲器 B2；进程 print 负责将 B2 中的记录取出并打印输出；缓冲器 B1 和 B2 每次只能存放一条记录。要求 3 个进程协调完成任务，使打印出来的与读入的记录个数及次序完全一样。请用信号量和 P/V 操作，写出它们的并发程序。

（7）用银行家算法避免系统死锁：

进　程	已占有资源数				最大需求数			
	A	B	C	D	A	B	C	D
P1	3	0	1	1	4	1	1	1
P2	0	1	0	0	0	2	1	2
P3	1	1	1	0	4	2	1	0
P4	1	1	0	1	1	1	1	1
P5	0	0	0	0	2	1	1	0

当前系统资源总量为：A 类 6 个、B 类 3 个、C 类 4 个、D 类 2 个。

① 该系统是否安全？请分析并说明理由。

② 若进程 P2 请求(0,0,1,0)，可否立即分配？请分析并说明理由。

（8）假定系统中有 5 个进程 P0、P1、P2、P3、P4 和 3 种资源 A、B、C，资源 A、B、C 的数量分别为 10、5、7。各进程的最大需求量和 T0 时刻资源分配情况如下所示。

进程	资源最大需求量			已分配资源量		
	A	B	C	A	B	C
P0	7	5	3	0	1	0
P1	3	2	2	2	0	0
P2	9	0	2	3	0	2
P3	2	2	2	2	1	1
P4	4	3	3	0	0	2

① T0 时刻是否安全？若安全，请说明理由，并给出一个可能的安全序列。若不安全，请说明理由。

② 若接下来 P4 继续请求资源(3,2,1)，则系统是否允许并响应该请求？若允许，请说明理由，并给出一个可能的安全序列。若不允许，请说明理由。

第3章

存储管理

3.1 基本概述

3.1.1 计算机中的存储体系

在计算机系统中普遍存在着金字塔式的存储体系，其自上至下主要包含寄存器、高速缓存、主存储器（内存）、磁盘缓存、内置硬盘、可移动存储介质，如图 3.1 所示。在金字塔式存储体系中，一般处于越上层的部件在整个存储体系中所占的容量越小，越下层组件的容量越大；同时，处于越上层的部件，其存取速度越快，越下层组件的存取速度越慢。

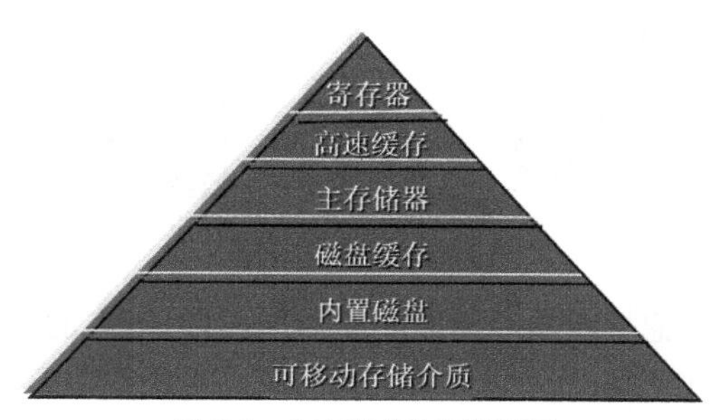

图 3.1　金字塔式的存储体系

之所以采用金字塔式的存储体系，主要是从成本角度来进行考虑的，即处于越上层的部件，一般其单位存储容量的成本越高；处于越下层的组件，其单位存储容量的成本越低。

本章将重点关注存储体系中的内存。内存是计算机中至关重要的部件。在逻辑上，计算机系统中的 CPU 和内存共同组成了主机；除了主机以外的其他设备原则上称为外围设备。内存是由存储单元组成的一维连续地址空间，用以存放代码、数据等任意二进制信息，它是程序中的指令本身地址（即程序计数器）所指向的存储器。一般来说，许多操作系统在系统运行时会把内存分成系统区和用户区两个部分，如图 3.2 所示。系统区主要用来存放操作系统自身的程序与数据，而用户区主要用来存放用户的程序和数据，两者互相不干扰。

系统区	用户区

图 3.2　内存划分

3.1.2 存储管理目标及任务

存储管理模块主要是为现代计算机系统中多道程序并发执行提供存储支持，充分地利用内存，有效地提高内存的资源利用率。存储管理模块应该能够方便用户对存储资源的使用，例如进程执行过程中其负责自动装入程序、数据，用户不必考虑硬件细节，从而为内存的使用带来极大便利性。

具体而言，存储管理主要包括以下几项任务。

（1）实现内存空间的分配和回收。利用内存资源管理表格记录内存使用情况，并将其作为内存分配和回收的基本依据；实现内存空间的划分，通过静态或者动态、等长或者不等长的方式划分内存空间给多个进程共享使用。存储管理模块需要合理的分配算法，并根据算法来实施内存空间的分配。当进程执行完后，还要释放内存空间，系统要实现对内存空间的回收。

（2）实现逻辑地址到物理地址的自动转换。地址转换，又称为地址重定位、地址映射。在用高级语言编写程序时，程序员是不用关心地址问题的。在进行程序编译和链接以后，事实上要给每一行指令进行编址，这个地址就是逻辑地址，代码的逻辑起始地址都是 0，后续的地址都是相对于起始地址 0 而进行编址。然而，计算机不能直接用逻辑地址在内存中读取信息。当把程序装载到内存的时候，CPU 要想找到程序中对应的指令或数据，就需要获得指令或数据所在内存存储单元的物理地址。这时就需要以地址映射的方式把程序中的逻辑地址转换成内存的物理地址，才能保障 CPU 在执行指令时能够正确地访问到存储单元，如图 3.3 所示。

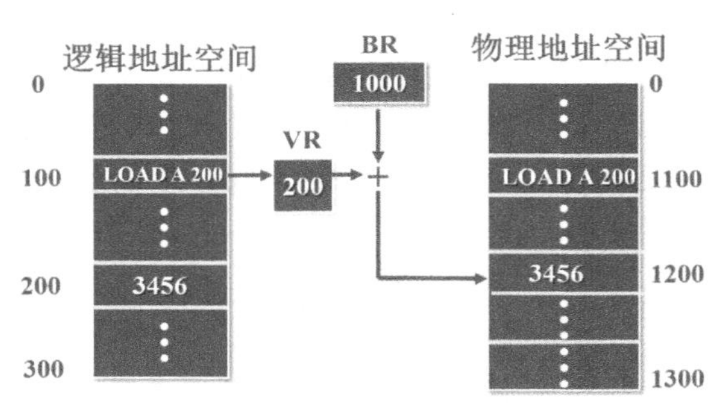

图 3.3　地址映射示意图

（3）实现多个进程间的信息共享与通信。通过让两个或者更多的进程共享内存中的相同区域，可以实现共享缓冲区通信，也可以节省内存空间、提高内存的利用率。

（4）实现多个进程隔离和信息保护。通过存储保护，内存中的各个进程只能在各自的空间里运行，以确保各个进程彼此不干扰。这样，一旦一个进程出现异常或错误，也不至于影响其他进程的正常运行。一般来说，需要通过软、硬件协同来实现存储保护。

（5）实现内存和辅存空间的协同使用。多进程并发运行可能导致内存空间不足，此时需要内存和辅存的协同工作。例如，将内存和硬盘联合起来使用，用硬盘空间来弥补内存空间的不足，逻辑上扩充内存空间，以避免内存不足而导致进程无法运行的情况。

在将进程的相关程序、数据调入内存时，可以采用以下两种方式。

（1）静态分配。静态分配是指在编译生成可执行程序的过程中实现物理地址的分配，而且每一行指令的地址为装载到内存中的物理地址。静态分配方式能够让存储管理变得简单，但是该分配方式比较僵化、不灵活，不能够有效地利用内存空间，也不能够支持动态数据结构，更不能够有效满足进程对动态申请增加存储空间的要求。

（2）动态分配。动态分配是指在程序调入内存执行的时候，动态地给相关指令、数据分配存储空间并指定物理地址。动态分配方式可以支持不可预测所占空间大小进程的内存分配和释放，其更为灵活，但实现过程比静态分配方式要复杂。

3.1.3　连续存储区管理方案

在顺序环境中，存储空间仅划分为操作系统区和用户区两个部分，而用户区仅允许一个进程存在，这种方案称为连续存储区管理方案。由于这不是一个多道程序的并发环境，而是一个单道的顺序环境，因此，这种存储管理相对来说比较简单。一个进程占据了系统中的全部资源，因此内存等资源的利用率是比较低的。

如图 3.4 所示，在这种存储管理方案下，一般会把内存一分为二，一个是操作系统区，供操作系统使用；另外一个是用户区，供用户使用。

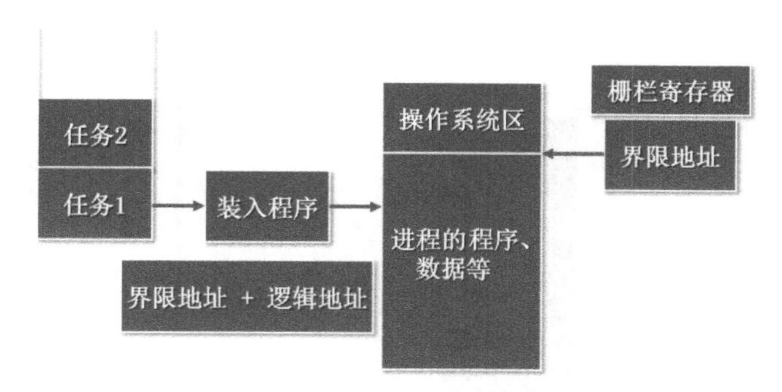

图 3.4　连续存储区管理方案示意图

系统利用栅栏寄存器存放用以区隔操作系统区和用户区的界限地址。用户进程将界限地址作为起始地址；装入该进程的程序、数据等时，要利用界限地址将程序中的逻辑地址转换成相应的物理地址。

在存在多个用户任务的情况下，装入程序负责将其中一个任务的程序、数据装入用户区；在用户区，只有一个进程在里面运行，它将占用用户区的所有资源；终止并退出该进程后，装入程序再将另外一个任务的程序、数据装入用户区。

在具体的装载过程中，系统有多种策略可选：一种是将操作系统区设置于内存的低地址区域，将用户进程放在内存的高地址区域；另外一种是将操作系统区设置于内存的高地址区域，将用户进程放在内存的低地址区域。假设把用户进程放到低地址区域来进行存放，因为此时逻辑地址和物理地址都是从 0 开始编址的，所以可以免去地址转换过程。

3.1.4　分区存储的管理方案

如果系统的存储管理方案既将内存一分为二为操作系统区和用户区，又将用户区进一步划分为多个区域，每个区域存放一个进程，以支持多道程序的并发执行，这种方案就是分区存储管理方案。

分区存储管理方案在具体划分内存时，可以将每个分区划分成相同大小的，也可以将每个分区划分成不同大小的；可以将每个分区大小固定化，也可以让分区大小可变。

1．固定分区存储管理方案

固定分区存储管理方案是预先将可分配给用户进程的用户区内存空间分成若干个连续的区域，每个区域称为一个分区；每个分区的大小可以相同，也可以不同。不管是分隔为相同大小的分区还是不同大小的分区，分隔以后，每个分区的大小就是固定不变的。

每个分区只能装入一个进程，一个进程也只能放在一个分区中。在进行内存空间分配的时候，关键是要在内存中找到一个足够大的空闲用户分区，并将它分配给进程。

如图 3.5 所示，固定分区存储管理方案将内存先分成操作系统区和用户区，用户区又被分为 6 个用户分区。进程利用下限寄存器提供的分区下限地址将逻辑地址转换为绝对地址（即物理地址），而上限寄存器提供了分区上限地址，主要用于防止进程在访问内存单元时发生地址越界，从而将进程的活动限制在分区范围内。一旦进程尝试访问其所在分区外的内存空间，系统就会立刻发生越界中断，并拒绝该进程的非法操作。

如果设置所有分区为同样大小，可能出现分区的内存不够部分进程使用的情况，而对于另外一部分进程而言，可能造成比较多的内存空间闲置、浪费。这种情况下，可以考虑设置不等长的固定内存分区。图 3.6 展示了不等长的固定分区策略示意图，即将用户分区分隔为若干不同大小的分区。

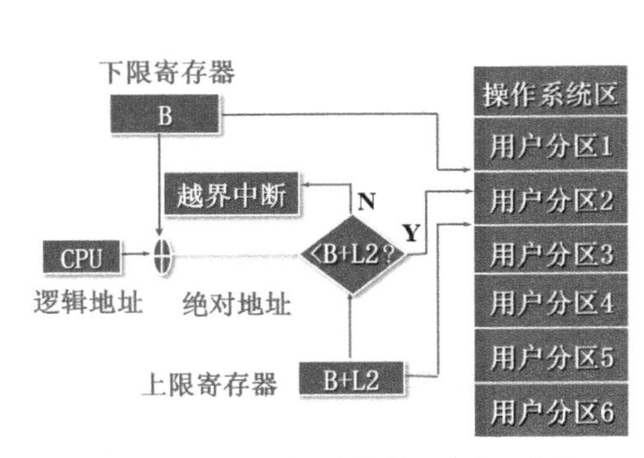

图 3.5　固定分区存储管理方案示意图

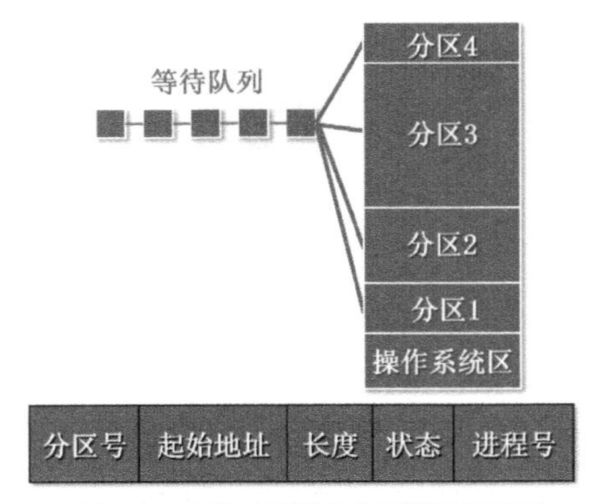

图 3.6　不等长的固定分区策略示意图

不等长的固定分区策略有助于将所需内存空间小的进程载入小分区中、将所需内存空间大的进程分到大分区中，以满足不同进程的需求，节省内存空间，避免内存空间的浪费。

不等长的固定分区方案依赖一张内存分配表来实现内存的存储和分配。

（1）分区号：唯一标识某一个用户分区。

（2）起始地址：标识该分区从内存的哪一个单元开始。

（3）长度：指出该分区的容量大小。

（4）状态：标识该分区是否已经分配给某个进程，还是处于空闲状态。

（5）进程号：唯一标识某一个占用该用户分区的进程。

固定分区的优点是简单、容易实现。但是，即便采用不等长的固定分区策略，内存利用率也仍然不高，存在内存空间的浪费问题，也不够灵活。假设分配了一个分区给进程，当进程后续需要动态申请更多空间的时候，系统将无法满足。

2．可变分区存储管理方案

为了解决上述问题，我们可以考虑采用可变分区存储管理方案。与固定分区存储管理方案相比，可变分区存储管理方案的不同之处是，内存并不是预先划分好的，而是当进程装入内存的时候，根据实际需求和内存空间当时的使用情况来决定是否分配及如何分配内存给进程。如果内存中有足够大的连续空间，就可以根据进程需要，划分所需空间给进程，否则就让其等待。

可变分区存储管理方案显然比固定分区存储管理方案复杂，需要依赖两张内存资源管理表格。

（1）空闲区表：记录内存中处于空闲状态区域的起始地址和长度。

（2）已分配区表：记录内存中已经分配给进程区域的起始地址和长度，并指出被哪个进程占用。

下面举例说明可变分区存储管理方案的工作原理。当前内存分配情况如图 3.7 所示，其中空白区域代表空闲的内存区域。

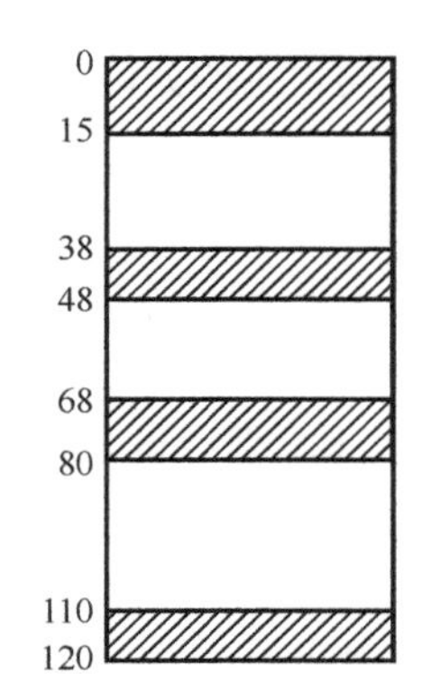

图 3.7　当前内存分配情况示意图

当前系统的空闲区表如表 3.1 所示。由该表可知，从内存地址 15 开始、长度为 23 的区域为空闲内存区，从内存地址 48 开始、长度为 20 的区域为空闲内存区，从内存地址 80 开始、长度为 30 的区域为空闲内存区，即处于未分配状态。

表 3.1　空闲区表

起始地址	长　度	状　态
15	23	未分配
48	20	未分配
80	30	未分配

相对应地，已分配区表如表 3.2 所示。由该表可知，从内存地址 0 开始、长度为 15 的区域已经分配给 J1 进程，从内存地址 38 开始、长度为 10 的区域已经分配给 J2 进程，从内存地址 68 开始、长度为 12 的区域已经分配给 J3 进程，从内存地址 110 开始、长度为 10 的区域已经分配给 J4 进程。

表 3.2　已分配区表

起始地址	长　度	分配情况
0	15	J1
38	10	J2
68	12	J3
110	10	J4

此时，若进程 J5 被创建，系统需要给它分配足够大的连续内存空间，主要是查空闲区表。J5 需要的内存空间长度为 5，系统根据内存状态和内存分配策略，将从内存地址 80 开始、长度为 5 的区域分配给 J5 进程，内存分配变化情况如图 3.8 所示。

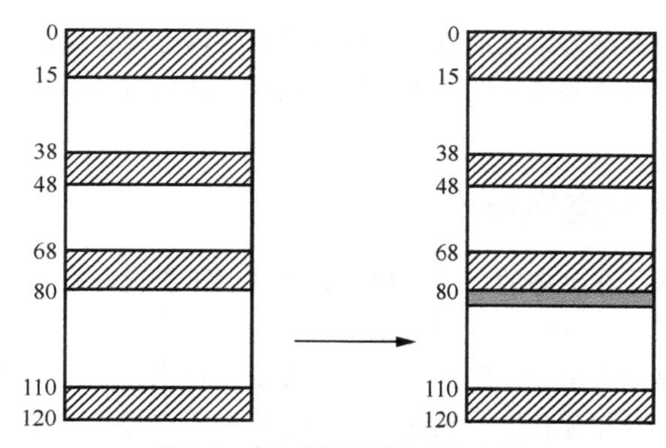

图 3.8　内存分配变化情况示意图

相应地，空闲区表和已分配区表都要进行更新，如表 3.3 和表 3.4 所示。

表 3.3　更新后的空闲区表

起始地址	长　度	状　态
15	23	未分配
48	20	未分配
85	25	未分配

表 3.4　更新后的已分配区表

起始地址	长　度	分配情况
0	15	J1
38	10	J2

续表

起始地址	长　度	分配情况
68	12	J3
80	5	J5
110	10	J4

对于可变分区存储管理方案而言，在进行内存资源回收的时候，需要注意回收的内存空间分配情况。

（1）简单的情况是被回收内存区域为一个孤立的空闲区，即前后均已经被占用，因此对照修改空闲区表和已分配区表即可。

（2）复杂的情况是被回收内存区域的前面有空闲区、后面有空闲区或前后均有空闲区，因此，回收时不能仅是简单修改空闲区表和已分配区表，而是要能够实现前后空闲内存区域的合并。

对于可变分区存储管理方案而言，最值得关注的是有许多空闲区处于不连续状态的状况。如图 3.7 所示，内存中一共有 3 个空闲区，它们的大小分别为 23、20、30，3 个空闲区的大小总和为 73。如果此时进程 J5 被创建，J5 需要的内存空间长度为 70，尽管系统的总空闲容量大于 70，但由于没有一个足够大的连续空间来存放 J5，因此进程会被阻塞。

内存中存在大大小小的多个空闲区，以总空闲空间足够大但非连续的空闲区存放进程所导致的不合理现象，被称为内存碎片问题。内存碎片问题主要是由于经过一段时间对内存进行多次的分配和回收，内存中产生许多不连续的空闲块而导致的。其中，每个空闲块都很小，不足以存放一个大的进程，它们的总和却满足内存分配需求。

解决内存碎片问题的典型方案是通过采用紧凑技术将内存中存储的内容进行合理的移动、整合，将不连续的多个空闲区合并成连续的大容量空闲区，从而方便系统满足进程创建时对内存容量较大的需求。

3.1.5　存储覆盖与交换技术

存储覆盖与交换技术是在动态的、多道程序计算环境下扩充内存存储能力的技术和方案，用以解决在较小的存储空间中运行较大、较多进程时存在矛盾的问题。

存储覆盖技术主要是用于早期的操作系统中，而交换技术是用于分时系统中。随着这两种技术的不断融合与发展，一种在现代操作系统中普遍使用的虚存技术就诞生了。不管是覆盖技术还是交换技术，进程的程序和数据主要存放在外存，根据实际需要，再将当前需要执行的部分调入内存，内存和外存之间进行动态的信息交换。这样做还是为了符合冯•诺依曼原理。因为我们知道在执行程序的时候，需要将程序代码先调入内存，才可执行。

1．存储覆盖技术

基于存储覆盖技术，程序会被划分成若干个功能相对独立的程序段，进程中的若干程序段、数据段等可以共享存储空间。具体做法是，按照程序的逻辑结构，让那些不会同时执行的程序段分时共享同一内存区域，当一个程序段执行完后，其他后续的程序段再被调入覆盖前面的程序段。通过这种分时共享的方式，可以达到扩大内存存储能力的效果。

如图 3.9 所示，假设有一个大小为 52KB 的程序 X 被执行，主程序 A 调用过程 B，过程 B 调用过程 D，然后 A 调用过程 C，过程 C 再调用过程 E 和过程 F，过程 C 执行完了以后，再返回 A 继续执行。显然，当程序 X 执行时，过程 B 和过程 C 是不会同时执行的，过程 D、过程 E、过程 F 也将先后执行。此时，我们就可以考虑让 B 和 C 这两个程序段共享同一内存区，而让 D、E、F

共享另外一内存区。可以看到，程序最终只需要 30KB 空间就可以存放下。而实际上，这个程序所占的空间显然大于 20KB。存储覆盖技术的缺点是对程序员不透明，需要程序员做覆盖结构的说明，易增加程序员的负担。在微软公司的早期操作系统中就曾多次采用存储覆盖技术。

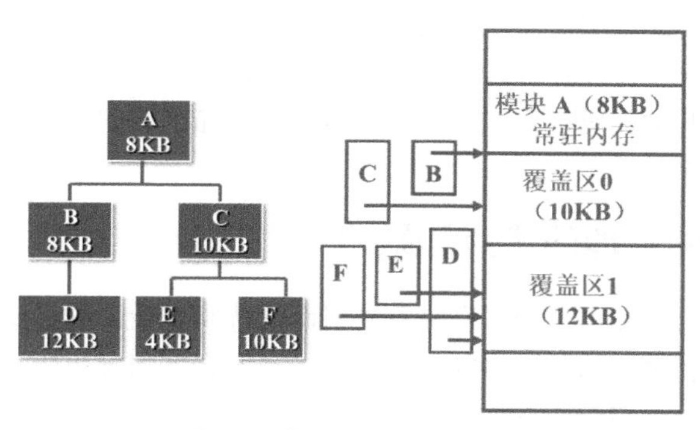

图 3.9　存储覆盖原理示意图

简言之，存储覆盖是指一个进程内部各程序段之间的覆盖。这就要求程序各个模块之间要有明确的调用关系，要向系统指明覆盖结构，操作系统再根据这些信息自动地完成覆盖。因此，使用存储覆盖技术会给程序员带来额外负担。

2．存储交换技术

存储交换技术本质上也是基于分时共享原理，但与存储覆盖技术不同之处在于，它是以进程为单位进行内存与外存之间的信息交换。在内存不足的时候，系统将内存中某些进程暂时移到外存上，腾出空间以满足当前急需内存资源进程的需求。存储交换技术可以实现进程在内存与外存之间的动态调度。

关于存储交换技术，我们需要重点关注以下两个问题。

（1）当内存不足的时候，内存中又有多个进程，此时应选择哪个进程换出内存呢？典型策略是：换出的进程为长时间不会被执行的。

（2）何时实现进程在内存和外存之间的换进换出？应对策略有两种：一种策略是只要进程近期一段时间处于没有被执行的状态就换出；另一种策略是在内存仅剩少量空闲区域、可能有不够用的风险或当前需求不能被充分满足的情况下，换出一个或一批进程。

一些操作系统为了实现存储交换，常会在外存上设置盘交换区，例如 Linux 操作系统中设置的 Swap 盘交换区。一般该交换区要足够大、要能够存放下所有用户的所有进程内存映像，并能够实现对信息的直接存取。

总之，存储交换技术是以进程为单位进行内存与外存间的信息交换，所以不要求编程人员给出程序段之间的覆盖结构；存储覆盖技术主要是在一个进程内部实现各个不同模块之间的内存空间覆盖。存储交换技术侧重于实现在较小的内存空间中运行较多的作业或进程；存储覆盖技术侧重于实现在较小的内存空间中运行较大规模的进程。

3.1.6　存储保护技术

在支持多进程并发的存储管理系统中，要保障每个进程所占用内存空间中的代码、数据等信息的安全性和可靠性，就要实现以下两个目标。

（1）防止地址越界：给每个进程分配逻辑上相对独立、相对封闭的空间，不允许超出内存限制范围来访问内存资源。具体的做法是在每次进程访问内存单元的时候，系统都对本次访问进行检测，如果没有越界就允许访问；如果尝试越界，系统通过越界中断来对它进行处理。防止越界可以通过前面讲过的上限寄存器和下限寄存器，也可以通过基址寄存器和限长寄存器来实现。

（2）防止操作越权：主要针对内存中的共享存储区进行权限控制（包括可读、可写权限）。一旦进程的操作违反规定的权限，系统会通过操作越权中断拒绝本次操作，以实现对内存的读写保护。具体的做法是设置存储保护键，在程序状态字中设置相应进程的存储保护键开关字段，为不同的进程赋予不同的开关代码，系统检测其是否与该存储区域的保护键匹配，如果匹配就允许操作，否则就不允许操作。

3.1.7 分区存储管理的优点和缺点

固定分区存储管理机制和可变分区存储管理机制的优点在于，通过支持多道程序并发运行提高资源利用率，且分区管理方法都相对简单，需要硬件配合的情况也较少，容易实现。

然而，不管是固定分区存储管理机制还是可变分区存储管理机制，内存利用率仍然有较大的提升空间。固定分区存储管理和可变分区存储管理都有一个共同的前提，就是要求进程存储在内存中连续的空间内。如果空闲区的长度小于进程要求的长度，即使系统总剩余空间足以存放进程，进程也无法进入内存。这显然是不合理的。

3.2 分页存储管理机制

3.2.1 逻辑页面与物理页框

分区存储管理机制能够支持多道程序并发运行，但存在内存利用率不高、分配不合理等问题，有进一步改进的必要。一种改进的思路是将固定分区存储管理演变、改进为分页存储管理。分页存储管理机制中最关键的是进程逻辑页面和物理页框的对应关系。

1．逻辑页面

进程的逻辑地址空间按固定大小分为若干个页面，并为它们依次编号（0～n），不足一页的补齐为一页。逻辑页面地址结构如图 3.10 所示。假设该逻辑地址由 32 个二进制位构成，高 20 位用来表示逻辑页号，低 12 位用来表示页内地址，求得最大逻辑页面数为 2^{20}、每个页面大小为 2^{12}（即 4KB）。

2．物理页框

与固定分区存储管理机制一样，分页存储管理机制也将内存空间划分成大小相等的若干个存储区，并为它们依次编号（0～n），每个区域称为物理页框。物理页框的地址结构如图 3.11 所示。物理页框的大小与逻辑页面的大小相同，但与固定分区存储管理机制的分区相比，其一般较小，常为 4KB、8KB、16KB 等。

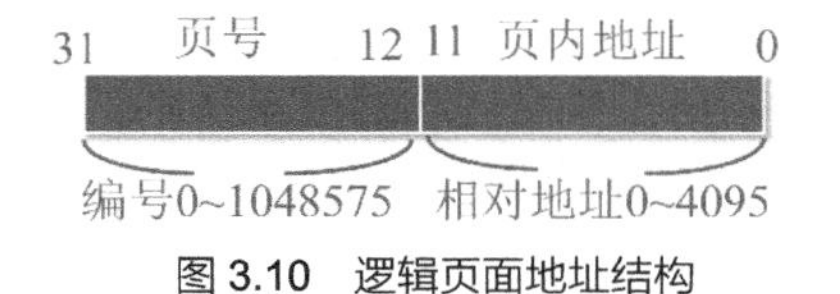

图 3.10 逻辑页面地址结构

页框号	页内地址

图 3.11 物理页框地址结构

分页存储管理机制与固定分区存储管理机制最大的差别在于，不但对内存要进行分块，对进程本身也要进行划分。实际上，进程的逻辑地址空间就是按照页框大小划分的，因此逻辑页面的大小与物理页框的大小相同；进程装入内存时，一个逻辑页面正好加入一个物理页框中。一般来说，进程的逻辑地址空间所划分的最后一页可能不足以填满一个物理页框，不足的部分可在后面补 0，以填满一页。一般划分的最后一页通常会不满，其最好的情况是最后一页正好全部占满，最坏的情况是最后一页还余一个字节也要占用一个页框。

在采用分页存储管理机制的系统中，一个进程的若干逻辑页面本来在逻辑上是相邻的（如 0 和 1、1 和 2、2 和 3），但在存放到内存时，会被离散存放。也就是说，逻辑上相邻的页面在物理存储时不一定是相邻的。

引入分页存储管理机制是为了有效管理内存资源，对用户来说分页是透明的；物理内存也并没有真正隔离，只是逻辑上被划分成一个个物理页框；页内的地址必须是连续的，页和页之间不必连续存放。分页是针对容量大小的简单划分，而不是按进程本身的逻辑结构进行划分。用户可用的逻辑地址范围主要受到地址总线的限制，逻辑页号可以大于物理页框号，逻辑地址的范围可以大于物理地址的范围。

3.2.2　分页存储的管理表格

显然，基于分页存储管理机制，将逻辑上连续的进程离散地存放于内存中会造成内存管理复杂等问题。如何在内存中有效地管理进程上下文、如何高效地找到内存中所需的页面及单元，这都依赖于一系列的管理表格。

分页存储管理机制涉及 3 张管理表格：页表、请求表和存储页面表。在该机制下，通过这 3 张表的配合可以完成内存分配、使用及寻址。

1．页表

系统为每个进程建立一个页表，进程和页表是一一对应的关系；系统中有 1 个进程就要给它创建 1 张页表，有 100 个进程就要给它们创建 100 张页表；页表被存放在内存，页表中的内容属于进程的现场信息。页表在进程装入内存时，根据内存分配情况建立。

如图 3.12 所示，页表主要提供了逻辑页号和物理页框号之间的对应关系，即哪个逻辑页面放到哪个物理页框里，以解决找到内存中离散存放逻辑页面的问题。

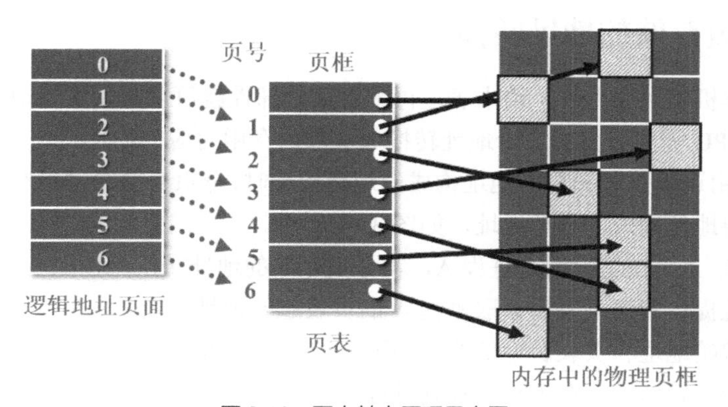

图 3.12　页表基本原理示意图

2．请求表

系统中有 1 个进程就要给它创建 1 张页表，等到创建的页表越来越多时，如何有效管理如此多的页表就成了需要解决的问题。系统必须要知道每个进程对应页表的起始地址和长度，才能够进行内存地址变换，还要了解每个进程所占用的页框数。这些主要依赖请求表，如表 3.5 所示。请求表在系统中仅有一张。本质上，请求表是若干页表的索引表。

表 3.5　请求表

进　程　号	请求页面数	页表起始地址	页表长度	状　　态
1	20	1024	20	已分配
2	34	1044	34	已分配
……	……	……	……	……

请求表包含的主要字段是进程号，它用于指出页表所属的进程；页表起始地址用于指出页表在内存中的起始位置；页表长度用于指出页表中的表项数，即占用页框数。

基于请求表，系统中进程 1 需要 20 个页面，它的页表本身是从内存起始地址为 1024 的单元开始存放，页表本身长度也为 20，即包含了 20 个逻辑页面和物理页框的对应关系。

3．存储页面表

分页存储管理机制还需要存储页面表。存储页面表用来指出内存的各个页框是否已经被分配，以及当前系统中处于空闲状态页框的总数。存储页面表有两种典型的构成方式，即位示图和空闲页面链表。

下面重点介绍位示图机制。位示图是在内存中划分一块固定存储区域，区域内每个比特位代表内存的一个页框，如图 3.13 所示。如果已被分配，则对应比特位置 1，否则置 0，反过来也是可以的。另外，位示图还要提供内存中未分配的页框总数。

	0	1	2	3	4	……	11	12	13	14	15
0	0	0	1	1	1	……	1	0	0	1	1
1	1	1	1	0	0	……	0	0	1	1	1
2	0	0	0	1	1	……	0	0	0	0	0
……	……	……	……	……	……	……	……	……	……	……	……

图 3.13　位示图基本原理示意图

3.2.3　分页存储的地址转换

分页存储管理机制利用页表、请求表，再配合其他部件就可以实现逻辑地址到物理地址的转换，即将提供给 CPU 需要访问的逻辑地址转换成实际内存中对应的物理地址。更为具体的描述是当 CPU 获得一个由逻辑页号和页内地址构成的逻辑地址时，分页存储管理机制需要将其转换为由物理页框号和页内地址构成的物理地址，如图 3.14 所示。

假设当前 CPU 上正在运行的是进程 A，其分页存储的地址转换流程如下。

（1）根据系统提供的请求表，获取进程 A 的页表起始地址和页表长度。

（2）将页表起始地址和页表长度信息读到页表控制寄存器中备用。

（3）根据页表起始地址，在内存中找到进程 A 的页表。

（4）将逻辑地址中的逻辑页号提取出来，先与页表控制寄存器中的页表长度信息进行对比。例如，页表长度为 50，该进程的逻辑页号显然只能是从 0 取到 49。如果提供的逻辑页号大于或者等于 50，系统就会触发越界中断。

（5）如果不会触发越界中断，系统根据页表起始地址和逻辑页号来查找页表，找到逻辑页面所对应的物理页框，即获取页框号。

（6）把得到的页框号作为物理地址的高地址位部分，再将逻辑地址中的页内地址提取出来作为物理地址的低地址位部分，由此两部分构成完整的物理地址。

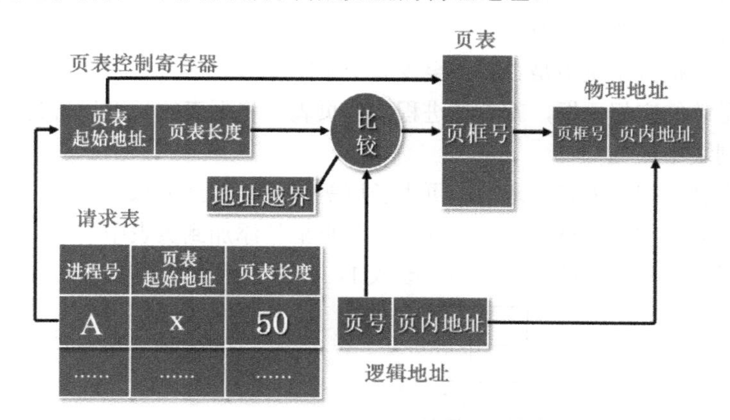

图 3.14　分页存储的地址转换示意图

3.2.4　相联存储器与快表技术

由 3.2.3 小节的地址转换流程看得出来，一般情况下 CPU 访问内存的某个单元时，至少要访问两次内存，即：首先在内存中查页表，获得所需内容的物理地址，然后访问该内存单元。

与 CPU 相比，普通内存的访问速度还是偏慢。为了提高进程的执行效率，我们可以考虑减少内存的访问次数。一种典型的做法是在系统的内存管理单元（Memory Management Unit，MMU）中设置相联存储器和采用快表技术。

MMU 由于基本均与分页存储管理机制相结合使用，因此又常常被称为分页存储管理单元（Paged Memory Management Unit，PMMU）。MMU 负责处理 CPU 的内存访问请求，重点实现逻辑地址到物理地址的转换及内存保护等任务。相联存储器是在 MMU 中设置的专用高速缓冲存储器（Cache），用来存放最近访问过的部分页表。而存放在相联存储器中的部分页表，称为快表。高速缓冲存储器由静态随机存取存储器（Static Random Access Memory，SRAM）芯片构成，其容量小、造价贵，但速度比基于动态随机存取存储器（Dynamic Random Access Memory，DRAM）的内存高，甚至接近于 CPU 的速度。

将部分页表（即快表）存放在相联存储器中，如果能够显著提升 CPU 访问页面所对应页表表项的快表命中率，就可以减少访问内存的次数，以提高系统的效率。

系统中增加相联存储器和快表后，地址转换流程也需要增加和修改相应的环节。

（1）在将确认有效的逻辑地址中的逻辑页号提取出来后，由 MMU 自动地将页号和快表中的表项进行比较。

（2）若快表中存在所要访问的页表项，则直接读出对应的页框号。然后把得到的页框号作为物理地址的高地址位部分，再将逻辑地址中的页内地址提取出来作为物理地址的低地址位部分，由此两部分构成完整的物理地址。

（3）若在快表中未找到对应的页表项，则再访问内存中的页表；同时将此页表项存入快表中，修改快表。

（4）若快表已满，则系统可基于某种置换算法换出某些页表项。

在有的系统中，页号与快表表项的比较和页号与内存页表表项的比较可以同时进行。

3.2.5 物理页框的分配流程

当一个进程被创建时，分页存储管理机制下的物理页框分配流程如图 3.15 所示。

（1）计算进程所需要的页框数 n。

（2）查位示图，检查系统中是否存在至少 n 个空闲页框。

（3）如果有足够的空闲页框，就为该进程创建页表。将页表的长度设置为 n，并将其添加到该进程的进程控制块中。

（4）申请页表区，把页表起始地址、页表长度等信息添加到请求表中。

（5）依次分配 n 个空闲页框，把对应的页号和页框号添加到页表中。

（6）修改位示图，把相应的比特位由 0 改成 1，将总空闲页框数减 n。

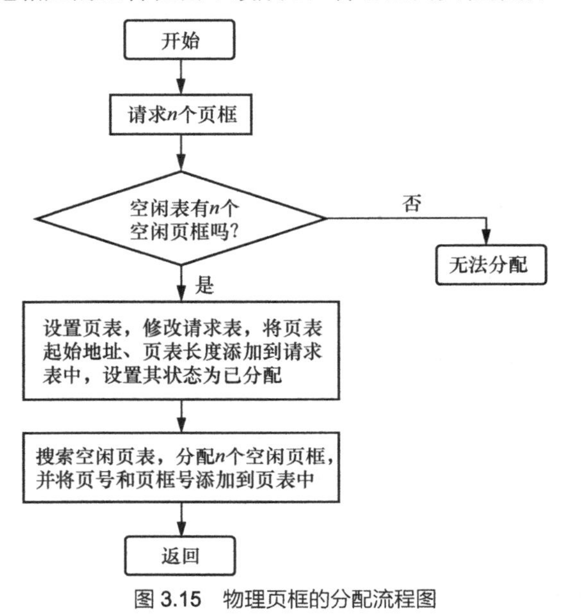

图 3.15 物理页框的分配流程图

3.3 分段存储管理机制

3.3.1 逻辑分段与内存划分

后来，可变分区存储管理机制进一步演进为分段存储管理机制。下面将对有关分段存储管理机制的逻辑分段和内存划分等内容进行介绍。

1．逻辑分段

基于分段存储管理机制，先将程序按照逻辑关系来进行模块化划分，即将程序划分为若干个程序段和数据段。每个段都有段名和段号；每一段都是从 0 开始编号，而每个段的内部也是从 0 开始连续编址。分段存储管理机制中的逻辑地址结构与分页存储管理机制的有相似处，其若干高位用来表示逻辑段号，若干低位用来表示段内地址，如图 3.16 所示。

段号	段内地址

图 3.16 逻辑地址结构

举例说明，某程序在编译后按自身逻辑调用结构可被划分成 5 段，分别是主程序段 M、子程序段 X、子程序段 Y、数组 *A* 和工作区段 B（见图 3.17），并将它们依次编号为 0、1、2、3、4。

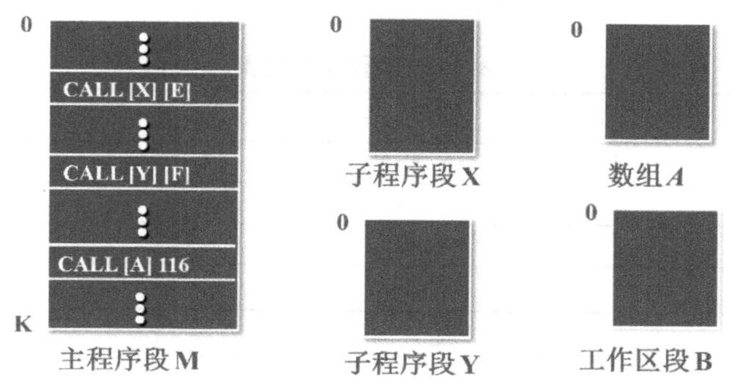

图 3.17　程序分段示意图

2．内存划分

当程序被调入内存时，系统按照程序本身划分的情况，动态地为各程序段等提供相应的内存空间。按需划分成的若干个长度不相同的连续内存区域，称为物理段。

物理段具有以下特征。

（1）每个物理段为连续内存区域，因此可以由起始地址和长度来确定。

（2）每个物理段是按程序各逻辑段的需要进行分配的，因此每段长度可能相等，也可能不等。

（3）各个物理段内部在内存中是连续的，但各段之间可以不连续，各段可以分散地存放在内存的各个区域内。

3.3.2　分段存储的管理表格

与分页存储管理机制类似，分段存储管理机制也需要一系列管理表格，再配合其他部件来实现逻辑地址到物理地址的转换。其中最为关键的就是段表，如图 3.18 所示。

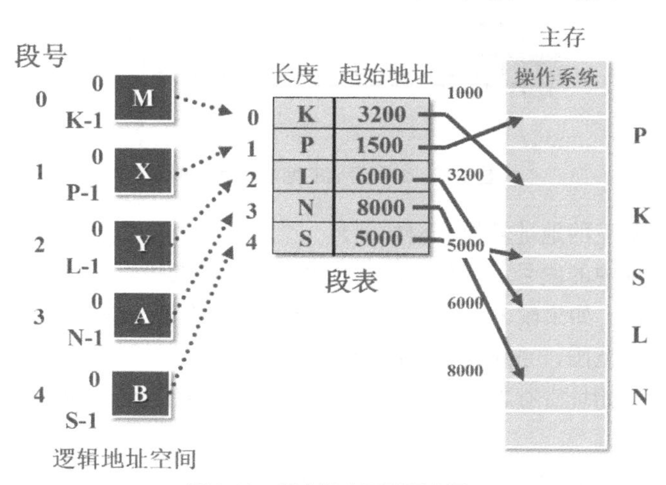

图 3.18　段表基本原理示意图

段表给出逻辑段和物理段的对应关系，主要用于支撑在将程序分段并在内存中不连续地存放各段后，将提供给 CPU 需要访问的逻辑地址转换成实际内存中对应的物理地址。段表和进程也是一一对应的关系，即一个进程对应着一个段表。在进程装入内存时，根据内存分配情况建立段表；

段表集中存放在内存中，段表中的内容属于进程的现场信息。

段表由逻辑段号、长度和起始地址构成。如表 3.6 所示，某程序的第 0 段从第 58 个内存单元开始存放，共占用 20 个字节的内存空间。

表 3.6　某程序的段表

段　　号	长　　度	起始地址
0	20	58
1	110	100
2	140	260
……	……	……

系统中还需要设置段表控制寄存器，它包含段表始址寄存器和段表长度寄存器。

（1）段表始址寄存器保存当前正在运行进程的段表在内存中的起始地址（注意不是某一个段在内存中的起始地址），用来在内存中找到段表。

（2）段表长度寄存器保存当前正在运行进程段表的长度，用来明确该进程一共由几个段构成。

3.3.3　分段存储的地址转换

基于段表和段表控制寄存器，当 CPU 获得一个由段号和段内地址构成的逻辑地址时，根据分段存储管理机制还需要将逻辑地址转换为物理地址，如图 3.19 所示。

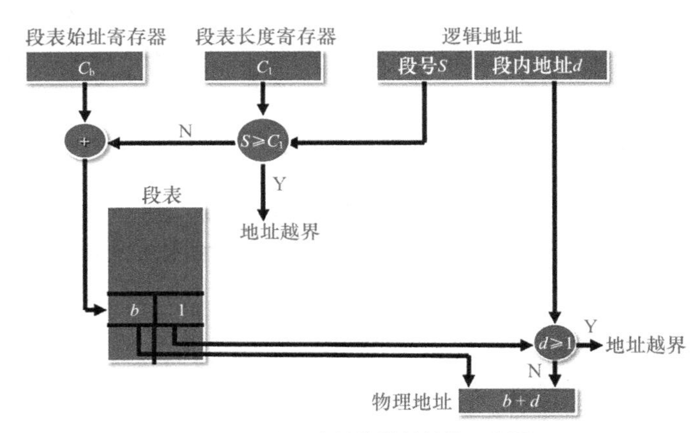

图 3.19　分段存储的地址转换示意图

分段存储管理机制下的地址转换流程如下。

（1）提取逻辑地址中的段号，然后与段表长度寄存器中的段表长度信息进行比较，判断该段号是否超过许可的范围。如果段表长度为 3，即该进程由 3 个段构成，其段号只能取 0、1、2。如果提供的段号超过这个范围，系统将触发地址越界中断。

（2）系统根据段表始址寄存器找到了段表在内存中的起始地址，再根据段号找到这个段的起始地址和段长度。

（3）提取逻辑地址中的段内地址，并将其与段长度进行对比。注意，这里是段长度（当前这个段本身的大小），而不是段表长度，请勿混淆。如果段内地址超过了段长度所限定的范围，系统将触发地址越界中断。

（4）在不发生地址越界中断的情况下，系统将段的起始地址从段表中提取出来，再将其与段内地址进行相加，就可以得到该逻辑地址所对应内存中的实际物理地址。

与分页存储管理方案类似，段表也是存放在内存中，系统每访问一次数据要访问两次内存，因此，也可以通过设置相联存储器和采用快表技术来提升性能。事实上，一般情况下段表表项的数量会比页表表项数量要少，占用的缓存空间也相对较少，这样就降低了在快表中不能命中所需表项的概率。

3.3.4 分页和分段存储比较

分页存储管理机制和分段存储管理机制分别源于固定分区存储管理机制和可变分区存储管理机制。下面总结出分页存储管理机制和分段存储管理机制各自的特点如下。

（1）对程序划分和内存分配的方式不同，如分页存储管理机制是按照固定大小来划分程序和内存，而分段存储管理机制是按照程序中各逻辑段的大小来划分程序和分配内存。相同点是逻辑上相邻的页面和逻辑段在内存中都被分散存放，每个页面和每个段内部在进行物理存储时必须存放在连续内存区域内。

（2）在逻辑地址映射物理地址时，分页存储管理机制的地址转换方式是将逻辑页号转换成对应的页框号，再将页框号与页内地址进行拼接以获得物理地址，而分段存储管理机制是用段起始地址和作为偏移量的段内地址获得物理地址。

（3）分页存储管理机制的主要优点是解决了内存碎片问题，且便于管理内存。可以说，它是符合现代操作系统需求的内存管理机制。分页存储管理机制的缺点是不易实现内容共享，特别是代码共享，也不便于动态连接（这还是由于分页存储管理机制是按照固定大小来划分程序和内存，而不是按照逻辑结构划分导致的问题）。

（4）与分页存储管理机制不同，分段存储管理机制便于动态地申请内存，使得管理和使用统一化；不但适合代码共享，而且适合数据共享，也便于动态连接。其缺点是继承了可变分区存储管理方案导致易出现碎片问题，例如在不断进行内存分配和回收操作以后，内存中会出现大大小小、不连续的空闲区域，如果某进程中的某一个段所需空间大到任意一个连续空闲区都无法存放，这个段就不能加载；不易动态扩展，即在其邻近区域无足够空闲空间的情况下，某一个段难以动态申请更多的内存空间。当然，相较于可变分区存储管理机制，分段存储管理机制的碎片问题已有所改善。这是因为把一个大程序划分成相对较小的程序段，找不到足够大连续空闲区的概率会显著降低。

由上述分析可以看出，分页存储管理机制和分段存储管理机制各有优缺点。因此，我们可以考虑设计段页式存储管理方案，即按逻辑关系划分用户程序为若干逻辑段，再按分页存储管理机制划分和分配内存，这样一定程度上结合了分页和分段的优点，又克服了两者的缺点。段页式结构示意图如图 3.20 所示。

图 3.20 段页式结构示意图

3.4 虚拟存储管理机制

3.4.1 程序访问局部性原理

目前操作系统中普遍应用的虚拟存储管理机制所依托的就是程序访问局部性原理。P. Denning 统计分析程序执行时发现一个规律，即在一段时间内，程序的执行往往呈现一种高度的时空局部性。

（1）时间局部性。程序中往往存在着大量的循环结构语句，某条指令被执行或某个数据结构被访问，则近期该指令再次被执行、该数据结构再次被访问的概率将较高。

（2）空间局部性。当某一个存储单元被访问，则近期其附近的存储单元被访问到的概率也会较高，即一段时间内访问可能集中在一定范围内。

此外，还存在顺序局部性。例如，程序的编写与执行往往体现了一种自上而下的顺序性；当前程序仅在遇到一些跳转指令时，才会跳转到另外一个程序片段，然后在那个程序片段中再顺序地执行下去。

程序局部性原理为解决计算机资源不足和提升计算机性能提供了理论支撑。事实上，计算机存储系统采用金字塔结构、相联存储器和快表技术就是程序局部性原理的典型应用。

3.4.2 虚拟存储器基本原理

虚拟存储器是面向用户的一个可编址存储空间，其实它是由操作系统提供的假想存储器。它不是实际内存，而是系统对物理内存的逻辑扩充。

有了虚拟存储器，程序员编程时不必被实际的内存空间大小所束缚。程序、数据、堆栈超过内存的大小后，系统会联合使用内存和辅存，把当前使用的部分保留在内存，而把其他部分保存在辅存上（待需要时可在内存和辅存之间动态交换）。

虚拟存储空间大小不仅受内存本身容量大小的限制，而主要受限于计算机的地址总线结构及辅助存储器的可用空间。例如，某计算机系统的地址总线为 64 位，那么虚拟存储空间的容量最大不能超过 2^{64}。

虚拟存储器的技术重点仍然是实现虚地址到实地址（虚地址就是虚拟地址或逻辑地址，实地址就是物理地址）的映射。而这种地址映射是通过 MMU（内存管理单元）完成的，如图 3.21 所示。

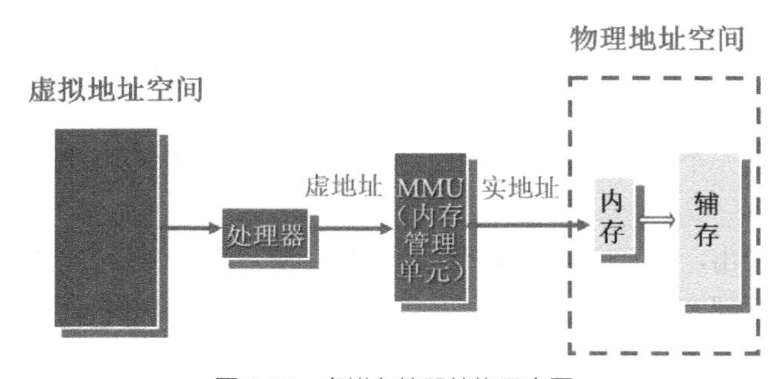

图 3.21 虚拟存储器结构示意图

MMU 的主要功能包括管理相关硬件、分解逻辑地址、管理页表和快表及其访问、管理缺页中断和越界中断，最终实现地址映射。

3.4.3 分页式虚拟存储管理

无论是分页存储管理机制、分段存储管理机制还是段页式存储管理机制，均可与虚拟存储管理机制相结合。本小节重点探讨分页存储管理机制与虚拟存储管理机制相结合而成的分页式虚拟存储管理机制。

分页式虚拟存储管理机制的实现方式是基于分页存储管理机制，然后进行扩充，把虚拟存储技术融入其中。其基本的工作流程如下。

（1）在进程运行前，并不装入全部的逻辑页面，而是装入一个或数个页面。

（2）在进程运行过程中，根据进程运行的需要，动态装入其他页面。

（3）若内存空间已满或分配给进程的空间已达限额，又需要装入新页面时，则要淘汰内存中的某个或某些页面，以便装入新页面。

要完成上述工作，需要解决以下 3 个基本问题。

（1）系统如何获知进程当前所需页面不在内存中？

（2）一旦发现所需要的页面不在内存中（即出现缺页）时，如何将所缺页面调入内存？

（3）需要淘汰页面时，根据什么策略选择淘汰页面？

为了解决上述问题，首先要对页表进行扩充。如图 3.22 所示，页表由原来只包含页号和页框号两个部分，扩展为 6 个部分。

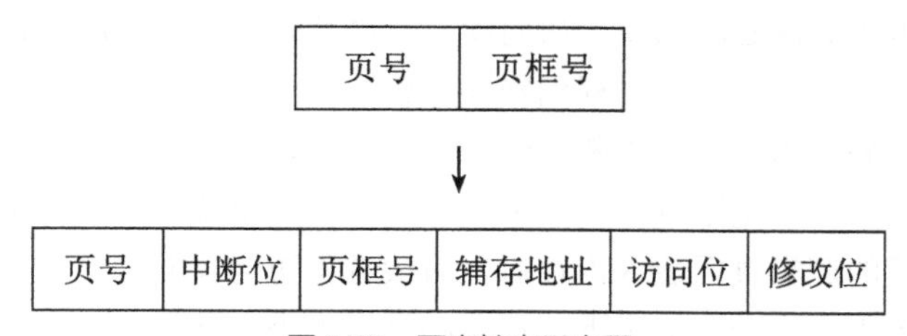

图 3.22　页表扩充示意图

（1）页号和页框号：其作用与分页存储管理中的相同。

（2）中断位：又称为驻留位、状态位，它用来指明页面是否在内存中。如用 1 表示页面在内存，用 0 表示页面不在内存。若页面不在内存，则产生缺页中断。例如，CPU 访问内存的时候，根据该位判断要访问的页面是否在内存中，如果其不在内存，将触发缺页中断。

（3）访问位：记录页面在某一段时间内是否被访问、被访问次数，以及有多长时间没有被访问。访问位是在未来内存不足的情况下，选择淘汰页面的参考信息之一。

（4）修改位：指明页面在调入内存后或在某一段时间内是否被修改过。如用 1 表示页面被修改过，用 0 表示页面没有被修改过。如果页面被修改过，在进行该页面淘汰时，须将该页面写入辅存中，即将内存中更新的内容写到辅存上；如果页面没有修改，简单地将该页面占据的页框覆盖即可，不用启动外存执行写操作。

（5）辅存地址：指明该页在辅存上的地址，让系统在辅存上找到所需要的页面。

3.4.4　典型的页面置换算法

在将逻辑页面调入内存时，常采用以下两种典型的调入策略。

（1）请页式调入，即根据需要一页一页地调入。根据扩展的页表信息，当需要某一页不在内存中的数据时就从辅存调入。这种方式不会调入不需要访问的页面，但会导致多次启动辅存（如硬盘），带来较大开销和较长的调入时间。

（2）预调式调入，即预先调入一批页面，以避免多次启动辅存（如硬盘）带来的开销。但该方式存在调入的页面实际上不会被访问的情况，因此，若能较为准确地预测未来需要哪些页面，并成批调入这些页面，显著提高页面的命中率，则将能够提升系统性能。

同样地，在内存已满且需要淘汰内存中的某些页面时，也有两种典型的策略：一种是需要一个空闲的页框就清除一个逻辑页面；另一种是成批清除逻辑页面。注意，这里的“清除”，实际上是指内容并非立刻在内存中消失，而仅标记对应页框为空。

在清除时，关键要考虑的问题是该页面将来是否会很快被再次访问、是否在内存中被修改过。如果被修改过，要避免刚被标记清除的页面又需要被访问，甚至被修改，否则会产生一种频繁换进换出的“颠簸”现象。

在页面调入、淘汰的过程中，页面置换算法的优劣将影响系统的性能。页面置换算法的关键是确定合适的被置换出的页面。而衡量页面置换算法优劣的一个重要指标是缺页中断率。假设进程 P 一共包含 N 个逻辑页面，但系统限定分配给该进程的内存空间仅包含 M 个页框，M 小于 N。如果进程在内存中成功访问页面（即需要访问的逻辑页面当前在内存中）的次数为 S，不成功访问（即需要访问的逻辑页面不在内存而在辅存上）的次数为 F，即发生缺页中断的次数为 F，则缺页中断率 R 的计算公式为：

$$R=F/(S+F)$$

上式含义为用缺页中断次数除以总的访问次数。显然，R 值越小越好，其值越小代表要访问的大部分页面都在内存中，并不需要进程到辅存中读取。

除了页面置换算法外，影响缺页中断率的因素还包含以下几个方面。

（1）分配给进程的页框数量限额。一般来说，在页框大小确定的情况下，分配给进程的页框数量越多，将较大规模的逻辑页面装入内存后，后续进程访问页面时的缺页中断率应该越低。

（2）页面、页框的大小。一般情况下，页面和页框大小是一致的。在分配给进程的页框数量一定的情况下，页面和页框本身越大，装入内存的信息越多，后续进程访问页面时的缺页中断率应该越低。一种极限的情况是：如果一个页框大到足够存放一个进程，给进程分配一个页框，后续将不会发生缺页。

（3）程序的算法流程。实现同样的程序功能可以采用不同的算法流程，不同的算法也会导致产生存在显著差异的缺页中断率。

目前页面置换算法包含理想页面置换算法、随机页面置换算法、先进先出页面置换算法、最近最少用页面置换算法、时钟页面置换算法和最少使用置换算法。下面具体介绍典型的几种算法。

1．理想页面置换算法

理想页面置换算法又称为最佳页面置换算法（OPT），其基本思想是当调入新的一个页面而必须淘汰一个页面时，淘汰的页面是以后不再访问或最长时间以后再访问的页面，以最大限度避免一张页面刚被淘汰出去而马上又要再次把它调入内存的“颠簸”情况。

然而，理想页面置换算法显然难以实现。其原因在于，当前时刻，并不能够准确预测页面将来不再被访问到或相比其他页面最长时间以后才会被再访问到。但理想页面置换算法每次能够选出最佳的置换页面，因此，我们可以将该算法作为衡量其他算法的标杆。

假设系统为进程 P 在内存中分配了 3 个页框，逻辑页面的访问序列为 4,3,2,1,4,3,5,4,3,2,1,5。理想页面置换算法对于页面的置换和产生的缺页情况，如图 3.23 所示。

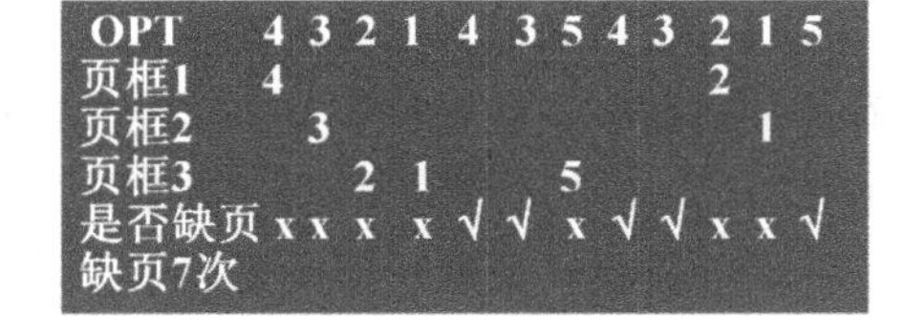

图 3.23　理想页面置换算法示例图

该算法对页面置换的操作流程如下。

（1）系统依次将 4、3、2 这 3 个逻辑页面调入页框 1、页框 2、页框 3，此时系统分配给进程的内存限额已满。

（2）要装入逻辑页面 1 的时候，需要选择要替换的页面；基于理想页面置换算法能够准确预测未来的前提，逻辑页面 2 与逻辑页面 4 和逻辑页面 3 相比更久以后才会被再次访问，系统让逻辑页面 1 替换逻辑页面 2 占据的页框 3。

（3）接连访问逻辑页面 4 和逻辑页面 3 时，由于逻辑页面 4 和逻辑页面 3 均在内存中，因此不会发生缺页现象。

（4）后续访问和替换页面的原理与上述过程相同。累计总的缺页次数为 7 次，缺页中断率为 7/12。

2．先进先出页面置换算法

先进先出页面置换算法（FIFO）的基本思想是在进程分配的页框均满，又需调入新的页面时，要选择该进程在内存中驻留时间最长的页面来置换。

先进先出页面置换算法之所以选择淘汰驻留内存时间最长的逻辑页面，主要基于部分程序总体按线性顺序来访问物理空间的假设（即顺序局部性原理）。先进先出页面置换算法直观，实现简单，其可以按照页面进入内存的先后次序，通过队列将逻辑页面组织在一起；后进入内存的页面放在队列末尾，每次都淘汰队首页面。然而，由于先进先出页面置换算法思想与进程实际运行的规律不相适应，因此该算法的性能较差。具体来说，这是因为先进入内存的页面也可能后续会被频繁访问，甚至可能出现分配页框数增加、缺页次数反而增加的异常现象。

先进先出页面置换算法对于页面的置换和产生的缺页情况，如图 3.24 所示。

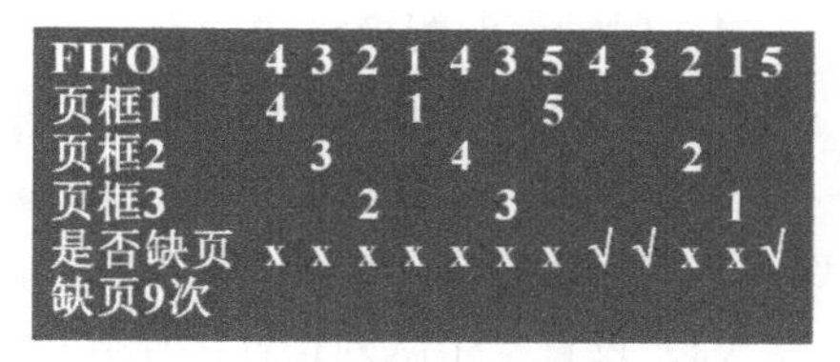

图 3.24　先进先出页面置换算法示例图

该算法对页面置换的操作流程如下。

（1）与 OPT 算法相同，首先系统依次将 4、3、2 这 3 个逻辑页面调入页框 1、页框 2、页框 3，此时系统分配给进程的内存限额已满。

（2）要装入逻辑页面 1 的时候，需要选择要替换的页面；逻辑页面 4 是目前进入内存时间最久的页面，系统让逻辑页面 1 替换逻辑页面 4 占据的页框 1。

（3）同理，要再次访问逻辑页面 4，由于逻辑页面 4 已被替换，因此需要再次将逻辑页面 4 调入内存，此时发生了颠簸现象；而逻辑页面 3 是目前进入内存时间最久的页面，系统让逻辑页面 4 替换逻辑页面 3 占据的页框 2。

（4）后续访问和替换页面的原理与上述过程相同。累计总的缺页次数为 9 次，缺页中断率为 9/12。

3．最近最少用页面置换算法

最近最少用页面置换算法（LRU）的基本思想是在进程分配的页框均满，又需调入新的页面时，要选择该进程在内存中最近较久未被访问或访问次数最少的页面。最近最少用页面置换算法基于程序局部性原理，刚被访问过的页面马上再被访问的概率将会较高；反之，那些长期不被访问或很少被访问的页面，在未来被访问的概率也会较低。

要实现最近最少用页面置换算法，同样可用设置一个队列的方法。其具体注意事项如下。

（1）设置一个队列，存放当前在主存中的页号。

（2）某个页面被访问后，需要从队列中把该页调整到队列尾。

（3）队列尾总指向最近访问的页，队列头就是最近最少用的页面。

（4）内存已满且发生缺页中断时，总淘汰队列头所指的页面。

最近最少用页面置换算法对于页面的置换和产生的缺页情况，如图 3.25 所示。

LRU 4 3 2 1 4 3 5 4 3 2 1 5
页框1 4 1 5 2
页框2 3 4 1
页框3 2 3 5
是否缺页 x x x x x x x √ √ x x x
缺页10次

图 3.25　最近最少用页面置换算法示例图

该算法对页面置换的操作流程如下。

（1）与 OPT 算法相同，首先系统依次将 4、3、2 这 3 个逻辑页面调入页框 1、页框 2、页框 3，此时系统分配给进程的内存限额已满。

（2）要装入逻辑页面 1 的时候，需要选择要替换的页面；与逻辑页面 3 和逻辑页面 2 相比，逻辑页面 4 是目前内存中最近较久未被访问的页面，系统让逻辑页面 1 替换逻辑页面 4 占据的页框 1。

（3）同理，要再次访问逻辑页面 4，由于逻辑页面 4 已被替换，因此需要再次将逻辑页面 4 调入内存，此时发生了颠簸现象；而逻辑页面 3 是目前内存中最近较久未被访问的页面，系统让逻辑页面 4 替换逻辑页面 3 占据的页框 2。

（4）上述替换的页面似乎与先进先出页面置换算法相同，但到再次访问页面 2 时，替换的页面将不一样：先进先出页面置换算法选择替换的是逻辑页面 5～逻辑页面 3 中进入内存最久的逻辑页面 4，而最近最少用页面置换算法则选择替换的是最近较久未被访问的逻辑页面 5，这是因为逻辑页面 4 和逻辑页面 3 刚刚接连被再次访问过。

（5）后续访问和替换页面的原理与上述过程相同。累计总的缺页次数为 10 次，缺页中断率为 10/12。

4．时钟页面置换算法

时钟页面置换算法（Clock）本质上是最近最少用页面置换算法的具体实现方案。

（1）设置一个循环队列（Circular Queue），队列中元素是当前在主存中的页号。它们首尾相连，从逻辑上构成一个环。

（2）设置一个队列指针，让其按照顺时针来进行移动。

（3）当一个逻辑页面首次被装入内存并被访问时，将访问位设置为 1；当进程在内存中的任何页面近期被访问时，也将访问位设置为 1。

（4）内存已满且发生缺页中断时，从指针当前指向的页面顺时针地扫描循环队列，把指针所遇到访问位为 1 页面的访问位清零，但是不淘汰该页面，而是跳过这个页面；把指针所遇到的第一个访问位为 0 的页面置换掉，指针再向前推进一步。

（5）如果出现一种循环队列中的所有页面访问位都为 1 的特殊情况，那么指针将正好循环队列一周，回到起始位置；再次开始新一轮扫描，由于起始位置对应的页面访问位已经被置为 0，原页面自然成为第二轮扫描发现的第一个访问位为 0 的页面，将该页面置换掉，指针再向前推进一步。

在进行页面置换时，还可以进一步考虑修改位，即将访问位和修改位结合起来选择置换的页面。这样会出现以下 4 种情况。

（1）逻辑页面最近没有被访问（访问位为 0），也没有被修改（修改位为 0）。

（2）逻辑页面最近曾经被访问（访问位为 1），但没有被修改（修改位为 0）。

（3）逻辑页面最近没有被访问（访问位为 0），但曾经被修改（修改位为 1）。

（4）逻辑页面最近曾经被访问（访问位为 1），也曾经被修改（修改位为 1）。

综合考虑访问位和修改位的时钟页面置换算法的工作流程如下。

（1）设置一个循环队列，队列中元素是当前在主存中的页号。它们首尾相连，从逻辑上构成一个环。

（2）设置一个队列指针，让其按照顺时针来进行移动。

（3）当一个逻辑页面首次被装入内存并被访问时，将访问位设置为 1；当进程在内存中的任何页面近期被访问，也将访问位设置为 1；页面进入内存后曾经被修改，修改位设置为 1。

（4）当内存已满且发生缺页中断时，首先选择最佳淘汰页面，即最近没有被访问（访问位为 0）、没有被修改（修改位为 0）的页面；从指针当前指向的页面顺时针地扫描循环队列，把指针所遇到的第一个访问位为 0 且修改位为 0 的页面置换掉，指针再向前推进一步。在扫描的过程中不修改访问位。

（5）如果扫描一周也没有找到访问位为 0 且修改位为 0 的页面，指针回到起始位置；接着进行第二轮顺时针扫描，查找访问位为 0 且修改位为 1 的页面，将遇到的第一个访问位为 0 且修改位为 1 的页面作为淘汰页面；同时在第二轮扫描过程中，将指针所扫过的所有页面的访问位置为 0。

（6）如果第二轮扫描没有找到访问位为 0 且修改位为 1 的页面，指针回到起始位置；接着进行第三轮顺时针扫描，再次查找访问位为 0 且修改位为 0 的页面，把遇到的第一个访问位为 0 且修改位为 0 的页面置换掉，指针再向前推进一步。

（7）如果第三轮扫描没有找到访问位为 0 且修改位为 0 的页面，指针回到起始位置；接着进行第四轮顺时针扫描，查找访问位为 0 且修改位为 1 的页面。

3.4.5　分段式虚拟存储管理

与分页式虚拟存储管理机制的思路类似，将分段存储管理机制与虚拟存储管理机制相结合，实现分段式虚拟存储管理机制。分段式虚拟存储系统把所有分段的副本都存放在辅助存储器中，进程被调度并投入运行时，把当前需要的一段或几段装入主存，在执行过程中访问到不在主存的段时再动态装入。

分段式虚拟存储管理机制的实现方式是基于分段存储管理机制，特别对段表进行扩充，以实现虚拟存储。

3.5　本章小结

本章主要围绕着操作系统中最重要的模块之一——存储管理模块展开：首先介绍了计算机中的存储体系、存储管理目标及任务，并简要分析了早期的连续存储区管理方案和分区存储的管理方案，以及相应的存储覆盖与交换技术、存储保护技术，还总结了分区存储管理的优点和缺点；接着重点介绍了现代操作系统中广泛采用的分页存储管理机制，其间介绍了逻辑页面与物理页框的含义、分页存储的管理表格、地址转换原理、相联存储器与快表技术、物理页框的分配流程；现代操作系统中另外一种典型的存储管理机制是分段存储，因此，本章重点介绍了逻辑分段与内存划分方式、分段存储的管理表格、地址转换原理，并简要对比了分页和分段存储机制，还介绍了两者融合而成的段页式存储管理方案；最后介绍了虚拟存储管理机制所基于的程序访问局部性原理、虚拟存储器基本原理、分页式虚拟存储管理方案、典型的页面置换算法，还简要介绍了分段式虚拟存储管理方案。

习题 3

1．选择题

（1）需要将整个进程放在连续内存空间的存储管理方式是（　　）。

A．分区存储管理　B．页式存储管理　C．段式存储管理　D．段页式存储管理

（2）解决内存碎片问题较好的存储器管理方式是（　　）。

A．可变分区　　B．分页管理　　C．分段管理　　D．单一连续分配

（3）采用（　　）存储管理方式不会产生内部碎片。

A．分页式　　B．分段式　　C．固定分区式　　D．段页式

（4）操作系统采用分页式存储管理方式，要求（　　）。

A．每个进程拥有一张页表，且进程的页表驻留在内存中

B．每个进程拥有一张页表，但只要执行进程的页表驻留在内存中，其他进程的页表不必驻留在内存中

C．所有进程共享一张页表，以节约有限的内存空间，但页表必须驻留在内存中

D．所有进程共享一张页表，只有页表中当前使用的页面必须驻留在内存中，以最大限度地节约有限的内存空间

（5）在分页式存储管理系统中，每个页表的表项实际上是用于实现（　　）。

A．访问辅存单元　B．静态重定位　　C．动态重定位　　D．装载程序

（6）设有 8 页的逻辑空间，每页有 1024B，它们被映射到 32 块的物理存储区中。那么，逻辑地址的有效位是（　　），物理地址至少是（　　）位。

A．10　11　　B．12　14　　C．13　15　　D．14　16

（7）某分页存储管理系统中，地址长度为 32 位，其中页号占 8 位，则页表长度为（　　）字节。

A．2^8　　B．2^{16}　　C．2^{24}　　D．2^{32}

（8）某页式存储管理系统中，地址寄存器的低 9 位表示页内地址，则页面大小为（　　）。

A．1024B　　B．512B　　C．1024KB　　D．512KB

（9）分段式存储管理系统中，若地址用 24 位表示，其中 8 位表示段号，则允许每段的最大长度为（　　）字节。

A．2^{24}　　B．2^{16}　　C．2^8　　D．2^{32}

（10）虚拟存储管理机制的理论基础是程序的（　　）原理。

A．局部性　　B．全局性　　C．动态性　　D．虚拟性

（11）虚拟存储系统能够提供容量很大的虚拟空间，但大小有一定范围，受到（　　）限制。

A．内存容量不足　　B．交换信息的大小

C．CPU 地址表示范围　　D．CPU 时钟频率

（12）虚拟存储器最基本的特征是（　　）。

A．从逻辑上扩充内存容量　　B．提高内存利用率

C．驻留性　　D．固定性

（13）一般来说，分配的内存页框数越多，缺页中断率越低，但是以下（　　）页面置换算法存在异常现象：为某些进程分配的内存越多，其缺页中断率反而越高。

A．LRU　　B．OPT　　C．LFU　　D．FIFO

2．填空题

（1）影响缺页中断率的因素有________、________、页面置换算法和程序本身特性。

（2）为了缩短地址转换时间，操作系统将访问频繁的少量页表项存放到称为________的高速寄存器组中，以构成一张________。

（3）在页式存储管理系统中，页面大小为 4KB，某进程的第 0、1、2、3 页分别存放在第 3、5、

4、2 号页框中，则其逻辑地址 1A3F（H）所在页框号为________，转换所得物理地址为________（H）。

（4）分页式存储管理系统中，地址寄存器长度为 24 位，其中页号占 14 位，则内存的分块大小应该是________字节。

（5）在没有快表的情况下，在分页存储管理系统中每访问一次数据至少要访问________次内存。

（6）分段式存储管理系统为每个进程建立一张段映射表，即段表。每一段在表中占有一个表项，其中记录该段在内存中的________和段的长度。

（7）程序局部性原理可总结为________、________和顺序局部性这 3 点。

（8）在作业装入内存时进行地址变换的方式称为________地址重定位。而在作业执行期间，当访问到指令或数据时才进行地址变换的方式称为________地址重定位。

（9）在虚拟段式存储管理系统中，若逻辑地址的段内地址大于段表中该段的段长，则发生________中断。

3．简答题

（1）给定段表如下：

段　号	段 首 址	段　长
0	200	400
1	2300	300
2	800	100
3	1300	580
4		

给定的 3 组地址（段号和位移）为：[1,10]、[2,150]、[4,40]，试求出对应的内存物理地址。

（2）在一个分页虚拟存储管理系统中，用户编程空间为 32 个页、页长为 1KB、内存为 16KB。如果用户程序有 10 页长，且已知虚页 0、1、2、3 已分到页框 8、7、4、10，请将虚地址 0AC5H 和 1AC5H 转换成对应的物理地址。

（3）请描述存储保护和地址越界中断机制。

（4）什么是覆盖？什么是交换？覆盖和交换的区别是什么？

（5）在分页式存储管理系统中，为什么常既有页表，又有快表？

（6）请简述引入快表后分页式存储管理系统的地址变换过程。

（7）分别简述虚拟内存和虚拟设备技术。

（8）动态分区管理中查找空闲区的算法有哪些？

4．解答题

（1）在分页存储管理系统中，某进程的页表内容如下表所示。

页面号	页框号	中断位
0	101H	1
1	—	0
2	254H	1

已知页面大小为 4KB，一次内存的访问时间为 100ns，一次快表的访问时间为 10ns，处理一次缺页的平均时间为 10^8ns（已含更新快表和页表的时间），分配给该进程的物理块数固定为 2，采用最近最少使用置换算法（LRU）和局部淘汰策略。假设：①快表初始为空；②地址转换时先访问快表，若快表未命中，再访问页表（忽略访问页表后的快表更新时间）；③中断位为 0 表示页

面不在内存而产生缺页中断，缺页中断处理后可以直接读取内存中的数据，而不需再次查询快表或页表。设有虚地址访问序列 2362H、1565H、25A5H。

① 依次访问上述 3 个虚地址，并求各需多少时间？

② 基于上述访问序列，虚地址 1565H 的物理地址是多少？

（2）在请求分页系统中，设某进程共有 9 个页面，分配给该进程的内存块数为 5，并且进程运行时，实际访问页面的次序为 0,1,2,3,4,5,0,2,1,8,5,2,7,6,0,1,2。

① 采用 FIFO 页面置换算法，列出页面置换次序和缺页中断次数，以及最后留驻内存的页号顺序。

② 采用 LRU 页面置换算法，列出页面置换次序和缺页中断次数，以及最后留驻内存的页号顺序。

（3）设某计算机的逻辑地址空间和物理地址空间均为 64KB，按字节编址。某进程最多需要 6 页数据存储空间，页的大小为 1KB；操作系统为此进程固定分配了 4 个页框（页框号分别为 7、4、2、9），页面的当前分配情况如下所示。

页面号	页框号	装入时间	访问位
0	7	130	1
1	4	230	1
2	2	200	1
3	9	160	1

当该进程执行到时刻 260 时，要访问逻辑地址为 17CAH 的数据。

① 该逻辑地址对应的逻辑页号是多少?

② 若采用先进先出（FIFO）页面置换算法，该逻辑地址对应的物理地址是多少？要求给出计算过程。

③ 若采用时钟（Clock）页面置换算法，该逻辑地址对应的物理地址是多少？要求给出计算过程。（设搜索下一页的指针按顺时针方向移动，且当前指向 2 号页框，示意图如下所示。）

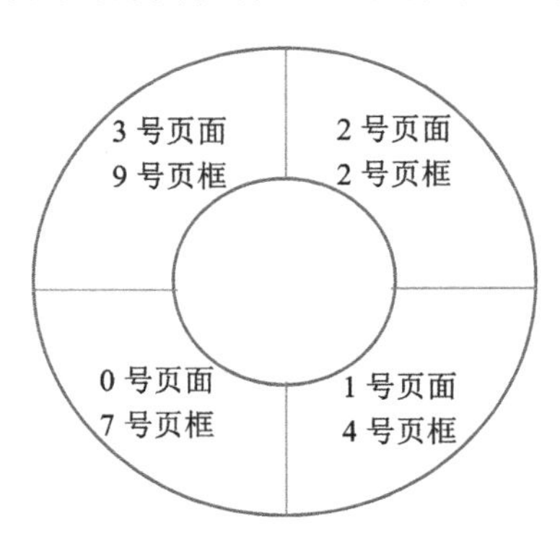

第4章

I/O 设备管理

4.1 基本概述

4.1.1 计算机输入/输出系统

中央处理器和内存构成计算机的主体，称为主机。主机以外的大部分硬设备都称为外围设备（外设）或输入/输出设备（Input/Output Device，I/O 设备）。

随着智能手机、平板电脑、无线传感器节点等在迅速普及，计算机的应用领域有了突破性拓展，I/O 设备也开始向多样化、智能化的方向发展。I/O 设备包括常用的输入设备（Input Device）、输出设备（Output Device）和存储设备等。

1．输入设备

输入设备是指向计算机主机系统输入信息等的设备，它是计算机与用户或其他设备通信的“桥梁”。计算机能够接收各种各样的数据，这些数据既可以是数值型的数据，也可以是各种非数值型的数据，如图形、图像、声音等都可以通过不同类型的输入设备输入到计算机中，以便进行存储、处理和输出。键盘、鼠标、摄像头、扫描仪、光笔、手写输入板、游戏杆、语音输入装置和触摸屏等都属于输入设备。

2．输出设备

输出设备是人与计算机交互的一种部件，用于数据的输出，即将各种数据计算结果或信息以数字、字符、图像、声音等形式表示出来。常见的输出设备包括显示器、打印机、绘图仪、影像输出系统和语音输出设备等。

3．存储设备

存储设备是用于存储数据和程序的设备，通常是将信息数字化后，再利用电、磁或光学等介质加以存储。典型的存储设备包括硬盘、光盘和 U 盘等。

输入/输出系统（Input/Output System，I/O 系统）是指计算机的各种 I/O 设备及其接口线路、控制部件、通道和设备管理软件等的总称；I/O 系统重点是实现计算机的主存与外围设备介质之间的信息传送操作，即 I/O 操作。

设备管理是指操作系统对计算机系统中除 CPU 和内存以外的设备进行管理。设备管理模块要满足用户提出的输入/输出请求，提高输入/输出的速率，改善设备的利用率。

4.1.2 输入/输出系统的特点

输入/输出系统主要包括以下特点。

（1）输入/输出系统的性能容易成为系统性能的瓶颈。I/O 设备的速度常常滞后于 CPU 和内存的速度；随着 CPU 性能的快速提升，I/O 设备与 CPU 的速度差距将越来越大，CPU 将更容易处于等待 I/O 设备的状态。

（2）I/O 设备种类繁多，结构各异，出错处理也各不相同。目前计算机系统庞大、复杂的原因之一就是 I/O 设备资源多且杂。例如，硬盘和键盘的结构及原理不相同，两者的出错处理也不一样。

（3）不同的 I/O 设备输入、输出的数据信号类型也各不一样。

（4）不同的 I/O 设备速度差异很大，传输数据的单位不同。有的设备以字节为单位进行传输，有的设备以数据块为单位进行传输。

（5）输入/输出系统与文件系统等其他模块联系密切。

理解 I/O 系统的工作过程与结构是理解操作系统工作过程与结构的关键。由于 I/O 系统的性能容易成为系统性能的瓶颈，为了解决 CPU 与 I/O 设备的速度差距越来越大的问题，提高 CPU 资源利用率的典型策略是提高系统的并发度，让尽可能多的进程在系统中并发运行。然而，系统的进程并发度并不是无限的，且随着进程并发度的提升，会降低系统中每个进程的响应时间，进程的切换也会带来比较大的系统开销。

4.1.3　输入/输出设备的类型

要对 I/O 设备进行有效管理，我们可以先从不同角度对 I/O 设备进行一定程度的分类。

（1）按数据传输速率分类。按照数据传输速率的不同，可以将 I/O 设备分成低速设备、中速设备和高速设备。像键盘、鼠标等能够每秒传输几个字节或者几十个字节、几百个字节的设备，一般被认为是低速设备；能够每秒传输几千字节到几十 KB、几百 KB 的设备（如打印机、扫描仪等），一般被认为是中速设备；能够每秒传输几千 KB，甚至上百 MB 的设备（如硬盘、U 盘等），一般被认为是高速设备。

（2）按数据传输单位分类。按照数据传输单位的不同，可以将 I/O 设备分成块设备和字符设备。块设备是指以数据块为单位传输数据的设备；字符设备是指以字节为单位传输数据的设备。很显然，块设备一般对应着中/高速设备，而字符设备一般对应着中/低速设备。

（3）按资源分配方式分类。按照资源分配方式的不同，可以将 I/O 设备分成独占设备和共享设备。顾名思义，独占设备是指一段时间里只允许一个进程使用的设备，即系统一旦将该设备分配给某进程，便由该进程独占使用，直到用完释放；共享设备是指在一段时间里允许多个进程并发访问的设备（如硬盘等），它是实现对文件和数据资源共享的基础。虚拟技术可以将独占设备转换成可供若干个进程共享的设备，以提高设备的利用率。常将基于虚拟技术改造后的独占设备，称为虚拟设备。

4.1.4　设备管理模块的设计目标

一般操作系统中的设备管理模块能够实现以下设计目标。

（1）提高系统的利用率，实现设备的并行运行。

（2）采用虚拟技术，实现设备的动态分配。

（3）采用缓冲技术，减小主机和外设的速度差异。

（4）方便用户使用，屏蔽设备的物理特性。

（5）实现与文件系统等其他模块的有机协同工作。

4.2　设备控制方式

4.2.1　典型控制方式

按照 I/O 控制器功能的强弱及与 CPU 之间协同方式的不同，可以将 I/O 设备的控制方式分为询问方式、中断方式、DMA 方式和通道方式 4 种。从询问方式、中断方式、DMA 方式到通道方式，CPU 和外围设备并行工作程度越来越高。理想的 I/O 控制目标是尽量减少主机对外设的干预，把主机从繁杂的 I/O 控制中解脱出来。

4.2.2 基于询问的设备控制

询问方式又称为程序直接控制方式。基于询问的设备控制，要求用指令测试一台设备的忙/闲标志位，决定内存和外围设备是否交换一个字节/字符/字，CPU 全程参与整个传输过程，如图 4.1 所示。

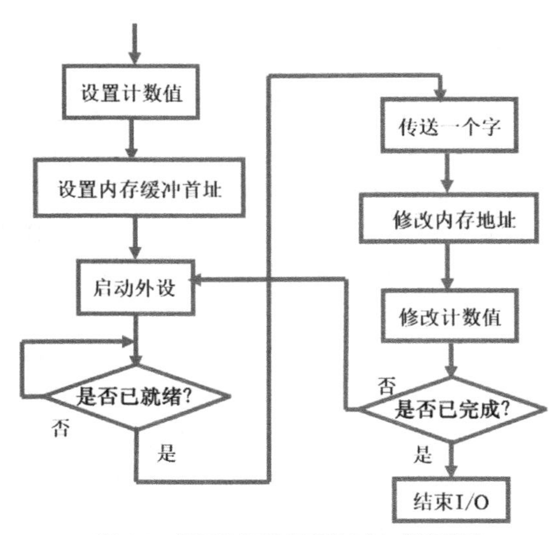

图 4.1 基于询问的设备控制方式流程图

基于询问的设备控制，其主要工作流程如下。

（1）系统利用设置的计数器指明一共要传输的数据量。

（2）设置内存的缓冲首地址，指明数据在内存中存放的起始位置。

（3）发出启动 I/O 设备的命令，然后反复检测 I/O 设备是否已经准备就绪，这就是所谓的“询问”。

（4）如果确认 I/O 设备就绪，传送一个字或者一个字节。

（5）修改内存地址，让读/写指针指向下一个地址。

（6）修改计数器，直到将计数器的值减至 0，则表示数据已经全部传输完毕；否则，须再次启动 I/O 设备，以传输下一个字或者下一个字节。

从上述工作流程可以发现基于询问的设备控制方式的性能缺陷，现归纳如下。

（1）基于询问的设备控制以字节为单位来传输，需要反复启动 I/O 设备，直至传送结束为止，效率较低。

（2）一旦 I/O 设备被启动，CPU 需要反复查询该设备的准备就绪情况，这样会暂停原程序的执行，并会占用 CPU 计算资源。

（3）I/O 设备准备就绪以后，CPU 还要全程负责数据的传送工作，即将数据读入内存的指定单元，或者把内存中的数据输出至 I/O 设备。

4.2.3 基于中断的设备控制

为了解决基于询问的设备控制方式依赖 CPU 反复检测 I/O 设备是否就绪而浪费 CPU 计算资

源的问题，基于中断的设备控制方式利用中断机制，让 I/O 设备可通过中断来主动报告自身状态。其主要工作原理如下。

（1）CPU 启动外围设备以后，不再是反复查询 I/O 设备是否准备就绪，而是继续执行相关计算任务，对设备是否就绪不加过问。

（2）I/O 设备准备完后，会向 CPU 发出中断通知。

（3）I/O 设备准备就绪以后，CPU 还要全程负责数据的传送工作。

可见，基于中断的设备控制一定程度上实现 CPU 和 I/O 设备的并行工作。

4.2.4　基于 DMA 的设备控制

基于中断的设备控制方式仍然是以字或字节为单位传输数据，且数据的传送仍由 CPU 负责，因此其效率仍然不高。而基于 DMA 的设备控制则可以将 CPU 从烦琐的 I/O 操作中解脱出来。基于 DMA 的设备控制方式是在系统中增加了一个 DMA 控制器（Direct Memory Access Controller，直接存储器访问控制器），用 DMA 控制器作为 CPU 助手以完成数据的输入或输出。

基于 DMA 的设备控制利用 DMA 控制器，实现数据在内存和 I/O 设备之间以数据块为单位进行传送。其主要工作原理如下。

（1）CPU 启动外围设备以后，向 I/O 设备发出传送一个数据块的命令。

（2）数据块的实际传输过程由 DMA 控制器来完成。

（3）当传送完一个数据块后，CPU 完成传输结束的相关工作。

DMA 控制器利用系统总线代替 CPU 管理数据的存入或取出。DMA 控制器利用命令状态寄存器来接收从 CPU 发出的 I/O 命令、控制信息或设备状况，并利用内存地址寄存器存放数据在内存的存取起始地址，利用数据寄存器暂存 I/O 设备和内存间传输的数据，还利用数据计数器存放传输的字节数。

4.2.5　基于通道的设备控制

基于 DMA 的设备控制方式实现以数据块为单位进行 I/O 设备和内存间的数据传输，CPU 仍然需要在每个数据块的传输前和结束时参与相关工作。基于通道的设备控制方式则可以进一步将 CPU 从烦琐的 I/O 操作中解脱出来，仅让 CPU 在整个数据的传输前和结束时参与相关工作，而在其余的时间让 CPU 完全投入任务计算等工作中。

通道又称为输入/输出处理器（I/O Prosessor），它是完全独立于 CPU、专门实现输入/输出处理的处理器。当要传输一个数据文件时，传送文件的整个过程都由通道来完成。与 CPU 相比，通道这样的处理器不能够做复杂的计算，只能够执行一些简单的、与输入/输出有关的通道指令，并与 CPU 共享系统的内存。

4.3　缓冲技术

4.3.1　缓冲技术的基本思想

所谓缓冲技术，主要是指在内存中开辟一个特定的缓冲区域，进程运行时将该区域作为内存工作区和 I/O 设备之间数据交换的中转或中介。

（1）进程执行写操作输出数据时，申请缓冲区，不断把数据写到缓冲区，直到被装满；进程继续运行，系统将缓冲区内容传输到 I/O 设备。

（2）进程执行读操作输入数据时，申请缓冲区，系统将内容读到缓冲区，根据进程要求，把需要的内容从缓冲区传送给进程。

4.3.2 引入缓冲技术的目标

操作系统引入缓冲技术的主要目标是提升系统的性能。具体来说，引入缓冲技术的目标有以下几个。

（1）改善主机和 I/O 设备之间速度不匹配的问题。

（2）提高 CPU 和 I/O 设备的并行性，提高资源利用率。

（3）减少 I/O 中断次数，放宽对 CPU 中断响应的要求。

4.3.3 缓冲技术的分类

缓存技术又分为单缓冲技术、双缓冲技术、循环缓冲技术和缓冲池技术这几种类型。为什么引入缓冲技术能实现性能提升的目标呢？我们首先来看最基本的单缓冲技术。

顾名思义，采用单缓冲技术的系统中仅设置了一个缓冲区。下面以某进程从硬盘上将数据连续读入内存进行处理为例，对单缓冲技术进行介绍。单缓冲技术示意图如图 4.2 所示。

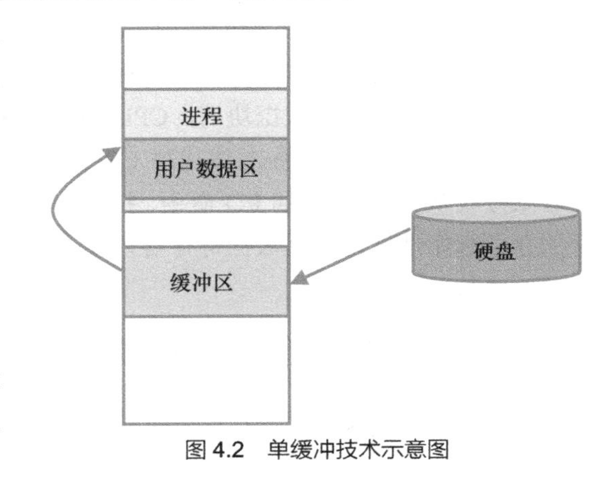

图 4.2 单缓冲技术示意图

（1）假定从硬盘把一块数据输入内存的时间为 T，系统将缓冲区中的数据传送到用户区的时间为 M，而 CPU 对这一块数据进行计算的时间为 C。

（2）如果不采用缓冲技术，数据直接从硬盘输入到用户区，每块数据的处理时间为 $T+C$；假设共有 N 块数据需要进行输入处理，所有数据的总处理时间为 $N(T+C)$。

（3）如果采用单缓冲技术，在处理当前数据的时候，可同时读入下一块数据，从而实现 CPU 和硬盘的并行工作。若处理时间 C 比输入时间 T 短，则 CPU 处理完当前数据块后，需要等待硬盘将下一块数据输入到缓冲区；若处理时间 C 比输入时间 T 长，则硬盘完成将下一块数据输入到缓冲区的操作后，需要等待 CPU 处理完当前数据块，系统才能将缓冲区中的数据传送到用户区。N 块数据的总处理时间为 $T+(N-1)\times(\max(C, T)+M)+C$，而 M 要远小于 C 或 T，因此提高了效率。

接着，我们来看双缓冲技术。顾名思义，采用双缓冲技术的系统中仅设置了两个缓冲区交替工作，因此双缓冲技术又称为缓冲交换。

（1）输入数据时，首先填满缓冲区 1，系统可从缓冲区 1 把数据送到用户进程区，用户进程便可对数据进行加工计算。同时，用输入设备填充缓冲区 2。

（2）缓冲区 1 空出后，输入设备再次向缓冲区 1 输入数据。系统可把缓冲区 2 的数据传送到用户进程区，进程开始加工缓冲区 2 的数据。

两个缓冲区可以交替工作，进一步提高了 I/O 的速度和设备的利用率。而循环缓冲和缓冲池则拓展了缓冲区的数量和功能，以进一步提升系统性能。

4.4　外存储设备管理

4.4.1　典型外存储设备类型

外存储设备是用于长期、持久存储数据和程序等的 I/O 设备，通常是将信息数字化后，再利用电、磁或光学等介质加以存储。典型的外存储设备包括硬盘、光盘、U 盘和磁带等。按照存储设备的物理结构和存取方式，可以将外存储设备分为顺序存取存储设备和随机存取存储设备这两种类型。

1．顺序存取存储设备

顺序存取存储设备是严格依赖信息的物理位置进行定位和读写的存储设备。磁带是一种典型的顺序存取存储设备，其通常在很长的塑料长条上附着磁性材料，利用磁性介质来实现数据存取。磁带存储原理示意图如图 4.3 所示。

（1）典型的磁带一般会设置一个始点和一个末点。

（2）在磁带上以数据块为单位存储数据，块和块之间有间隙。

（3）在磁带的上方设置磁头，通过磁头和磁带的相对移动来读/写数据信息。

图 4.3　磁带存储原理示意图

由此可以发现，以磁带为代表的顺序存取存储设备易于顺序读取数据，但在随机存取时开销较大。例如，当前磁头在块 2 上方，若想读块 100 的数据，需要通过快进的方式将磁头移动到块 100；如果读完块 100，又需要读块 2 的数据，则需要采用快速倒带的方式回到块 2 的上方，才能进行块 2 的读取。

尽管如此，但磁带这样的顺序存取存储设备存储容量很大，比较稳定、可靠，且可装卸，便于保存，因此一些机构建设了磁带库来实现数据的冗余备份。

2．随机存取存储设备

随机存取存储设备又称为直接存取存储设备，它是一种可实现快速数据定位和访问的设备。硬盘是一种典型的直接存取存储设备。当前的硬盘有机械硬盘、固态硬盘和混合硬盘 3 种，其中机械硬盘是最常见的外存储设备，由盘片、磁头、磁头驱动臂、控制器、电动机（马达）、串行接口等部件组成，如图 4.4 所示。

（1）在硬盘内部有一层/多层金属盘片或玻璃等材质的盘片。

（2）盘片镀有磁性介质，利用磁性介质可保存数据。

（3）盘片本身依靠轴芯来做高速旋转。

（4）利用电机驱动磁头驱动臂，使磁头在盘片上里外来回摆动。

图 4.4　硬盘结构图

由于盘片本身旋转，并且磁头又里外摆动，因此，就可以读取盘片上任意位置的数据。这样，在存取数据时就不需要像磁带那样倒带、快进，花很长时间才能够定位到所需数据，有利于直接存取数据。

4.4.2 硬盘的存储空间管理

为了扩大存储容量，机械硬盘常常是由多个盘面叠加而成的。多个盘面依靠中间轴心一起转动；每个盘面上方都有磁头，磁头与盘面一一对应；所有的磁头都固定在同一驱动臂上，同时进行移动。

盘面上读/写磁头的轨道，称为磁道；相同半径的所有磁道组成的虚拟圆柱，称为柱面；一个磁道可以划分成一个或多个物理块（又称为扇区）。在存储文件时，文件的数据信息常常并不是记录在同一个盘面的若干磁道上，而是记录在同一柱面的不同磁道上；通过多个磁头的并行读/写可以提高读/写速率，同时驱动臂的移动距离减少可以缩短存取信息的时间。

访问硬盘上的数据，依赖以下 3 个参数。

（1）柱面号/磁道号：是指数据位于哪个半径的磁道上。

（2）磁头号/盘片号：是指数据位于哪一个盘面上。

（3）块号/扇区号：是指数据位于某磁道的哪一个扇区上。

通过这 3 个参数，就可以唯一定位硬盘上的信息。

4.4.3 硬盘的数据访问时间

硬盘数据访问时间的长短是影响系统性能的重要因素之一。硬盘数据访问时间主要由以下 3 个部分构成。

1．寻道时间

寻道时间是指磁头依赖磁头驱动臂移动到指定磁道上所经过的时间。该时间是启动磁头驱动臂的时间 s 与磁头移动 n 条磁道所用的时间之和，其计算公式为：

$$T_s=m\times n+s$$

上式中，m 是一个常数，与磁盘驱动器的速度有关，因此寻道时间将随寻道距离的增加而增大。

2．旋转延迟时间

旋转延迟时间是指当磁头已经定位到数据所在的磁道时，扇区移动到磁头下方所用的时间。与寻道时间相比，旋转延迟时间相对较短。

例如，某硬盘的旋转速度为 5400 r/min（即每分钟旋转 5400 周），则旋转一周需用时 11.1 ms。从概率角度来看，硬盘平均需旋转半周才能定位到所需数据，则平均旋转延迟时间为 5.55 ms。

3．数据传输时间

数据传输时间是指定位到数据后，从磁盘读出或向磁盘写入数据所用的时间。与寻道时间、旋转延迟时间相比，数据传输耗时最短。

4.4.4 硬盘驱动臂调度算法

由上可知，在访问硬盘数据时，影响系统性能最大的是寻道时间。而优化硬盘驱动臂调度算法可以降低寻道时间。当多个进程都并发访问硬盘时，采用优化的硬盘驱动臂调度算法可以使各进程对硬盘的平均访问时间最短，从而使读/写硬盘的性能得以提升。目前典型的硬盘驱动臂调度算法包含先来先服务算法、最短查找时间优先算法、电梯调度算法、扫描算法、单向扫描算法和分步扫描算法等。

下面以一个具体场景来看各种算法的调度流程。如图 4.5 所示，假设硬盘有 200 个柱面，各柱面编号为 0,1,2,…,199，当前磁头悬停在 143 号柱面上，其刚刚完成 125 号柱面的服务请求，请求队列的先后顺序为：86,147,91,177,94,150,102,175,130。

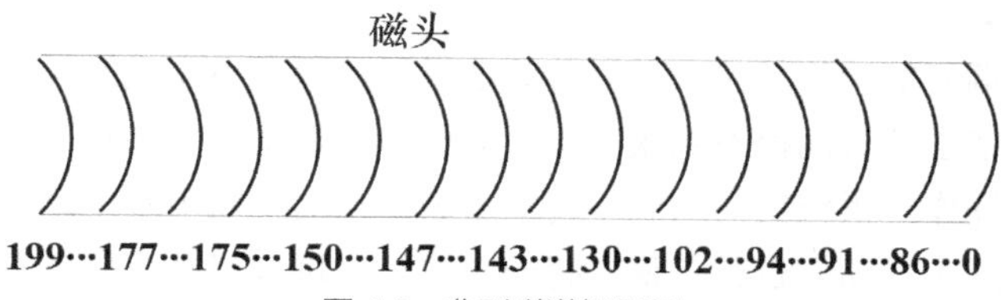

图 4.5　典型磁道场景图

1．先来先服务算法

先来先服务算法比较简单，按照各进程所提交访问磁盘请求的时间先后次序来决定提供服务的次序。

本场景采用先来先服务算法时，磁头移动路径为：

143-86-147-91-177-94-150-102-175-130

2．最短查找时间优先算法

最短查找时间优先算法总是先执行查找时间最短的磁盘请求。较先来先服务算法，该算法有更好的寻道性能表现，这是因为每次都是优先为离磁头当前所在磁道最近的磁道请求服务，以减少磁头驱动臂移动的距离，从而提升了寻道性能。

本场景采用最短查找时间优先算法时，磁头移动路径为：

143-147-150-130-102-94-91-86-175-177

最短查找时间优先算法可能导致饥饿问题。当源源不断地有针对当前磁头所在磁道或靠近当前磁头所在磁道的磁道访问请求到来的时候，该请求会被优先服务；而距离当前磁头所在磁道较远的磁道读写请求可能被无限期推迟，导致不公平的饥饿现象出现。

3．电梯调度算法

电梯调度算法的目标是减少磁头驱动臂来回振动的频率。磁头选择距磁头驱动臂移动方向最近的柱面，如果移动方向上没有访问请求时，才改变磁头驱动臂的移动方向。类似生活中的楼房电梯调度策略，电梯调度算法不但考虑到磁道请求离当前磁头所在磁道的距离远近，还考虑磁头驱动臂的移动方向。

本场景采用电梯调度算法时，磁头移动路径为：

143-147-150-175-177-130-102-94-91-86

4．扫描算法

扫描算法与电梯调度算法思想类似，磁头驱动臂沿一个方向移动扫过所有柱面，磁头遇到硬盘访问请求便进行处理，直到最后一个柱面，然后向相反方向移动。

由此，可以发现扫描算法类似于钟摆，磁头驱动臂支撑磁头反复在最小号磁道和最大号磁道之间来回摆动。在摆动的过程中，磁头提供磁道访问请求服务。

本场景采用扫描算法时，磁头移动路径为：

143-147-150-175-177-199-130-102-94-91-86

5．单向扫描算法

与扫描算法不同，单向扫描算法的磁头驱动臂总是从 0 号柱面至最大号柱面顺序扫描，然后直接返回 0 号柱面，归途中不再服务。单向扫描算法适合应用于不断有大量柱面均匀分布的存取请求的系统。

本场景采用单向扫描算法时，磁头移动路径为：

143-147-150-175-177-199-0-86-91-94-102-130

6．分步扫描算法

上述硬盘驱动臂调度算法除了先来先服务算法以外，都会出现饥饿现象，即：某些进程针对某些磁道的硬盘访问请求长时间得不到服务，而某些进程对某一磁道有较高的访问频率，反复请求对某些磁道的 I/O 操作，系统集中为这些请求服务，从而垄断了整个硬盘设备，导致硬盘驱动臂会停留在某处长时间不移动。也就是说，有一个或几个进程对某个磁道有较高的访问频率，磁头驱动臂就好像被粘在这些磁道上一样，导致其他进程的访问无法得到满足，这种饥饿现象也叫“磁臂粘着”。

为了解决“磁臂粘着”问题，分步扫描算法采用以下的处理策略。

（1）系统将请求队列分成若干长度为 N 的子队列。

（2）磁头驱动臂调度先按先来先服务算法依次处理这些子队列，每处理一个队列时又按扫描算法依次处理磁道访问请求。

（3）当出现新的磁盘 I/O 请求时，系统便将新请求进程放入其他队列以延后服务，从而解决“磁臂粘着”问题。

其中，子队列的长度设置值得被关注，太长或太短都不适合：子队列长度 N 设置太长，会导致子队列数量太少，该算法的性能就会接近扫描算法；子队列长度 N 设置太短，该算法的性能就会接近先来先服务算法。

4.5 本章小结

本章围绕着操作系统的主要管理模块之一——I/O 设备管理模块展开介绍：首先介绍了计算机输入/输出系统的特点、类型，还介绍了设备管理模块的设计目标；接着重点介绍了典型的设备控制方式，如基于询问的设备控制、基于中断的设备控制、基于 DMA 的设备控制和基于通道的设备控制方式；然后从基本思想、目标和分类角度，分析了对于提升系统性能有重要作用的缓冲技术；本章的重点是对最重要的一类设备——外存储设备的管理进行介绍，其间总结了典型外存储设备类型、阐述了硬盘的存储空间管理原理、介绍了衡量硬盘性能的数据访问时间的组成，还重点详述了影响硬盘数据访问时间的硬盘驱动臂调度算法。

习题 4

1．选择题

（1）I/O 设备的控制方式中比 DMA 方式效率高的是（　　）。

A．询问方式　　B．中断方式　　C．通道方式　　D．以上都不是

（2）在下列的 I/O 控制方式中，需要 CPU 干预最少的方式是（　　）。

A．询问方式　　B．中断方式　　C．DMA 方式　　D．通道方式

（3）下列关于设备管理的叙述中，不正确的是（　　）。

A．通道是处理输入、输出的软件

B．所有外围设备的启动工作都由系统统一完成

C．来自通道的I/O中断事件由设备管理模块负责处理

D．编制好的通道程序可存放在主存储器中

（4）引入缓冲机制的主要目的是（　　）。

A．改善CPU和I/O设备之间速度不匹配的问题

B．节省内存使用

C．提高CPU的运行频率

D．提高I/O设备的利用率

（5）在操作系统中，用户在使用I/O设备时，通常采用（　　）。

A．物理设备名　B．虚拟设备名　C．逻辑设备名　D．设备牌号

（6）若外存的空闲块管理采用32位的位示图法，块号、位号和字号均从0开始编号，则块号145对应位示图中的位置是（　　）。

A．字号4，位号17　B．字号4，位号18

C．字号5，位号17　D．字号5，位号18

（7）硬盘上的文件以（　　）单位进行读写。

A．物理块　B．记录　C．柱面　D．簇

（8）单核单处理器系统中，可并行工作的是（　　）。

I 进程与进程　II 处理器与设备　III 处理器与通道　IV 设备与设备

A．I、II和III　B．I、II和IV　C．I、III和IV　D．II、III和IV

（9）I/O设备发出的I/O中断属于（　　）。

A．外中断　B．内中断　C．陷入　D．异常

（10）下列算法不属于硬盘驱动臂调度算法的是（　　）。

A．先来先服务算法　B．最短查找时间优先算法

C．扫描算法　D．时间片轮转调度算法

（11）硬盘驱动臂调度算法中的（　　）可能会随时改变移动臂的运动方向。

A．电梯调度算法　B．先来先服务算法

C．扫描算法　D．优先级调度算法

2．填空题

（1）通道是专门负责输入/输出操作的________。

（2）设备从数据传输交换的单位可以分为________和字符设备。

（3）按操作特性分类，可把外部设备分为________和输入/输出设备。

（4）缓冲区的设置可分为单缓冲、________、________和缓冲池。

（5）I/O进行设备分配时所需的表格主要有________、设备控制表、控制器控制表和通道控制表。

3．简答题

（1）操作系统的设备管理模块包含哪些主要机制以提升性能？

（2）输入数据时，如果采用中断控制方式，系统工作过程包含哪些步骤？

（3）当一个进程输出数据时，缓冲机制的工作过程包含哪些步骤？

（4）操作系统通常把 I/O 软件组织成哪几个层次？

4．解答题

（1）系统将一批数据以串行方式从某输入设备送至硬盘，请问如何将下述串行工作流程改造为外设与外设间的并行工作方式。

① 将一块数据读入内存缓冲区，等待输入结束；

② 启动硬盘设备，将缓冲区中的数据写盘；

③ 等待写盘结束；

④ 重复上述步骤，直至数据传输结束。

（2）假设一个可移动磁头硬盘具有 200 个磁道（编号为 0 ～199），当前刚刚结束 125 号磁道的存取，正在处理 149 号磁道的服务请求，并假设系统当前磁道请求序列为 88,147,95,177,94,150,102,175,138。试问分别采用先来先服务算法、电梯调度算法时，磁头将如何移动？

（3）假定当前磁头位于 100 号磁道，进程对磁道的请求序列依次为 55,58,39,18,90,160,150,38,180。当采用最短查找时间优先算法时，总移动磁道数分别是多少？

第5章

文件管理

5.1 基本概述

5.1.1 文件的基本定义

现代计算机信息系统基本都需要文件系统来存储数据和管理信息。目前，无论是服务器、个人计算机还是智能手机，都需要能够长期存储大量信息，并提供用户间、进程间持久共享信息的服务。在计算机系统中，从应用程序和操作系统来看，应用程序需要存储信息、检索信息和更新信息；操作系统本身要能存储大量信息、长期保存信息并提供共享信息服务。

实现上述目标的方法是将信息以一种单元（即文件）形式，存储在磁盘等外部介质中，以持久保存。所谓文件，是指一组以文件名作为标识、在逻辑上有完整意义的信息项序列的集合。文件本身是通过操作系统的文件系统模块来管理的。

文件由以下两个基本部分组成。

（1）文件说明：文件说明是指文件属性和管理信息，其主要包含文件名、文件内部标识、文件存储地址、访问权限及访问时间等信息。

（2）文件体：文件体是指文件本身有实际内容的信息。信息项是构成文件体的基本单位，它既可能是单个字节，也可能是由多个字节构成。

5.1.2 文件的基本属性

文件包括以下几个基本属性。

（1）文件类型。不同的系统可以从不同角度等来设置文件的类型。例如，从程序文件的编译过程角度，可以将文件分为源文件、目标文件和可执行文件等。

（2）文件长度。文件长度可以指当前文件的大小，也可以指系统允许的最大文件长度。

（3）文件的物理位置。文件的物理位置指明了文件所在的外存储设备及在该设备上的具体位置。

（4）文件的保护属性。文件的保护属性主要包含对文件的操作权限，如是否可读、是否可写、是否可执行等。根据实际需要，对文件的保护属性可以进行灵活调整。

（5）文件的管理属性。文件的管理属性包括文件的创建时间、存取时间、修改时间等。

5.1.3 文件的典型类型

从不同的角度，可以将文件分为不同的类型。

（1）按文件用途分类。根据用途的不同，可以将文件分为系统文件、库文件和用户文件。

（2）按存取属性分类。根据文件系统提供的文件保护级别，可以将文件分为只读文件、读写文件和只执行文件。

（3）按信息流向分类。按信息流向，可以分为输入文件、输出文件和输入/输出文件。

（4）按存放时限分类。按存放时限，可以分为临时文件、永久文件和档案文件。

（5）按逻辑结构分类。根据逻辑结构的不同，可以将文件分为流式文件和记录式文件。其中，流式文件是指文件内的数据为依次存放的信息集合，它是一种无结构的文件；记录式文件由若干个记录组成，文件中的记录可以是顺序的，而记录长度可以相等，也可以不等。

5.1.4　文件系统的模型

文件系统作为操作系统的核心模块之一，负责统一管理系统中的信息资源。例如，管理文件的存储、检索、更新，并提供安全、可靠的共享和保护手段，以方便用户使用文件。

文件系统模型可以分成 3 个层次：被管理对象及其属性、对对象操作与管理的软件集合和文件系统的接口。其中，文件系统的接口包含操作界面和应用编程接口。操作界面又可细分为命令行界面和图形界面；应用编程接口让用户程序可以通过系统调用的方式来获取文件系统的服务。

从用户的角度来看，文件系统关注于文件如何呈现、文件由什么组成、如何为文件命名、如何保护文件等。而从系统的角度来看，文件系统关注于目录如何实现、如何管理存储空间和文件存储位置及如何与设备管理模块进行协同工作。

例如，文件系统需要协同设备管理模块掌握、管理外存储空间的使用情况。对于文件系统而言，外存储空间的管理也可以采用位示图法，利用一个比特位来表示辅助存储器中一个物理块的使用情况。如图 5.1 所示，用位示图来管理每个物理块是被使用还是处于空闲状态时，可以用 0 表示对应的物理块空闲、用 1 表示对应的物理块已分配。位示图还提供了系统中存储空间的总容量和剩余容量。

	0	1	2	3	4	5	6	7	8	9	10	11	12	13	14	15
0	1	1	0	0	0	1	1	1	0	0	1	0	0	1	1	0
1	0	0	0	1	1	1	1	1	1	0	0	0	0	1	1	1
2	1	1	1	0	0	0	1	1	1	1	1	0	0	0	0	0
3																
⋮																
15																

图 5.1　基于位示图的外存储空间管理

利用位示图，在将文件存入辅助存储器进行物理块分配的时候，主要包括以下处理步骤。

（1）计算是否有足够的剩余外存储空间可满足所需。

（2）如能满足，则顺序扫描整个位示图，从中找到 1 个或 1 组为 0 的位，并将其转换成相应的物理块号，以代表对应物理块处于空闲状态。

（3）将位示图中对应的位由 0 改成 1，修改剩余外存储空间容量，并将物理块分配给文件。

5.2　文件目录

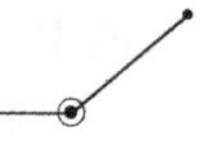

5.2.1　文件目录的基本定义

所谓“目录”，常常是指图书正文前所载的目次。目录按照一定的次序编排而成，便于用户检索图书主体部分的内容。在基于 Windows 操作系统的计算机系统中，目录发展成“文件夹”，如图 5.2 所示。

计算机系统中的文件目录是一种数据结构，用来标识系统中文件及其物理地址，供检索、访问时使用。

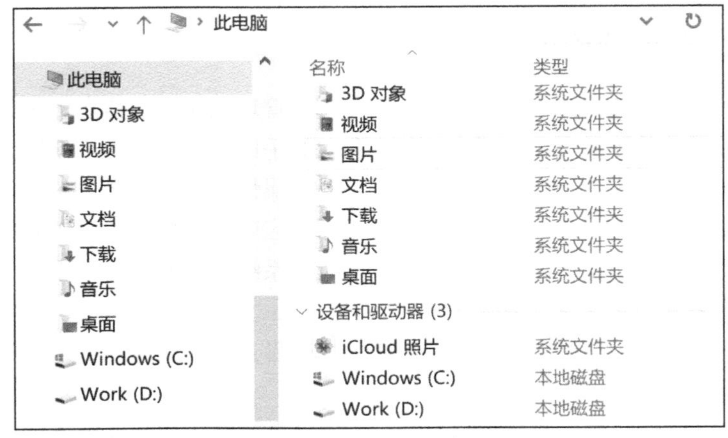

图 5.2　Windows 文件夹界面

5.2.2　文件目录的基本要求

文件目录要能满足以下的功能和性能要求。

（1）实现按名存取。用户只需要提供文件名，就能够对文件进行存取。这是文件管理系统中最基本、最重要的功能。

（2）提高检索速度。通过合理组织目录结构等措施加快文件检索速度、提高文件存取效率，这对于包含海量文件资源的中、大型信息系统而言至关重要。

（3）实现文件共享。在多用户系统中要能够允许多个用户以不同的权限共享一个文件，系统中仅保留一份该文件的副本，以节省存储空间。

（4）允许文件重名。系统要能够允许同一用户或不同用户对不同文件取相同的名称，以便各个用户按照自己的习惯命名文件、管理和使用文件等。

5.2.3　文件控制块和 i-node

文件包括文件说明和文件体两个部分，其中文件说明以文件控制块的形式存在。文件控制块（File Control Block，FCB）是指为文件所设置的、用于描述和控制文件的数据结构。在计算机系统中，文件和文件控制块是一一对应的，而文件控制块的有序集合就构成了文件目录。文件目录本身也是以文件的形式保存于辅助存储器中，该文件称为目录文件。

在 UNIX 操作系统中，文件目录中并不包含完整的文件控制块。关于文件目录，其他需要注意的主要包括以下几点。

（1）文件目录中的文件名和管理信息的文件控制块是分开的，每个文件控制块称为索引节点（i-node）的数据结构，但它们均存储于辅助存储器上。

（2）文件目录由目录项构成，每个目录项由文件名和 i-node 号组成。

UNIX 操作系统的文件目录之所以采用这种分离的策略，主要是开发者考虑了以下因素。

（1）文件目录通常是存放在磁盘上的。在文件很多时，文件目录本身可能要占用大量的空间。

（2）在检索目录文件的过程中，只用到了文件名。

（3）仅当找到一个文件名与指定文件名匹配的目录项时，才需从该目录项中读出该文件的物理地址。

（4）检索目录时，如果用不到文件的描述信息，不需要将其调入内存。

5.2.4　文件目录的典型结构

文件的目录结构对于文件存取速度、文件共享、文件安全保障来说，是至关重要的。典型的目录结构包括一级目录、二级目录和多级目录这 3 种结构。

1．一级目录结构

一级目录结构是指在系统中为所有文件建立一个目录文件（组成线性表），如图 5.3 所示。

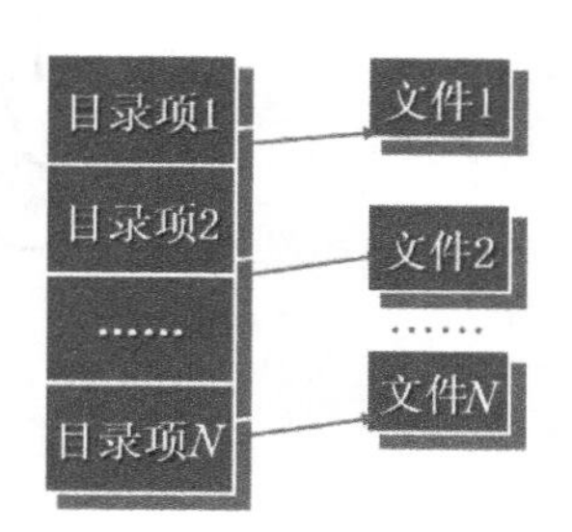

图 5.3　一级目录结构图

利用一个目录文件管理所有的文件，其优点显然是简单、容易实现，但也有以下缺点。

（1）限制了用户对文件的命名。也就是说，所有文件都不能重名。

（2）随着文件数量的增多，目录表的长度易过大，故文件平均检索时间将会显著延长。

（3）限制了用户对文件的共享，特别是对文件进行分权限共享。

2．二级目录结构

为了解决一级目录文件命名冲突的问题和提高文件检索速度，这里引入了二级目录结构，如图 5.4 所示。

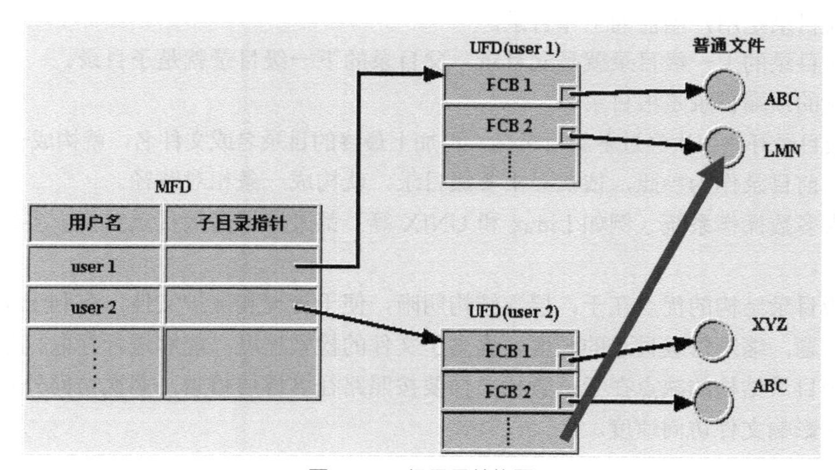

图 5.4　二级目录结构图

二级目录结构包含以下两个级别。

（1）一级目录称为主文件目录，该目录给出了用户名和用户文件目录标识或链接、指针；

（2）二级目录称为用户文件目录，该目录包含文件名和文件控制块或是指向文件的标识/指针。

如图 5.4 所示，用户 user 1 和 user 2 有各自的用户文件目录，在各自的目录中可以为不同的文件取相同的名称 ABC；当 user 2 希望共享 user 1 的 LMN 文件时，可以用一个指针链接 LMN 文件实现权限控制的共享。

二级目录结构有以下的优缺点。

（1）虽然二级目录结构一定程度上解决了文件的重名和共享问题，但同一个用户文件目录下的文件仍然不可重名。

（2）相较于一级目录结构中的目录文件，每个用户文件目录的长度较短，故文件平均检索时间也较短。

3．多级目录结构

多级目录结构又称为树状目录结构，这是一种层次式的倒向、有根树结构，如图 5.5 所示。其中，树根为根目录，树枝为子目录，树叶为文件。

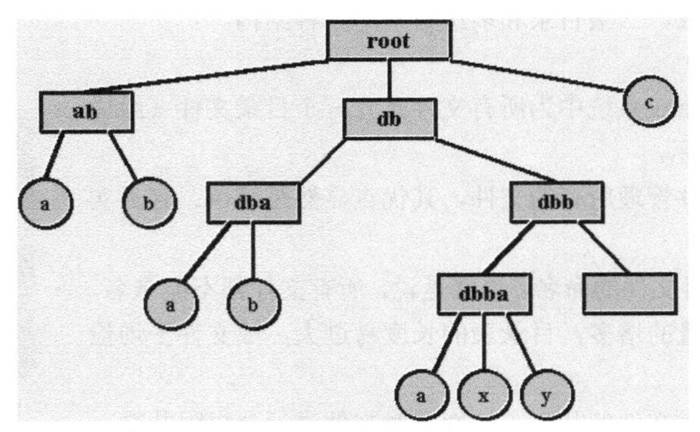

图 5.5　多级目录结构图

多级目录结构存在着上、下级层次关系，每一级目录可以是下一级目录的说明，也可以是文件的说明。

（1）当前目录是用户当前的工作目录。

（2）当前目录的上一级目录就是父目录，父目录的下一级目录就是子目录。

（3）系统的顶端目录是根目录。

（4）由根目录开始依次经过各级目录名，再加上最终的目录名或文件名，就构成一条绝对路径。

（5）以当前目录作为参照，依次经由各级目录，就构成一条相对路径。

目前，大多数操作系统（例如 Linux 和 UNIX 等）都采用了多级目录结构。多级目录结构有以下的优缺点。

（1）多级目录结构的优点在于：层次结构明晰，便于管理和保护文件，有利于文件分类，也解决了重名问题；缩短每级目录的长度，提高了文件的检索速度；能够进行存取权限的控制。

（2）多级目录结构的缺点在于：查找文件要按照路径名逐层检索，多次访问外存带来额外的系统开销，并影响文件访问速度。

5.3　文件的物理结构

文件的物理结构

5.3.1　文件物理结构的含义

文件的物理结构是指文件在硬盘、光盘、U 盘、磁带等辅助存储器上的具体存储和组织方法。以硬盘为例，硬盘上存在多条磁道，每条磁道又分为多个扇区。扇区又称为物理块。例如，一个物理块容量一般为 600 字节，其中 512 字节存放数据，其余存放控制信息。文件的一个逻辑数据块大小为 512 字节，存放在一个物理块中。

文件的物理结构对于文件数据块的读取、修改、插入、删除等操作性能有很大的影响。典型的文件物理结构包括顺序文件结构、链接文件结构和索引文件结构 3 类。

5.3.2　顺序文件结构

第一种典型的文件物理结构是顺序文件结构。采用顺序文件结构的文件系统，会将逻辑上连续的文件信息存放在存储介质内依次相邻的物理块上，如图 5.6 所示。

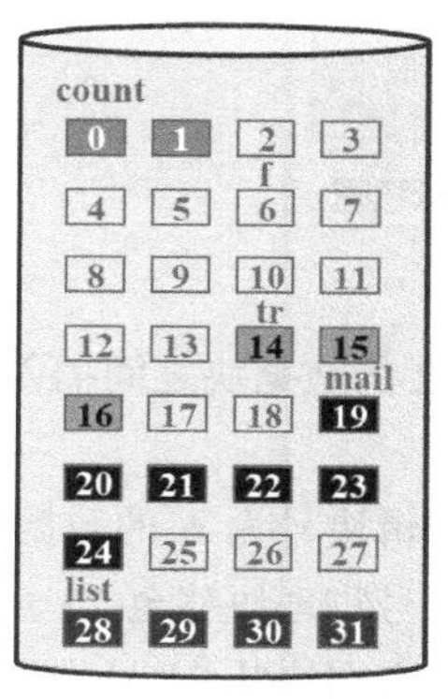

文件目录

文件名	始址	块数
count	0	2
tr	14	3
mail	19	6
list	28	4
f	6	2

图 5.6　顺序文件结构图

例如，文件 mail 共有 6 个数据块，要求将这几个数据块从编号为 19 的物理块开始连续存放，如图 5.7 所示。也就是说，逻辑块号为 0 的数据块存放在 19 号物理块上，逻辑块号为 1 的数据块存放在 20 号物理块上，后续的数据块依次连续存放，最后一个数据块存放在 24 号物理块上。

下面来分析采用顺序文件结构文件系统的数据块读取、添加、插入、删除等操作过程及性能。

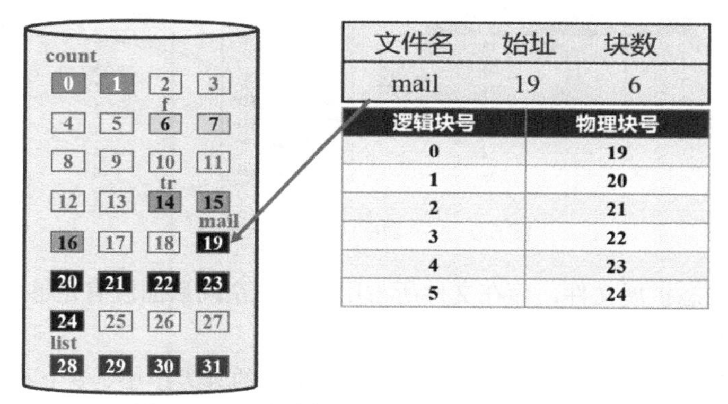

文件名	始址	块数
mail	19	6

逻辑块号	物理块号
0	19
1	20
2	21
3	22
4	23
5	24

图 5.7　mail 文件在物理块上的连续存放示意图

1．文件数据块的读取

以文件 mail 为例，文件数据块的读取过程如下。

（1）当希望读取文件的所有内容时，首先要定位到逻辑块号为 0 的数据块所在编号为 19 的物理块，然后依次访问后续数据块即可。

（2）当希望读取文件中某一个数据块的信息时，例如读取逻辑块号为 4 的数据块，仅需要做一个简单的计算，即 19+4，即可迅速定位到 23 号物理块读取该数据块信息。

可见，基于顺序文件结构的文件系统，其读取文件的性能良好。

2．文件数据块的添加

在文件的末尾添加一个数据块，也同样便捷。对于文件 mail 而言，只需直接将新增的数据块信息作为逻辑块号为 6 的数据块写入 25 号物理块，如图 5.8 所示。

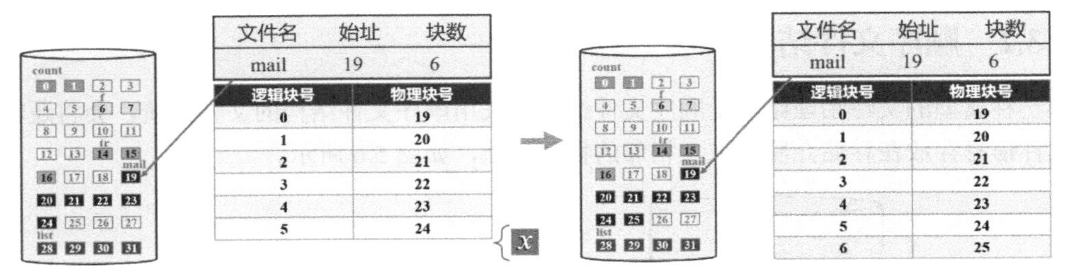

图 5.8 文件数据块的添加示意图

3．文件数据块的插入与删除

如图 5.9 所示，当希望在逻辑块号为 1 和逻辑块号为 2 的数据块之间插入一个新的数据块时，需要进行如下操作。

（1）为了保持数据块的连续性，文件系统先需要将逻辑块号为 6 的数据块从 25 号物理块移至 26 号物理块，然后才能将逻辑块号为 5 的数据块从 24 号物理块移至 25 号物理块。

（2）进行与上面同样的操作，直到将逻辑块号为 2 的数据块从 21 号物理块移至 22 号物理块时，才能实现新数据块的插入。

可见，采用顺序文件结构的文件系统在实现数据块插入时开销较大。同样地，当要删除 1 块数据时，这块数据的后续数据块需要依次向前移动才能维持文件数据块的连续性。

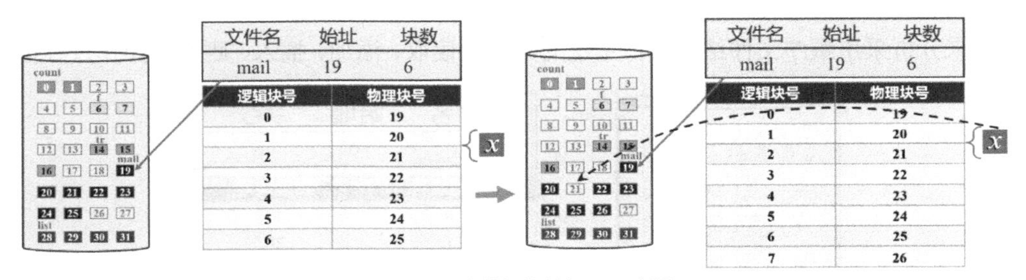

图 5.9 文件数据块的插入示意图

此外，当需要动态扩展文件，而在文件所占用的物理空间后面没有足够的空闲物理块时，文件将无法容纳新的数据块。

经过对系统中文件的不断写入和删除，磁盘上所出现的大大小小、多个不连续的空闲存储区，称为磁盘碎片。这些碎片的容量总和虽然足够容纳一个较大的文件，但由于不连续，因此不符合顺序文件结构文件系统的要求，无法存储大文件，造成了存储资源的浪费。

5.3.3 链接文件结构

第二种典型的文件物理结构是链接文件结构。与将逻辑上连续的文件信息依次存放在编号连续物理块上的顺序文件结构不同，采用链接文件结构的文件系统会将逻辑上连续的文件信息存放在不连续的物理块上，并且每个物理块设有一个指针指向下一个物理块，以将离散存放的数据链接成一个整体。链接文件结构图如图 5.10 所示。

下面来分析采用链接文件结构文件系统的文件数据块操作过程及性能。

1．文件数据块的读取

以文件 mail 为例，文件数据块的读取过程如下。

（1）当希望读取文件的所有内容时，只需要定位到逻辑块号为 0 的数据块所在编号为 9 的物理块。物理块上不但存储了数据内容本身，还存储了下一块数据所在的物理块地址。通过这种如同接力一般的方式，可以依次访问后续数据块。

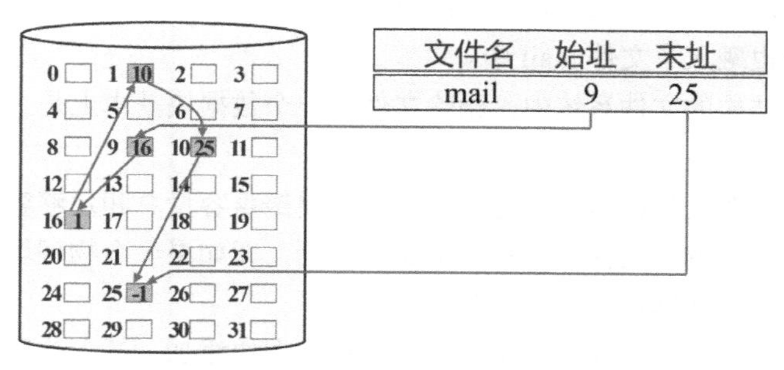

图 5.10　链接文件结构图

（2）当只是希望随机读取文件中某一个数据块的信息时，例如读取逻辑块号为 4 的数据块，则不能像采用顺序文件结构的文件系统那样通过简单的计算读取数据块，而是仍然需要从逻辑块号为 0 的数据块所在的 9 号物理块出发，经过 4 次接力定位到 25 号物理块读取逻辑块号为 4 的数据块信息。

可见，链接文件结构在文件读取方面的性能不如顺序文件结构。然而，在数据块添加、插入或删除方面，链接文件结构却有自身的优势。

2．文件数据块的添加

当希望在文件 mail 的末尾添加一个数据块时，可以采用以下思路实现。文件数据块的添加示意图如图 5.11 所示。

（1）申请磁盘上一个空闲的物理块，如 19 号物理块，将信息写入该物理块。

（2）将物理块的地址写入 25 号物理块，从而将新数据块融入文件 mail 中。

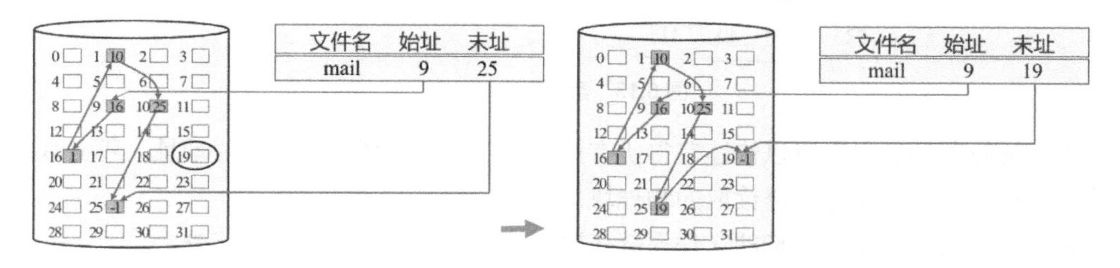

图 5.11　文件数据块的添加示意图

3．文件数据块的插入与删除

当需要在逻辑块号为 1 和逻辑块号为 2 的数据块之间插入一个新的数据块时，可以采用以下思路实现。文件数据块的插入示意图如图 5.12 所示。

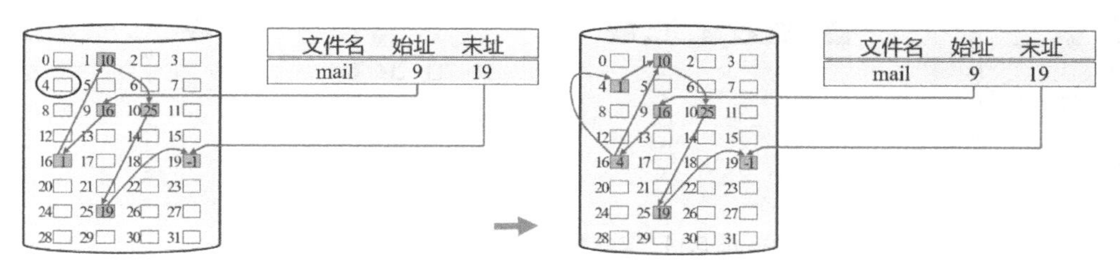

图 5.12　文件数据块的插入示意图

（1）申请磁盘上一个空闲的物理块，如 4 号物理块，将信息写入该物理块，将逻辑块号为 2 的数据块所在的 1 号物理块地址也写入 4 号物理块。

（2）将新数据块所在的 4 号物理块的地址写入逻辑块号为 1 的数据块所在的 16 号物理块中，这样新插入的数据块也融入了文件 mail 中。

在采用链接文件结构的文件系统中，删除文件的一个数据块基本上是上述过程的逆操作。请读者自行分析。

链接文件结构不需要文件在磁盘上连续存放，只要磁盘容量总和足够容纳一个大文件时即可实现文件的存储。但是，链接文件结构存在可靠性问题，即如果一个物理块中存储的下一块物理块地址错了，后续的所有数据块都将出现链接错误。

与顺序文件结构相比，可以发现链接文件结构在数据块添加、插入或删除方面优势明显。然而，链接文件结构存在文件数据块的随机读取性能差和可靠性隐患等问题。

5.3.4　索引文件结构

第三种典型的文件物理结构是索引文件结构。采用索引文件结构的文件系统会将逻辑上连续的文件信息存放在不连续的物理块上，并为每个文件建立索引表，该表用来存放文件的逻辑块号与物理块号的对应关系，如图 5.13 所示。

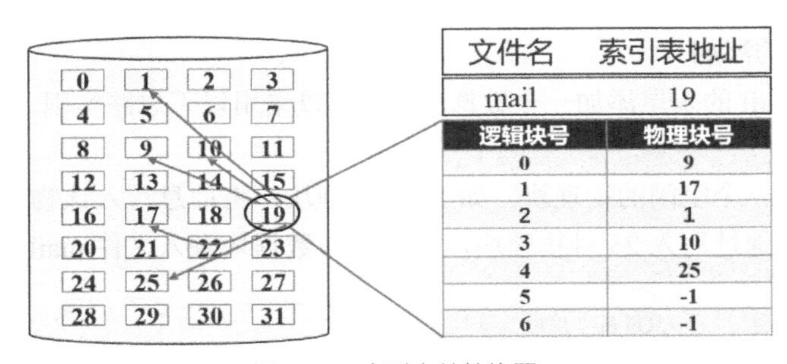

图 5.13　索引文件结构图

显然，通过查询索引表可以快速获得所有读取的逻辑数据所在的物理块地址，不必像链接文件结构那样通过接力来定位所需读取的物理块。

下面分析采用索引文件结构的文件系统在数据块插入和删除方面的操作性能。

当希望在文件 mail 中逻辑块号为 2 和逻辑块号为 3 的数据块之间插入一个新的数据块时，可以采用以下思路实现。文件数据块的插入示意图如图 5.14 所示。

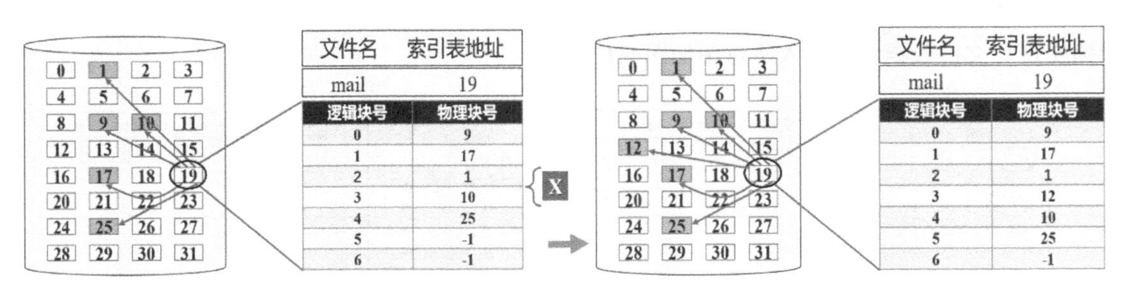

图 5.14　文件数据块的插入示意图

（1）申请磁盘上一个空闲的物理块，如 12 号物理块，将信息写入该物理块。

（2）修改索引表，将 12 号物理块地址加入索引表中，即在表中增加一条记录，新插入的数据块就顺利融入文件 mail 中。

若想要在采用索引文件结构的文件系统中删除文件的一个数据块，仅需要删除索引表中对应的记录即可。由此可见，该文件结构的处理效率很高。

与链接文件结构一样，采用索引文件结构的文件系统不需要文件在磁盘上连续存放，只要磁盘容量总和足够容纳一个大文件时即可实现文件的存储；而不像采用顺序文件结构的文件系统那样需要连续的空闲区域，体现了较好的扩展性。

当文件包含的数据块太多时，索引表也会很长，这样一方面会占用较多的存储空间，另一方面数据检索速度也会下降。解决这种问题，可以采用多级索引机制，为索引表再建立索引；根据索引表本身的大小不同，可以采用两级索引，甚至三级索引、四级索引。然而，随着索引级数的增加，访问辅存的次数也会增加，同时带来额外开销。

UNIX、Linux 操作系统中采用的是一种混合索引文件结构。

（1）文件一级索引表规定了 13 个索引项，其中前 10 项用来存放文件的物理块号。直接寻址时，利用这些物理块号就可指向 10 个直接存储文件本身内容的物理块。

（2）如果这个文件大于 10 块，则进行一次间接寻址，即利用一级索引表的第 11 项指向一个物理块，这个物理块中并不存放文件本身信息，而是存放若干个物理块号，再利用这些物理块号指向若干直接存储文件本身内容的物理块。

（3）如果文件更大，还可以利用一级索引表的第 12、第 13 个项进行二次和三次间接寻址。以二次间接寻址为例，利用一级索引表的第 12 项指向一个物理块，而这个物理块中并不存放文件本身内容信息，而是存放若干个物理块号，再利用这些物理块号指向存储若干个物理块号的物理块，最后指向若干直接存储文件本身内容的物理块。

5.3.5　文件物理结构性能比较

顺序文件结构、链接文件结构和索引文件结构各有特色，在性能上各有优势，如表 5.1 所示。但总的来说，在数据块读取/插入/删除性能、文件扩展性、系统资源利用率和可靠性方面，总体性能较好的显然是索引文件结构。

表 5.1　不同文件物理结构的性能对比

性　　能	顺序文件结构	链接文件结构	索引文件结构
读取性能	顺序读取、随机读取速度高	顺序读取速度一般，随机读取速度差	顺序读取速度一般，随机读取速度高
插入、删除性能	插入、删除开销大	插入、删除开销小	插入、删除开销小
文件扩展性	扩展性受限	扩展性好	扩展性好
系统资源利用率	资源利用率差，存在碎片问题	资源利用率好，解决了碎片问题	资源利用率好，解决了碎片问题
可靠性	可靠性强	由于链接问题，可靠性会受到影响	可靠性强

以上这 3 种文件结构是否能够有机结合在一起使用，这是值得探索的问题。

5.4 文件安全

5.4.1 文件安全的基本要求

保障文件安全是操作系统至关重要的任务。

（1）文件保护：即保障文件数据完整性，防止用户有意或无意破坏文件内容。

（2）文件保密：即保障文件数据私密性，防止用户非法、越权访问文件内容。

因此，对于操作系统来说，保障文件安全最基本的要求包括以下几点。

（1）保障有权限的合法用户对文件的各种合法操作。

（2）防止没有权限的用户对文件进行各种非法操作。

（3）防止非法用户冒充合法用户对文件进行各种操作。

（4）防止有权限的合法用户对文件的非法操作。

实现上述要求的是文件系统中的存取控制验证模块。

（1）验证用户的身份、权限。

（2）比较用户权限和本次存取要求是否相符。

（3）若有冲突，则拒绝本次对文件的存取操作。

可见，实现文件安全本质上采用的是访问控制机制（Access Control Mechanism），即在授权合法用户访问特定资源的同时，拒绝非法用户的访问。授权方法可分为访问控制模型和加密机制。访问控制模型是指根据访问策略建立角色，在用户申请访问时检查其对应的角色并判断其是否具有访问特定资源的权限；加密机制是指加密数据后对用户发放密钥，使只有拥有密钥的人才能解密在其权限范围内的密文。

5.4.2 文件存取控制矩阵

文件存取控制矩阵是指用来描述系统中各个文件的存取控制权限的二维矩阵，以实现对文件的存取控制。文件存取控制矩阵示意图如图 5.15 所示。

权限 / 用户 / 文件	Huang	Zhang	Lee	……
Print	RWX	RX	X	……
Hello.c	RW	W	R	……
count	R	RWX	X	……
……	……	……	……	……

图 5.15 文件存取控制矩阵示意图

（1）二维矩阵中一维列出使用文件系统的全部用户，另一维列出系统中的全部文件。

（2）矩阵中的每一项就表示用户对文件的存取权限。在 Linux 和 UNIX 操作系统中，用户的存取权限主要包括读、写和执行这 3 种。

（3）当一个用户存取一个文件的时候，就由存取控制验证模块将存取控制矩阵与本次存取要求进行比较。如果两者不匹配，就不允许执行。

例如，用户 Huang 对文件 Hello.c 是可读、可写、不可执行的，对文件 Print 是可读、可写和可执行的；而用户 Lee 对文件 count 是不可读、不可写、可执行的。

5.4.3　文件存取控制表

基于用户和文件的关系，许多系统将用户分成文件主、同组用户和其他用户 3 种，即文件的所有者、文件主的同组用户和其他用户。

系统为每一个文件建立一个存取控制表，文件存取控制表中记录各类用户对该文件的存取权限。如图 5.16 所示，对于文件 A 而言，文件主拥有读、写和执行的全部权限，文件主的同组用户拥有读权限和执行权限，而其他用户只有执行权限。

文件 A 的存取控制表

用户类别	权限
文件主	{RWX}
同组用户	{RX}
其他用户	{X}

图 5.16　文件存取控制表的示意图

为了防止文件主或者其他用户非法操作造成文件不安全，UNIX、Linux 操作系统采用存取控制表来对文件进行控制。例如，用 10 位字符来表示用户对文件的操作权限：- rwx rwx rwx。其中，第 1 位用来表示文件的类型，“-”代表是普通文件，“D”代表是目录文件；后面分别用 3 位来表示文件主、同组用户和其他用户对文件的操作权限。

5.4.4　口令和密码

创建文件时，用户可以通过为该文件设置口令来保护文件的私密性，但不能保障文件的完整性。将口令存放于文件说明中，易于被管理，但保密性相对较差，且改变存取控制权限不方便、存取权限控制保持粗粒度。

另外一种方法是在用户创建文件后，将其写入存储设备时对文件进行编码加密，而在读取文件时根据用户设置的密码对文件进行译码解密，将其还原为源文件。写入文件时的编码和读出时的译码都由系统中的存取控制验证模块或第三方软件来完成。例如，采用 360 压缩软件加密，其文件编码加密界面如图 5.17 所示。

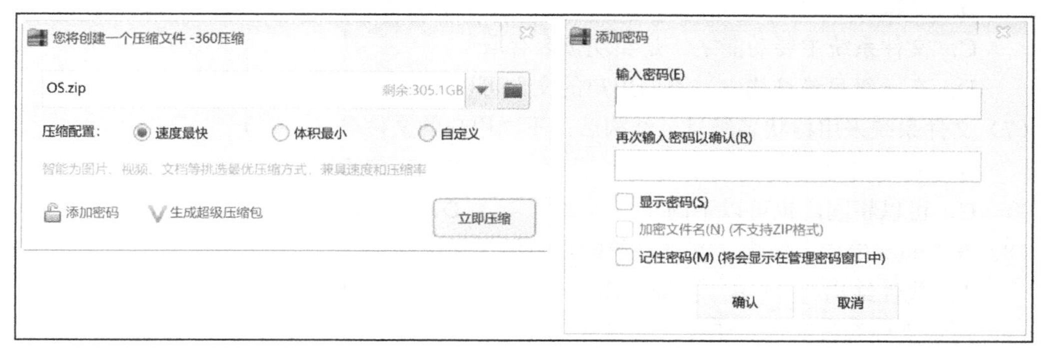

图 5.17　文件编码加密界面

5.5 本章小结

本章主要围绕着文件管理系统来展开：首先介绍了文件及与其管理相关的基本知识，如文件的定义、属性、类型和文件系统的模型；然后重点介绍文件目录机制，如文件目录的基本定义与基本要求、文件控制块和文件目录的典型结构；本章的另一个重点是文件的物理结构，本章对顺序文件结构、链接文件结构、索引文件结构，这 3 种典型物理结构的性能进行了对比与分析；最后介绍了文件安全保障机制，如文件存取控制矩阵、文件存取控制表、口令和密码等内容。

习题 5

1．选择题

（1）位示图方法可用于（　　）。

A．外存空间的管理　　B．硬盘的驱动调度

C．文件目录的查找　　D．虚拟存储页面置换

（2）为了保证存取文件的可靠性，要求用户读一个文件前，应先请求系统执行（　　）文件操作。

A．打开　　B．建立　　C．关闭　　D．删除

（3）文件控制块中不包括（　　）信息。

A．文件名　　B．文件访问权限说明

C．文件物理位置信息　　D．磁盘坏扇区

（4）磁带机具有存储容量大、稳定、可靠、卷可装卸、便于保存等优点，它是常用的（　　）存储设备。

A．直接　　B．随机　　C．顺序　　D．磁盘

（5）文件系统中用（　　）来统一管理文件。

A．堆栈结构　　B．指针　　C．页表　　D．目录

（6）下列有关文件管理的叙述中，正确的是（　　）。

A．在二级目录结构中，不同用户不能用相同的文件名

B．逻辑记录的大小与存储介质分块的大小必须一致

C．文件系统主要功能之一是实现按名存取

D．在一级目录结构中，不同用户的文件可以用相同的文件名

（7）文件系统采用树状多级目录结构后，不同用户的文件名（　　）。

A．应该相同　　B．应该不同

C．可以相同，也可以不同　　D．受系统约束

（8）在 Linux 操作系统中，文件系统的目录结构采用的是（　　）。

A．线性结构　　B．二维结构　　C．树状结构　　D．网状结构

（9）所谓文件系统的绝对路径，是指从（　　）开始，逐步沿着每一级子目录向下，最后到达指定子目录或文件的整个通路上所有目录名及文件名组成的一个字符串。

A．当前目录　B．根目录　C．多级目录　D．二级目录

（10）文件物理结构是一种文件（　　）的文件组织形式。

A．在外围设备上　B．从用户观点看　C．虚拟存储　D．目录

（11）下列文件中，适合存放在磁带上的是（　　）。

A．顺序文件　B．Hash 文件　C．索引文件　D．串联文件

（12）下列文件物理结构中，适合随机访问且易于文件扩展的是（　　）。

A．顺序文件结构　B．索引文件结构

C．链接文件结构　D．串联文件结构

（13）链接文件结构的缺点是（　　）。

A．不便于动态增、删　B．必须连续分配物理块

C．不便于直接存取　D．必须事先提出文件的最大长度

2．填空题

（1）UNIX 系统将文件分为 3 类：普通文件、________和特殊文件。

（2）按文件的逻辑存储结构划分，文件分为有结构文件和无结构文件。其中，有结构文件又称为________文件；无结构文件又称________文件。

（3）无结构流式文件的基本信息单位是________。

（4）二级目录结构是指把系统中的目录分为二级，这两级目录分别是________和用户文件目录。

（5）目录文件是由若干________构成的有序集合。

（6）顺序存取速度最快的物理结构文件是________文件，不适宜直接存取的物理结构文件是________文件。

（7）Linux 操作系统中文件 F 的存取权限为：– r w x r – x – – –，其表示这是一个普通文件，同组用户对该文件的读写权限为________。

3．简答题

（1）请简述操作系统中文件管理部分应该具有的基本功能。

（2）影响文件安全性的主要因素及针对这些因素采取的主要措施有哪些？

（3）单级目录的优缺点有哪些？

（4）简单描述顺序文件结构文件的优缺点。

4．解答题

（1）假设某文件系统中磁盘物理块大小为 4KB，每个物理块号占 4 字节，试求在两级索引结构中允许的最大文件长度是多少？

（2）某版本 Linux 操作系统采用的是混合索引方式。每个文件的索引表规定为 13 个索引项，每项占 4 字节，登记一个存放文件信息的物理块号。其中，前面 10 项存放文件信息的物理块号，用于直接寻址。假定物理块的大小为 4KB，如果文件大于 10 块，则利用第 11 项指向一个物理块，该块中存放文件信息物理块的块号，这种方式用于一次间接寻址。大型文件还可以利用第 12 项和第 13 项进行二次和三次间接寻址。

请画出混合索引文件结构图，并回答直接寻址可以表示多大的文件？一次间接寻址可以表示多大的文件？二次和三次间接寻址分别可以表示多大的文件？

第6章

云操作系统

6.1 云计算技术

6.1.1 云计算定义

现代网络信息系统的目标之一就是消除一切信息孤岛，并最大限度地聚合计算、存储与网络等各种软硬件资源，以满足大规模计算和海量数据处理的需求。分布式计算（Distributed Computing）技术和网络通信技术的高速发展与广泛应用，使得通过网络将分散在各处的硬件、软件、信息资源连接为一个整体成为现实，因此，人们能够利用地理上分散于各处的资源完成大规模的、复杂的计算和数据处理任务。

云计算是由分布式计算、并行计算（Parallel Computing）和网格计算（Grid Computing）进一步发展而来的技术。它通过将计算任务均衡分布在由大规模集群服务器构成的资源池上，以使各种应用系统能够按需、透明地获取高性价比的计算能力、存储资源和信息服务。

目前云计算系统主要分为两种：一种是私有云；另一种是公共云。私有云由政府、企事业单位等投资、建设、拥有和管理，且仅限特定的本机构用户使用（用户可以自由配置自己的服务），以实现对数据、安全性和服务质量的最有效控制。公共云则基于信息服务提供商构建并集中管理的、面向公众的大型数据中心，并且与相对封闭的私有云不同，其可供多租客（Multi-tenant）以免费或按需付费等方式使用。除了私有云和公共云，有人还进一步提出社区云和混合云等。

6.1.2 云数据中心

基于因特网网络基础设施的数据中心（Data Centre）已经成为网络系统中负责存储、处理和交换数据信息的核心组件。如今，许多中、大型机构都建立了自己的数据中心来管理本机构的数字化信息、支持业务的高效运转。相比之下，各种数据中心在数量和规模上都在迅速增长中。但是，人类社会在得益于数据中心的同时，数据中心在成本、安全、能源消耗等方面也给各机构等带来一系列严峻的挑战。这种传统的数据中心管理复杂，难以适应新业务的发展需要，资源利用率低，运维成本更是居高不下。面对这种情况，又提出了云计算平台计划。

为了支持云计算平台，世界各主要国家的政府和具有显著影响力的企业机构纷纷构建大规模的云数据中心（Cloud Data Centre）。随着云计算技术和大数据应用在数据中心中的核心地位日益凸显，云数据中心已经成为近年来引人瞩目的研究热点。云数据中心是云计算环境下由硬件和软件组成的松耦合资源共享架构。具体来讲，它是以用户为中心，利用分布式技术按需提供各类云服务的资源共享架构。用户可以动态地使用这些硬件和软件资源，并根据服务使用量支付服务费用。

云数据中心是一种基于云计算架构的新型数据中心，相关平台等也给出了各自对云数据中心的定义。

（1）维基百科：数据中心是一整套复杂的设施。它不仅仅包括计算机系统和其他与其配套的设备（例如通信和存储系统），还包含冗余的数据通信连接、环境控制设备、监控设备及各种安全装置。

（2）谷歌 *The Datacenter as a Computer:An Introduction to the Design of Warehouse-scale Machines* 一书：数据中心是多功能的建筑物，能容纳多台服务器和通信设备。这些设备被放置在一起是因为它们具有相同的对环境的要求及物理安全上的需求，并且这样放置便于维护，而并不仅仅是一些服务器的集合。

6.1.3 云计算特征

美国国家标准与技术研究院定义了云计算的 5 个基本特征、3 个云服务模型和 4 个云部署模型，如图 6.1 所示。

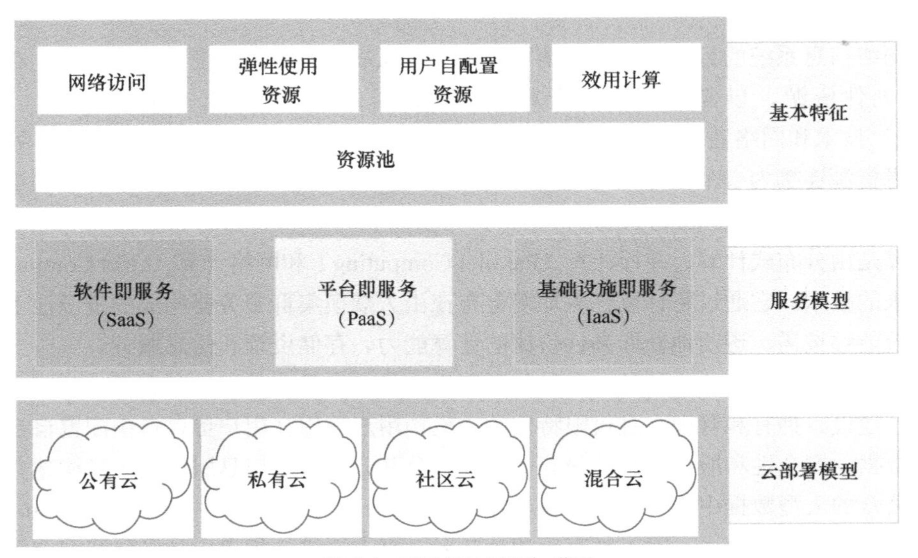

图 6.1 云计算的特征与模型

云计算有以下 5 个基本特征。

（1）资源池：云计算使用虚拟化技术对硬件资源进行抽象，并按用户所需来进行资源的分配，而且具有高持久性、高可用性和高安全性的特点。

（2）用户自配置资源：用户远程管理自己的资源，无须与云服务供应商（CSP）的管理人员进行交互。

（3）网络访问：云计算提供资源的网络访问，用户在任意时间和地方均可获取所需资源。

（4）弹性使用资源：云计算支持用户快速扩容和释放资源。当用户需求增加时，扩容所需资源；而当需求减少时，释放持有的资源，以达到资源的最优化使用。

（5）效用计算：云计算提供可测量的服务，使得计算资源可以像水、电一样消耗。用户仅需要为所用资源付费，这样就降低了用户使用 IT 服务的成本。

云计算服务模型描述了云服务的以下 3 个基础类别。

（1）基础设施即服务（Infrastructure as a Service，IaaS）：将硬件设备等基础资源封装，为用户提供基础性的计算、存储等资源，如 Amazon 云计算 AWS 的弹性计算云 EC2 和简单存储服务 S3。使用这类服务时，用户相当于在使用无上限的磁盘。IaaS 最大的特点是用户可以根据需求动态申请或释放资源，提高了资源利用率。

（2）平台即服务（Platform as a Service，PaaS）：基于对资源的更进一步抽象，为用户提供开发或应用平台，如 Google App Engine 和 ProcessOn（在线协作绘图平台）等。与 IaaS 不同的是，PaaS 自身负责资源的动态扩展和容错管理，无须管理底层的服务器、网络和其他基础设施。

（3）软件即服务（Software as a Service，SaaS）：将某些特定应用软件的功能封装起来，由 CSP 负责管理应用软件，以便为用户提供软件服务。例如，Saleforce 公司提供的在线客户关系管理（Client Relationship Management，CRM）服务。用户只需要通过 Web 浏览器、PC 端应用程序或移动应用程序来访问它。

6.1.4　云计算应用

云计算平台的易编程、高容错、方便扩展等特性，使得利用该平台处理超大规模数据的分布式计算成为现实。云计算平台已经成为处理大数据的基础平台，也是网络系统的处理核心。目前，本领域的研究者和研究机构已经在云计算任务调度、资源管理、数据存储、网络结构及安全保障机制等方面取得不少重要的研究成果。

Google、IBM、Amazon、百度、阿里巴巴、腾讯等商业机构均已经构建了各自的大规模云计算平台，并在平台上承载了信息检索、数据挖掘、商业信息处理、科学计算和电子商务等大规模的数据处理功能。终端用户只需通过合适的因特网接入设备，即可获取这些平台的各类计算和数据服务。

Gartner 公司在近年来发布的《IT 行业十大战略技术》报告中多次将云计算技术列入十大战略技术。目前，云计算已经重点应用于政府、电信、教育、医疗、金融、石油石化和电力等领域，在中国市场逐步被越来越多的企业和机构采用。

6.2　OpenStack

6.2.1　OpenStack 简介

云操作系统 OpenStack 是由 Rackspace 公司和 NASA（美国国家航空航天局）共同发起的开源项目。OpenStack 作为当今流行的开源云平台管理项目，其源代码来自 NASA 的 Nova 和 Rackspace 分布式云存储 Swift 项目。OpenStack 的标识如图 6.2 所示。

图 6.2　OpenStack 的标识

OpenStack 每 6 个月发布一个新版本，并按照 26 个英文字母的顺序，依次为每个版本命名。具体版本名称的产生方法是：OpenStack 技术大会举办前，社区投票选出与举办地相关联的一个以当前待命名版本英文首字母开头的单词。

OpenStack 为客户提供可靠、易获取的云基础设施资源，其目标是为所有公有云和私有云提供商提供可满足任意需求、容易实施且可大规模扩展的开源云计算平台。众多企业机构应用 OpenStack，可以支持其新产品的快速部署、降低成本及实现内部系统的升级。

与其他操作系统的作用类似，OpenStack 的主要目标是成为系统的资源管理者，负责管理云计算的计算资源、网络资源和存储资源，支撑各类业务的运行。

6.2.2　OpenStack 的组件

云操作系统 OpenStack 被认为是 AWS 云计算系统的开源实现。它的许多组件与 AWS 的基本功能对应起来，例如：Nova 对应 EC2，Swift 对应 S3，Cinder 对应 EBS 云硬盘，Keystone 对应 IAM 认证等。

1．Nova

Nova 是计算服务的代号，也是最早的 OpenStack 组件之一，它负责管理 OpenStack 的计算资源。Nova 是一款虚拟化管理程序，利用它可以创建、删除虚拟机和重启虚拟机等。Openstack 依赖 Nova 创建虚拟机来支撑云平台。

Nova 包括 6 个主要模块，如图 6.3 所示。

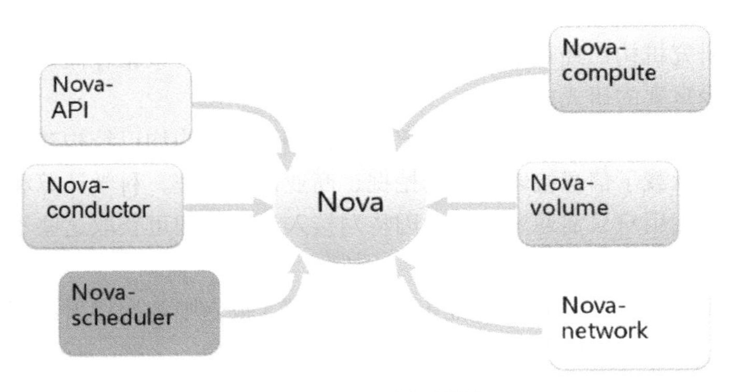

图 6.3　Nova 的主要模块

（1）Nova-API：对外统一提供标准化接口，接收和响应最终用户 Compute API 的请求，还实现与 Openstack 其他各功能模块的通信。

（2）Nova-compute：运行在计算节点上，通过消息队列接收虚拟机生命周期管理指令并实施具体的管理工作，如虚拟机的创建、终止和迁移等操作。

（3）Nova-conductor：在 G 版本推出前，由 Nova-compute 直接与数据库交互，但这会产生安全问题；为了提高安全性，G 版本推出后，由 Nova-conductor 代理上述交互操作。

（4）Nova-volume：运行在存储节点上，主要执行卷相关的功能，如创建卷、为虚拟机绑定卷或解绑定卷等。

（5）Nova-scheduler：根据一定的算法从计算资源池中选择一个计算节点，用于启动新的 VM 实例（使用多种过滤器或算法调度）。

（6）Nova-network：实现了一些基本的网络模型，允许虚拟机之间的相互通信及虚拟机对因特网的访问。其主要功能包括网络 IP 地址管理、支持 DHCP、安全防护等。

2．Glance

Glance 是 OpenStack 的镜像服务组件，用来注册、登录和检索虚拟机镜像。Glance 服务提供了一个 RESTful API，利用它能够查询虚拟机镜像元数据和检索的实际镜像。通过 Glance 服务获得的虚拟机镜像可以被存储在不同的位置，从简单的文件系统到类似 OpenStack 的对象存储系统均可。Glance 支持多种镜像格式（如 raw、qcow2 等），支持多种存储类型 （S3、Swift、File System 等）。

Glance 的镜像服务包括 4 个主要模块，如图 6.4 所示。

（1）Glance API：接收最终用户或 Nova 对镜像的请求，检索和存储镜像的相关 API 调用。

（2）Registry Server：负责存储、处理和检索有关镜像的元数据。

（3）Glance DB：存储元数据的数据库。

（4）Store Adapter：存储接口层。通过这个接口，Glance 可以获取 Swift 的镜像等。

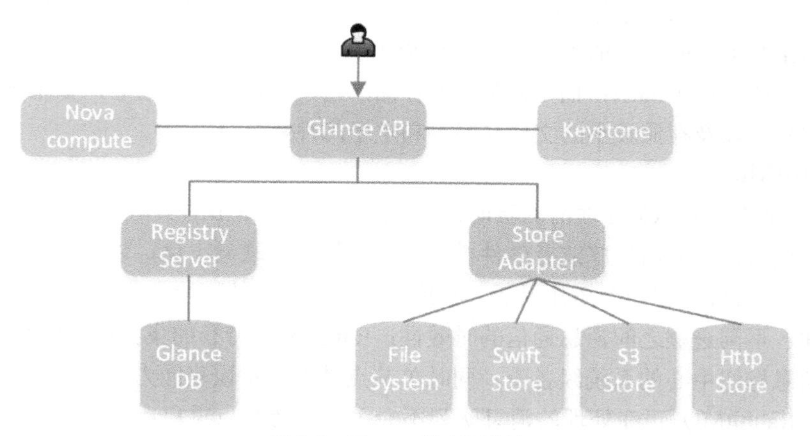

图 6.4　Glance 的主要模块

3. Swift

Swift 是 OpenStack 的对象存储组件。对于部分云计算系统来说，Swift 不是必需的。只有当非结构化数据的存储数量达到一定级别时，才对 Swift 有应用需求。Swift 可以在比较便宜的通用硬件上构筑具有极强可扩展性和数据持久性的存储系统。Swift 支持多租户，通过 RESTful API 提供对容器和对象的 CRUD 操作。Swift 提供的服务与 AWS S3 基本相同，可以作为 IaaS 的存储服务使用。与 Nova compute 对接，Swift 可以为其提供存储镜像、文档存储等服务。

4. Cinder

Cinder 是 OpenStack 的块存储（Block Storage）模块。它提供虚拟机永久性块存储卷，管理块设备到虚拟机的创建、挂载和卸载。

Cinder 包括 3 个主要模块，如图 6.5 所示。

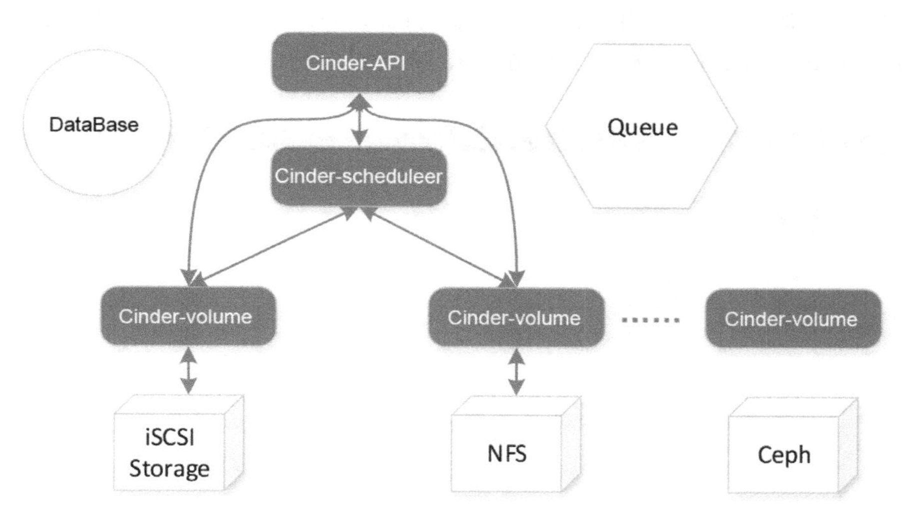

图 6.5　Cinder 的主要模块

（1）Cinder-API：负责接收和分发 API 请求信息。

（2）Cinder-volume：支持多个后端存储。

（3）Cinder-scheduler：类似 Nova-scheduler，它用来确定在哪个设备上创建 Cinder-volume 实例。

与 Swift 相比，Cinder 是块存储，用来为虚拟机扩展硬盘，即将 Cinder 创建出来的卷挂到虚拟机中。Cinder 是 OpenStack 的 F 版本后，将以前在 Nova 中的部分持久性块存储功能分离了出来，并独立为新的组件 Cinder；而 Swift 一般存储的是不经常修改的内容，如用于存储虚拟机镜像、备份和归档，以及存储较小的文件（照片和电子邮件等）。

5．RabbitMQ

RabbitMQ 是 OpenStack 处理消息验证、消息转换和消息路由的架构模式。它能够协调应用程序之间的信息通信，使应用程序或者软件模块之间的相互关联最小化，以实现有效解耦。

RabbitMQ 适合部署在一个拓扑灵活、易扩展的规模化系统环境中，有效保障不同模块之间、不同节点之间、不同进程之间消息通信的时效性；RabbitMQ 特有的集群高可用性（HA）安全保障可以实现信息枢纽中心的系统级备份，同时单节点具备消息恢复能力，即当系统进程崩溃或者节点宕机时，RabbitMQ 正在处理的消息队列不会丢失，待节点重启后可根据消息队列的状态数据和信息数据及时恢复通信。

6．Neutron

Neutron 是 OpenStack 的核心项目之一，它提供了云计算环境下的虚拟网络功能。

通过 Nova-network 在 OpenStack 的 F 版本以前，并没有 Neutron/Quantum 组件，因此，网络方面的相关功能主要是在 Nova 中通过 Nova-network 实现的。Nova-network 提供了简单的网桥模式和虚拟局域网结构。随着对 OpenStack 需求越来越多，Nova-network 的功能已不能满足需求，于是 Neutron 应运而生。

使用 Neutron 组件可以在 OpenStack 中为项目创建一个或多个私有网络。这些网络在逻辑上与其他用户的网络隔离，即使一个项目中不同的私有网络也是隔离的。

7．Horizon

Horizon 是一个用以管理、控制 OpenStack 服务的 Web 控制面板，利用它可以管理实例/镜像、创建密钥对、对实例添加卷、操作 Swift 容器等。除此以外，用户还可以在该控制面板中使用终端 Console 或 VNC 直接访问实例，如图 6.6 所示。

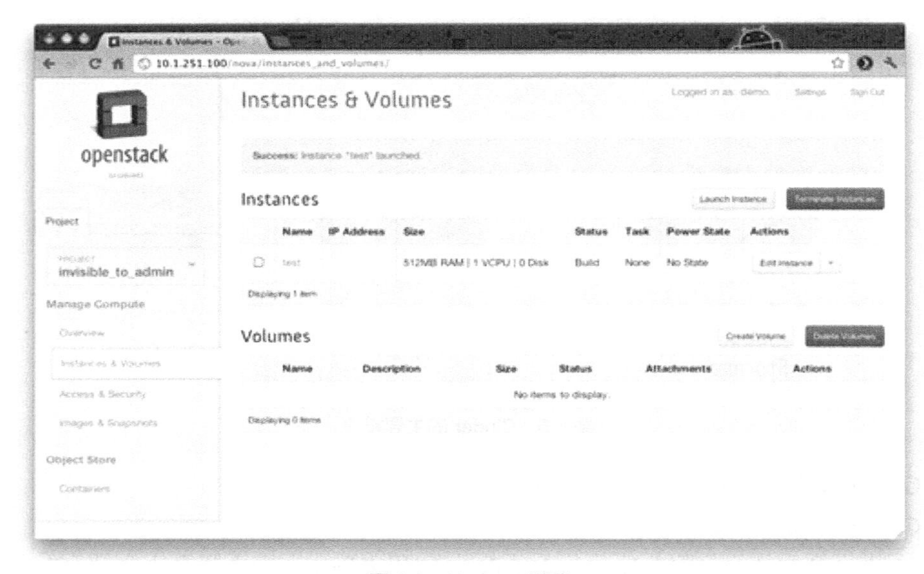

图 6.6　Horizon 界面

8. Keystone

Keystone 主要为 Nova、Glance、Swift、Cinder、Neutron 和 Horizon 等模块提供认证服务，还提供统一、完整的 OpenStack 服务目录及令牌。

Keystone 提供了以下 3 种主要服务，它们的关系示意图如图 6.7 所示。

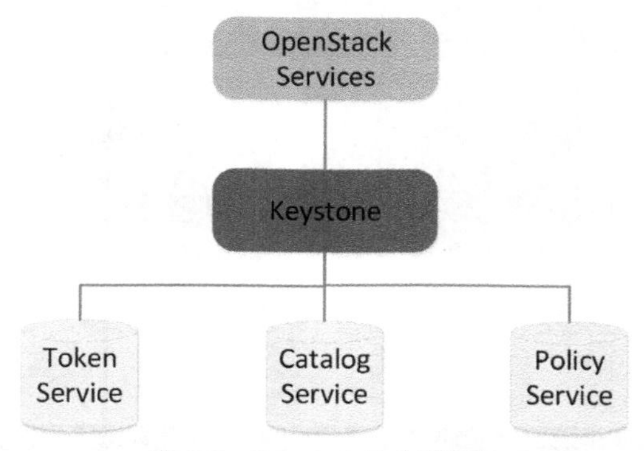

图 6.7　Keystone 的主要服务

（1）Token Service：规定用户认证后有哪些权限。

（2）Catalog Service：规定用户可使用的服务列表。

（3）Policy Service：规定某一用户如何访问某一服务。

6.2.3　OpenStack 平台应用

目前 OpenStack 已被广泛应用于阿里云、华为云和腾讯云等云计算系统中。

1. 阿里云

阿里云的“后羿”模块负责计算和网络的虚拟化；“盘古”模块负责存储虚拟化；“神农”负责监控；“钟馗”负责安全；“夸父”“女娲”“伏羲”这 3 个模块支持虚拟化更底层的服务，分别负责分布式模块网络通信、分布式协同、分布式调度。阿里云模块图如图 6.8 所示。

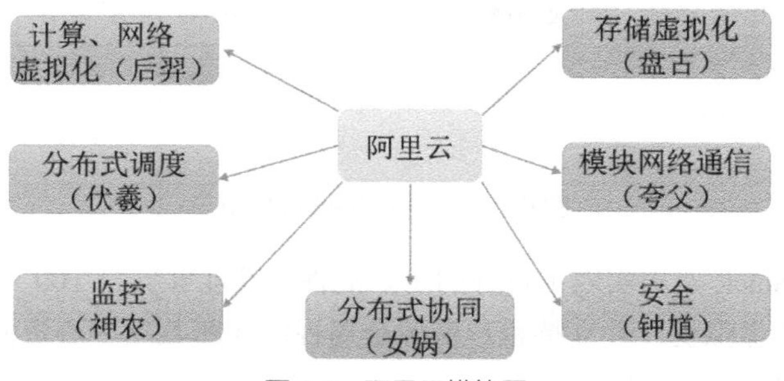

图 6.8　阿里云模块图

阿里云利用 OpenStack 构建了飞天开放平台，该平台的架构如图 6.9 所示。飞天云内核包含“夸父”“伏羲”“女娲”模块，负责解决分布式计算的核心问题——多机多线程下进程调用、资源管理、数据一致问题，还包含“钟馗”模块，它是安全模块，需单独设计；此外，还包含“神农”模块（负责分布式系统的状态监控）、“天基”模块（负责分布式部署）。

2. 华为云

华为云 IaaS 架构如图 6.10 所示。

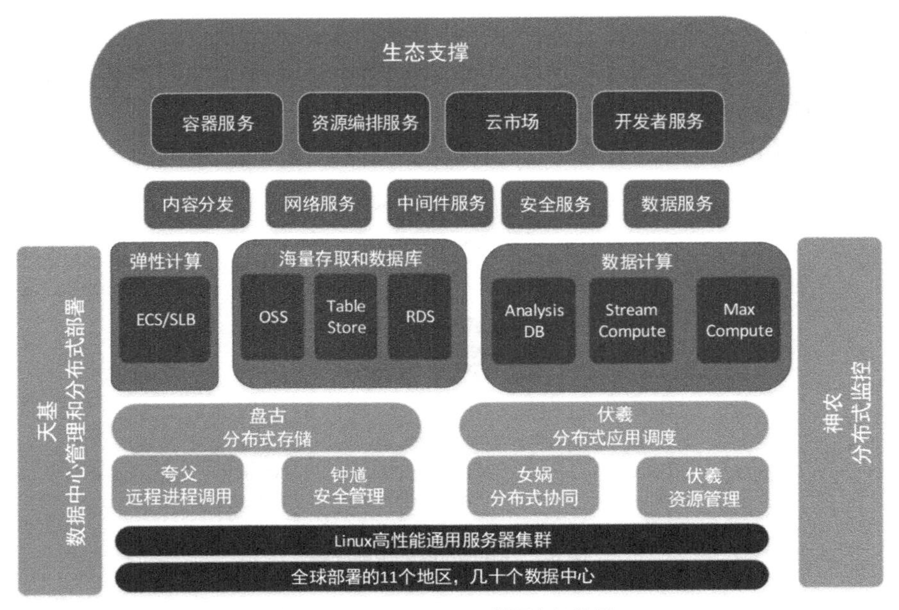

图 6.9　阿里云飞天开放平台架构图

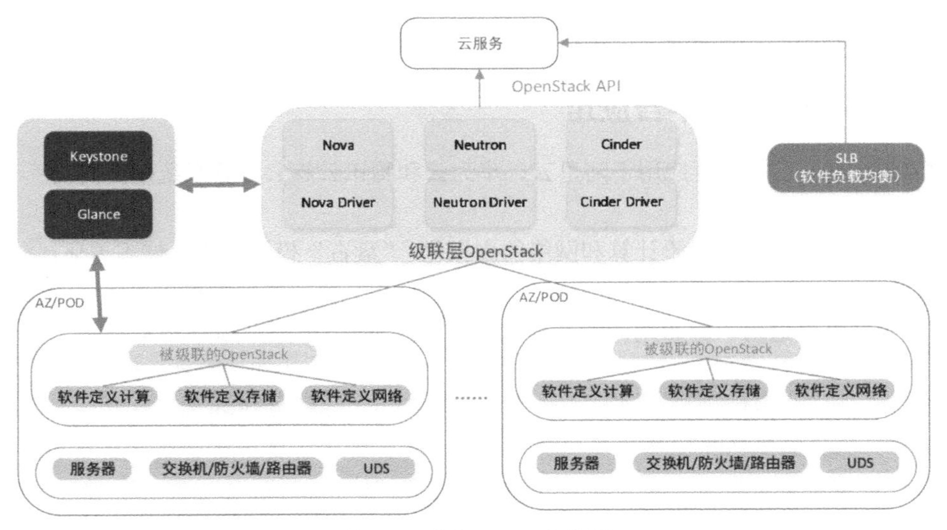

图 6.10　华为云 IaaS 架构图

华为云利用 OpenStack 架构实现了良好的可扩展性，其能够支持 100 个数据中心、10 万个物理计算节点、100 万个虚拟机，并支持租户资源全局视图和跨数据中心资源管理、跨数据中心网络互通，还提供了全局 SDN 功能。

6.3 虚拟化技术

6.3.1 虚拟化技术概述

虚拟化（Virtualization）技术是云计算的核心技术之一。事实上，除了云操作系统，许多其他类型操作系统中也广泛应用虚拟化技术。

虚拟化是指从逻辑角度来对资源进行配置。它是一种从单一的逻辑角度来看待不同物理资源的方法，其目标是把有限的固定资源根据不同需求进行重新规划，以达到最大资源利用率。

例如，当前只有一台计算机，通过虚拟化技术可以虚拟为多台逻辑计算机，每台逻辑计算机都有其各自的 CPU、内存、辅存等资源。在一台计算机上同时运行多台逻辑计算机，每台逻辑计算机可运行不同的操作系统，并且应用程序都能在相互独立的空间内运行而互不影响，从而显著提高计算机的工作效率和资源利用率。

可见，虚拟化技术实现了软件与硬件分离，用户不需要考虑后台的具体硬件实现，而只需在虚拟环境中运行自己的系统和软件。

虚拟化技术有以下基本特征。

（1）分区。分区意味着虚拟化技术为多个虚拟机划分服务器资源的能力；每个虚拟机可以同时运行一个单独的操作系统（相同或不同的操作系统），使用户能够在一台服务器上运行多个应用程序；每个操作系统只能感知到虚拟化层为其提供的“虚拟硬件”（虚拟网卡、硬盘等），以使它认为是运行在专用服务器上。

（2）隔离。当一个虚拟机发生故障或感染病毒时不会影响同一服务器上的其他虚拟机，就像每个虚拟机都位于单独的物理服务器上一样。

（3）封装。封装意味着将整个虚拟机存储在独立于物理硬件的一小组文件中。用户只需复制几个文件就可以随时随地根据需要实现复制、保存和迁移虚拟机。

（4）独立。虚拟机相对于硬件是独立的。虚拟机运行于虚拟化层上，只能感知到虚拟化层提供的虚拟硬件；虚拟硬件也同样不必考虑物理服务器的运行情况，虚拟机就可以在异构服务器上运行而无须进行任何修改。

我们可以看到，这些特征对于在虚拟机中建立系统来说，具有重大的意义。

6.3.2 虚拟化关键技术

在计算机领域中，虚拟化技术可分为服务器虚拟化、存储虚拟化、网络虚拟化和桌面虚拟化等类型。

1．服务器虚拟化

服务器虚拟化包括 CPU 虚拟化、内存虚拟化和 I/O 设备虚拟化。

（1）CPU 虚拟化是指将单个物理 CPU 虚拟成多个虚拟 CPU 供虚拟机使用，由 VMM（Virtual Machine Monitor）为虚拟 CPU 分配时间片，并同时对虚拟 CPU 的状态进行管理。

（2）内存虚拟化是指把物理机的真实物理内存统一管理，包装成多个虚拟的物理内存分别供若干个虚拟机使用，以使每个虚拟机拥有各自独立的内存空间。在服务器虚拟化技术中，由于内存是虚拟机最频繁访问的设备，因此内存虚拟化与 CPU 虚拟化具有同等重要的地位。

（3）I/O 设备虚拟化是指把物理机的真实设备统一管理，包装成多个虚拟设备供若干个虚拟机使用，以响应每个虚拟机的设备 I/O 访问请求。

2．存储虚拟化

存储虚拟化是指在物理存储系统和服务器之间增加一个虚拟层来管理和控制所有存储资源，并对服务器提供存储服务。服务器不直接与存储硬件打交道，存储硬件的增减、调换、分拆、合并对服务器层完全透明。对硬件存储资源进行抽象化，对存储系统或存储服务内部的功能进行隐藏、隔离及抽象，可以使存储与网络、应用等管理分离，并且存储资源得以合并，从而提高资源利用率。

3．网络虚拟化

网络虚拟化是指将网络的硬件与软件资源整合后所形成的向用户提供虚拟网络连接的虚拟化技术。云计算就是通过网络虚拟化技术为每个租户提供一个至多个虚拟网络；其不局限于物理数据中心网络拓扑。

4．桌面虚拟化

桌面虚拟化是指在物理服务器上安装虚拟主机系统，由虚拟主机系统模拟出操作系统运行所需要的硬件资源，如 CPU、网卡等。任何设备都可以通过虚拟交付协议，在任何地点、任何时间访问位于网络上的属于个人的桌面系统，如图 6.11 所示。

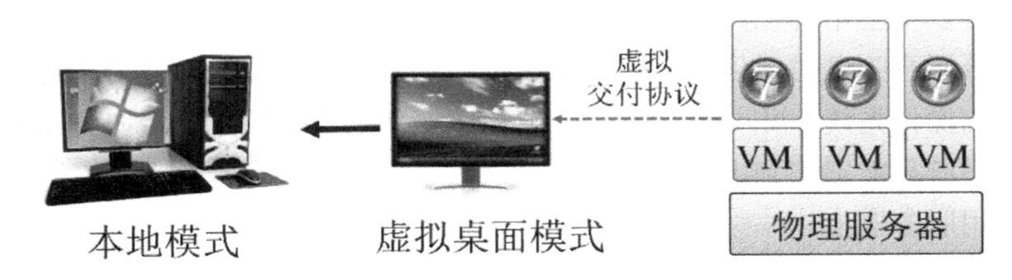

图 6.11　桌面虚拟化示意图

桌面虚拟化主要面临以下问题。

（1）集中管理问题：虚拟化的服务器合并程度越高，集中管理的风险也越大。

（2）集中存储问题：若服务器出现了致命的故障，用户的数据可能丢失，整个平台将面临灾难。

（3）虚拟化产品缺乏统一标准：各厂商的虚拟化产品间缺乏统一标准，导致无法互通。一旦某个产品系列停止研发或其厂商倒闭，用户系统的持续运行、迁移和升级将会极其困难。

（4）网络负载压力：如果用户使用的网络出现问题，桌面虚拟化发布的应用程序不能运行。

6.3.3　虚拟化主流软件

本小节介绍具有代表性的虚拟化主流软件。

1．Xen

Xen 是一款开放源代码的虚拟机监视器，由剑桥大学等开发而成。它可以在单台服务器上运行多达 100 个特征的操作系统，但操作系统必须进行显式修改（“移植”）以在 Xen 上运行。这样，Xen 无须特殊硬件支持，就能达成高性能的虚拟化目标。

2．VMware

VMware 的产品大都为付费商用软件，而非免费的开源软件，广泛应用于金融、政府、教育等行业，目前在互联网行业的应用相对较少。

3．Hyper-V

Hyper-V 是由微软公司开发的一款虚拟化产品。它必须在 64 位硬件平台运行，同时要求处理器必须支持 Intel VT 技术或 AMD 虚拟化（AMD-V）技术，即处理器必须具备硬件辅助虚拟化技术。

4．KVM

KVM 英文全称为 Kernel-based Virtual Machine，即基于内核的虚拟机。它是一个开源的系统虚拟化模块，被集成在 Linux 2.6.20 以后的各个主要发行版本中。KVM 使用 Linux 自身的调度器进行管理，所以相较于 Xen，其核心源码很少。KVM 已成为业界主流的 VMM 之一。

6.3.4　虚拟机迁移技术

虚拟机迁移是指将虚拟机实例从源宿主机迁移到目标宿主机，并且在目标宿主机上能够将虚拟机运行状态恢复到与迁移前相同的状态，以便能够继续完成应用程序的任务。

云计算中心的物理服务器负载经常处于动态变化中。当一台物理服务器负载过大时，若此刻不能提供额外的物理服务器，管理员可以将其上面的虚拟机迁移到其他服务器，以达到负载平衡。虚拟机迁移示意图如图 6.12 所示。

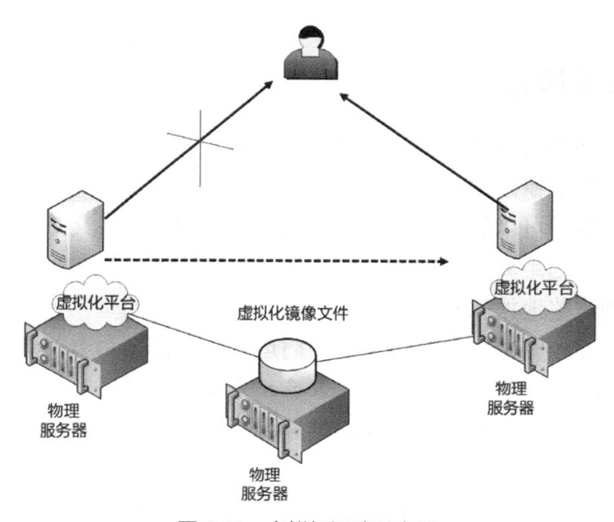

图 6.12　虚拟机迁移示意图

云计算中心的物理服务器有时候需要定期进行升级和维护。当升级/维护服务器时，管理员可以将该服务器上面的虚拟机迁移到其他服务器；等升级/维护完成后，再把虚拟机迁移回来。

实时迁移（Live Migration）是指在保持虚拟机运行的同时，把它从一台计算机迁移到另一台计算机，并在目标计算机恢复运行的技术。假设用户正通过网络在第一台服务器的虚拟机上观看流媒体视频，这时服务器或者虚拟机出现了问题，需要进行虚拟机迁移；在经过一些算法的推演后，用户选定服务器并开始进行虚拟机迁移。虚拟机在新的服务器启动后，用户察觉不到任何变化。可见，实时迁移对用户应用系统来说是透明的。

为了评价虚拟机动态迁移方法的工作效率，一般主要使用以下几个性能指标。

（1）总迁移时间：从开始迁移到被迁移虚拟机在目标主机上运行，并且与源主机上的虚拟机达到一致状态的持续时间。

（2）停机时间：迁移虚拟机在源主机上被挂起到它在目标主机上恢复所经历的时间。在这段时间内，虚拟机不能提供服务。

（3）总数据传输量：在同步虚拟机状态时总共传输的数据。

（4）应用性能损失：迁移过程对虚拟机应用性能的影响，如虚拟机内部应用程序执行延时或对外表现出的性能抖动。任何动态迁移方案都会出现一定程度的应用性能损失。

虚拟机迁移主要包括以下的迁移项目。

（1）网络资源的迁移：迁移时，VM 的所有网络设备等（包括协议状态及 IP 地址）都要随着一起迁移。在局域网内，通过发送 ARP 重定向包将 VM 的 IP 地址与目标服务器的 MAC 地址相绑定，这样，此后的所有包就可以发送到目标服务器上。

（2）存储设备的迁移：迁移存储设备的最大障碍在于需要占用大量时间和网络带宽，通常的解决办法是以共享的方式共享数据和文件系统，而非真正迁移。

（3）内存的迁移：内存预复制（Pre-Copy）迁移是当前应用最多的动态迁移算法，预复制迁移实现了在虚拟机运行的同时进行迁移，而且具有可靠性。

6.4 容器技术

6.4.1 容器技术概述

在运输领域，多样性的货物需要多种运输方式，但人们会担心货物是否被污染，例如香蕉和化学药剂不可以放在一起运输；同时还希望运输快速、顺利地进行，例如在火车、轮船、汽车间的快速转换。标准的集装箱可以装几乎所有的货物，并在到达最终交货前保持密封，也可以在两地之间实现装卸、堆放、远距离高效运输，以及从一种运输方式快速转换到另一种运输方式。如果有一艘船可以把货物规整地摆放起来，并且可以将各种各样的货物在集装箱里封装好，而集装箱和集装箱之间又不会互相影响，那么就无须专门运送水果的船和专门运送化学品的船了。

作为容器（Container）技术的典型代表，Docker 直接利用了宿主机的内核，其抽象层比虚拟机更少，它是一种轻量级虚拟化机制。Docker 的原理类似于集装箱，它为应用程序提供了低开销的隔离运行空间。Docker 是一种使任何有效载荷都能被封装成一个轻量级、可保护、自给自足的引擎；它可以使用标准操作进行操作，并且几乎可以在任何硬件平台上一致地运行。Docker 提供了可运行应用程序的容器，开发者可以将应用程序及依赖包等打包到这个可移植的容器中，然后发布到任意计算节点上。

容器技术具有以下的优势。

（1）持续集成：在开发到发布的生命周期中，操作环境会具有细微的不同，这些差异可能是由安装包的版本不同和依赖关系引起的。然而，Docker 可以通过确保从开发到产品发布整个过程的环境的一致性来解决这个问题。

（2）版本控制：设想你因完成一个组件的升级而导致整个环境都损坏了，此时 Docker 可以让你轻松地返回到这个镜像的前一个版本。

（3）可移植性：Docker 最大的优点就是具备可移植性。主流的云计算提供商（包括亚马逊和谷歌）都将 Docker 融入到自己的平台并增加了相应的支持。

（4）安全隔离性：Docker 能确保运行在容器中的应用程序和其他容器中的应用程序是完全分隔与隔离的，Docker 还能确保每个应用程序只使用分配给它的资源（包括 CPU、内存和磁盘空间等）。

6.4.2 Docker 核心技术

1．镜像

镜像类似虚拟机，它用来创建 Docker 的容器。关于镜像，可将其理解为一个只读模板。一个镜像可以包含一个完整的操作系统环境，其里面仅安装了常用支撑软件或应用程序。

（1）基础镜像：一个没有任何父镜像的镜像。

（2）父镜像：每一个镜像都可能依赖于由一个或多个下层组成的另一个镜像。下层那个镜像是上层镜像的父镜像。

（3）镜像 ID：所有镜像都是通过一个 64 位十六进制字符串（内部是一个 256bit 的值）来标识的。为简化使用，我们可以将前 12 个字符组成一个短 ID 来在命令行中使用。短 ID 还是有一定的“碰撞”概率，所以服务器总是返回长 ID。

（4）元数据：镜像层中包含的关于这个层的额外信息。无数据能够让 Docker 获取运行和构建时的信息，还有父层的层次信息。

（5）指针：每层都包括一个指向父层的指针。如果某一层没有这个指针，说明它是基础镜像层。

2．容器

类似从模板中创建虚拟机，容器是从镜像创建的运行实例。它可以被启动、开始、停止或删除。每个容器都是相互隔离的、保障安全的平台。

3．仓库

仓库（Repository）是指集中存放镜像文件的地方，这里的仓库类似代码仓库。仓库分为公开（Public）仓库和私有（Private）仓库两种形式。最大的公开仓库是 Docker Hub，它存放了数量庞大的镜像以供用户下载。

4．Cgroup

Cgroup 实现对资源的配额和度量计算机资源使用上的隔离，这种隔离通常称为使用限额。

5．Union File System

Union File System 是指容器中只读层及顶部读写层的组合。Docker 镜像被存储在一系列的只读层。当我们开启一个容器，Docker 读取只读镜像并添加一个读写层（在顶部）。如果正在运行的容器修改了现有的文件，该文件被复制出底层的只读层到顶部的读写层。读写层中的旧版本文件隐藏于该文件下，但并没有被破坏，仍然存于镜像下。当 Docker 的容器被删除并重新启动镜像时，将开启一个没有任何更改的新容器，原更改会丢失。

6.4.3　Docker 调度工具

1．Docker Swarm

Docker Swarm 是一个 Docker 调度框架，如图 6.13 所示。

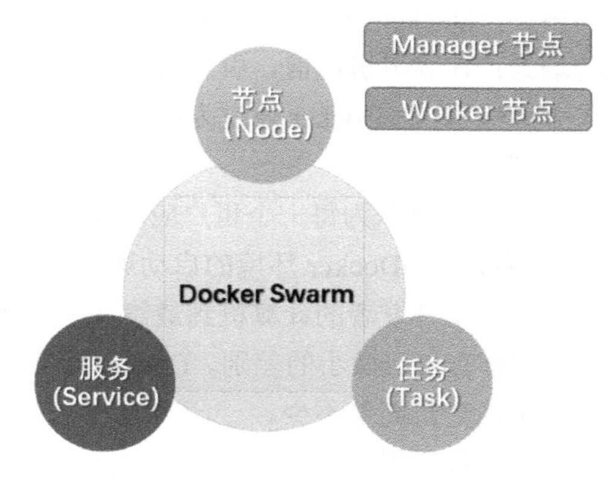

图 6.13　Docker Swarm 调度框架图

Docker Swarm 中的节点 Node 是已加入 Swarm 的 Docker 引擎实例，该节点包含 Manager 节点和 Worker 节点。当部署应用到集群时，将会提交服务到 Manager 节点。接着 Manager 节点调度任务到 Worker 节点，Manager 节点还有执行维护集群状态的编排和群集管理功能。Worker 节点接收并执行来自 Manager 节点的任务。通常，Manager 节点也可以是 Worker 节点，Worker 节点会报告当前状态给 Manager 节点。

服务 Service 是一类容器，对用户来说，Service 是与 Swarm 交互最核心的内容。当你创建服务时，你需要指定容器镜像。

任务 Task 是在 Docker 容器中执行的命令，Manager 节点根据指定数量的任务副本分配任务给 Worker 节点。

2．Kubernetes

Kubernetes 是由 Google 推出的开源容器集群管理系统。它提供了应用部署、维护、扩展机制等功能，便于管理跨服务器运行容器化的应用程序。

Pod 是 Kubernetes 中最基本的部署调度单元，逻辑上其表示某种应用的一个实例。

Service 是 Kubernetes 的基本操作单元，是真实应用服务的抽象。

Replication Controller 是 Pod 的复制抽象，用于解决 Pod 的扩容和缩容问题。通常，分布式应用场景下，为了性能或高可用性的考虑，我们需要复制多份资源，并且根据负载情况进行动态伸缩调控。

这时，便可以利用 Replication Controller 来实现。

6.4.4 Docker 应用场景

Docker 应用场景主要包含以下类型。

（1）需要简化配置的场景：Docker 能将运行环境和配置放在代码中后，再部署。同一个 Docker 的配置可以在不同的环境中使用，这样就降低了对硬件要求和应用环境之间耦合度。

（2）需要提高开发效率的场景：开发环境下的计算机通常内存比较小，以前使用虚拟机的时候，经常需要为开发环境下的计算机加内存。现在，利用 Docker 可以轻易让几十个服务在 Docker 中运行起来。

（3）需要整合服务器的场景：正如通过虚拟机来整合多个应用程序，Docker 隔离应用程序的能力使得 Docker 可以整合多个服务器以降低成本。由于没有多个操作系统的内存占用，以及能在多个实例之间共享没有使用的内存，Docker 可以比虚拟机提供更好的服务器整合解决方案。

（4）需要快速部署环境的场景：在虚拟机以前，引入新的硬件资源需要消耗几天的时间。虚拟化技术将这个时间缩短到了分钟级别。而 Docker 通过为进程仅仅创建一个容器而无须启动一个操作系统，再次将这个时间缩短到了秒级。

（5）多租户环境场景：使用 Docker 可以为每一个租户应用层的多个实例创建隔离环境，这不仅简单且成本低廉。当然，这一切得益于 Docker 环境的启动速度和高效的 diff 命令。

（6）代码流水线管理场景：代码从开发者的计算机到最终在生产环境上的部署，需要经过许多的中间环境，而每一个中间环境都有自己微小的差别。Docker 给应用程序提供了一个从开发到上线均一致的环境，让代码的流水线变得简单不少。

（7）需要隔离应用的场景：很多种原因会让你选择在一个计算机上运行不同的应用程序，例如以前提到的提高开发效率的场景等。

（8）具有快速调试能力的场景：Docker 提供了很多工具，这些工具不一定只是针对容器，却适用于容器。它们提供了很多的功能，例如，为容器设置检查点、设置版本和查看两个容器之间的差别等，这些特性可以帮助调试 Bug。

6.5 本章小结

本章主要围绕着云操作系统这一新型操作系统展开描述：首先介绍了云计算技术，包括云计算的定义、云数据中心、云计算特征和云计算的典型应用；然后重点介绍了一种得到广泛关注和应用的云操作系统平台 OpenStack，其间逐一介绍了 OpenStack 的重要组件与应用等；本章的另一个重点是目前在计算机操作系统和云操作系统广泛应用的虚拟化技术，其间分析了虚拟化的关键技术和主流软件等；最后介绍了容器技术，并特别介绍了一种典型容器平台 Docker 的核心技术、调度工具和应用场景。

习题 6

1．选择题

（1）Openstack 中提供身份认证的组件是（　　）。

A．Nova　　B．Keystone　　C．Neutron　　D．Glance

（2）Openstack 中负责镜像资源管理的组件是（　　）。

A．Glance　　B．Cinder　　C．Swift　　D．RabbitMQ

（3）以下选项中，将系统虚拟化技术应用于服务器上，并可以将一个服务器虚拟成若干个服务器使用的是（　　）。

A．服务器虚拟化　　B．存储虚拟化

C．应用存储虚拟化　　D．网络虚拟化

（4）Docker 可以快速创建和删除（　　），以实现快速迭代，节约大量开发成本。

A．容器　　B．虚拟机　　C．程序　　D．数据

（5）以下选项中，为嵌入在 Linux 操作系统内核中的一个虚拟化模块的是（　　）。

A．Xen　　B．KVM　　C．VMware　　D．Nova

2．填空题

（1）________技术和网络通信技术的高速发展与广泛应用，使得通过网络将分散在各处的硬件、软件、信息资源连接为一个整体成为现实，因此，人们能够利用地理上分散于各处的资源完成大规模的、复杂的计算和数据处理任务。

（2）________是由某个机构投资、建设、拥有和管理且仅限本机构用户使用的云计算系统。它提供了对数据、安全性和服务质量的最有效控制，用户可以利用它自由配置自己的服务。

（3）OpenStack 中的组件与亚马逊的 AWS 系统中的组件有对应关系，例如 Nova 对应 AWS 系统中的________，Swift 对应 AWS 系统中的________。

（4）OpenStack 中负责处理消息验证、消息转换和消息路由的模块是________。

（5）________主要为 OpenStack 中的其他模块提供认证服务，还提供统一、完整的 OpenStack 服务目录及令牌。

3．简答题

（1）Nova 是 OpenStack 的重要构成组件。请描述 Nova 的功能、Nova 所包含的主要组件及其各组件所发挥的作用。

（2）云计算服务一般可以分为 3 个子层：基础设施即服务层、平台即服务层、软件即服务层。这 3 个子层所提供的服务也是云计算的 3 种典型服务方式。请描述这 3 种服务的含义和它们之间的关系。

4．解答题

虚拟化技术是云计算中的核心技术之一。请回答关于虚拟化技术的以下问题。

（1）虚拟化技术为系统带来的好处有哪些？

（2）何谓虚拟机迁移？评价虚拟机动态迁移方法工作效率时，主要使用哪几个性能指标？

第7章

移动操作系统

7.1 移动计算

7.1.1 移动网络通信

移动网络通信技术近年获得了极其迅速的发展，并已得到广泛地应用。各类移动智能终端设备随处可见，各类移动应用程序层出不穷，这一切都是计算机软/硬件技术、移动通信和因特网、物联网技术迅速发展的结果，也是移动计算（Mobile Computing）产生和发展的基础。移动通信已经与光纤通信、卫星通信并列为现代通信传输的三大主要手段。

目前已经投入使用的移动网络通信技术主要有以下几种。

1．模拟移动通信系统

模拟移动通信系统一般被称为模拟蜂窝通信系统，其属于早期的移动通信系统。它将覆盖区域划分为多个小区（类似蜂窝），通过模拟调频信号传递话音，每个小区之间可复用调频信道。CDPD（Cellular Digital Packet Data）是一种利用模拟蜂窝通信系统的话音信道传输数据的技术，它所支持的最大数据传输速率为19.2kbit/s。

2．数字移动通信系统

数字移动通信系统采用了数字编码技术。与传统的模拟移动通信系统相比，它具有很高的鲁棒性（Robustness）和智能性，可以灵活地与有线数字网络集成以降低发射功率，也可以对私有通信加密以降低系统的复杂度，并支持更大的用户容量。其发展相当迅速，从3G（第三代移动通信技术）网络已快速发展至4G（第四代移动通信技术）网络、5G（第五代移动通信技术）网络。

3．无线局域网

无线局域网被称为室内无线网络，一般采用CSMA/CD和CSMA/CA等协议。相较于室外无线网络，它的数据传输速率常常更高。无线局域网的缺点是通信范围较小，一般只能局限于一幢建筑物内使用。

4．红外通信技术

上述移动网络通信技术都是通过无线电频段进行通信的，而红外通信技术则是利用红外线来传输数据。红外通信技术的优点是带宽较高，不需要分配无线电频谱，不易受电子干扰；但是其缺点也很突出，如传输距离较短、受视距限制、易受外界环境的影响等。

5．卫星网络通信系统

卫星通信是指利用人造地球卫星作为中继站，转发或反射空间电磁波来实现信息传输的通信技术。在移动卫星网络通信系统中，卫星作为移动通信基站，支持用户在地球的任意角落进行通信。卫星通信具有覆盖范围大，不受地理和自然条件限制，通信距离远、容量大、质量好，能实现一点对多点移动中通信、组网建站快等优点。

7.1.2 移动计算技术

在以网络为计算中心的时代，越来越多的用户开始拥有各种便携式的移动计算终端设备。这些终端配备了以无线网络为主的移动联网组件，以支持移动用户访问网络中的数据，实现无约束自由通信和共享资源的目标。这是一种更加灵活、复杂的分布计算环境，称为移动计算。

在传统的分布计算系统中，各个计算节点之间都是通过固定网络连接的，并始终保持网络的持续连接性。而在移动计算系统中，用户不需要停留在固定位置，可携带着移动终端设备移动，并可在移动的同时通过移动通信网络与固定节点或其他移动节点连接通信。与基于固定网络的分布式计算相比，移动计算除了具有移动性特点外，还具有相对频繁断接性、网络协议多样性和网络通信非对称性等特点。因此，虽然移动计算可借鉴很多分布式计算的思想和技术，但移动计算其本身的特性导致不能将分布式计算的成熟技术直接套用到移动计算的环境中。

移动计算的发展和应用是与因特网及移动互联网的发展和广泛应用密切关联的。20 世纪 90 年代初以来，中国互联网得到越来越广泛的应用。1995 年以后，中国互连网的商业应用越来越广泛，尤其是电子商务随着网络用户的不断增加而得到蓬勃发展。与此同时，许多有识之士又开始了对移动互联网的探讨。随着移动计算、移动数据库和无线数据通信等相关技术迅猛发展，移动互联网开创了互联网产业的新纪元。人们对于“无时不网，无处不网”的需求是移动互联网和移动计算发展的最大动力。

例如，在物流领域，物流的信息化在物流发展中发挥着至关重要的作用，这是因为及时且准确的信息有利于协调生产、销售、运输、存储等业务的开展，有利于降低库存、节约在途资金等；在物流的几个重要环节（如运输、存储保管、配送等），移动计算有着广阔的应用前景。在运输方面，移动计算设备与 GPS/GIS 系统相连，使得整个运输车队的运行受到中央调度系统的控制。中央控制系统可以对车辆的位置、状况等进行实时监控。利用这些信息对运输车辆进行优化配置和调遣，能够极大地提高运输工作的效率，同时能够加强成本控制。另外，通过将车辆载货情况及到达目的地的时间预先通知下游单位配送中心或仓库等，有利于下游单位合理地配置资源、安排作业，从而极大地提高运营效率，节约物流成本。移动计算使得物流信息真正地实现无缝连接、物流信息的全程控制真正实现实时、高效地完成，从而进一步促进电子商务的发展。

此外，在移动金融领域，针对移动用户所开发的移动银行、移动支付、股票买卖等应用程序层出不穷。便利的移动金融服务让银行等金融相关机构可以充分利用移动计算系统，建立与客户快速而直接的沟通，为总是处于运动和静止中的客户提供及时、准确、方便和个性化的服务，也可以通过利用移动设备来提高工作效率，降低成本，同时体现移动办公兼具安全可靠、机动灵活的特征。而客户可以在任何时间、任何地点进行网上交易。可以说，移动计算和移动互联网作为商业动力引擎，加速了整个世界的商业和经济系统运行。

随着移动计算相关软件、硬件和网络通信技术的发展，移动计算的应用将进一步拓展和完善。移动计算的发展克服了有线网络接入的局限性，提高了数据信息接入的普遍性，随之也极大提高了数据通信覆盖的人群比例，从而将更有效地推动电子商务、电子政务、智慧城市等的建设和发展。对于将移动计算技术与现有信息系统进行有效整合的企业来说，移动计算极大提高企业的运行效率，例如移动计算使管理者和移动的工作人员都能够更及时、准确地掌握有关信息，进而提高企业的运行效率。

7.1.3　移动云计算

随着人们对信息获取的实时性、移动性需求与日俱增，云计算、移动计算和移动互联网加速融合与发展而产生了移动云计算（Mobile Cloud Computing）模式。

移动云计算为移动用户带来丰富的计算资源。移动云计算弱化终端硬件的限制，数据存储方便，按需提供服务，以满足用户随时随地对便捷服务的需求。移动云计算的服务模型可以用“端”“管”“云”3 个词来描述，其中：“端”是指任何可使用“云”服务的移动终端设备；“管”是指完成信息传输的移动通信网络或者其他无线网络；“云”是指包含了丰富资源和服务的平台。

移动云计算的出现，使得人们需要的存储、计算等服务和资源从本地转到了云端。用户只需要通过操控终端设备，就可以借助移动通信网络接入云计算平台以获取各种有价值的信息。例如，当某种灾难发生时，我们可以在智慧城市系统中利用移动云计算技术实现人员快速疏散与救援，如图 7.1 所示。

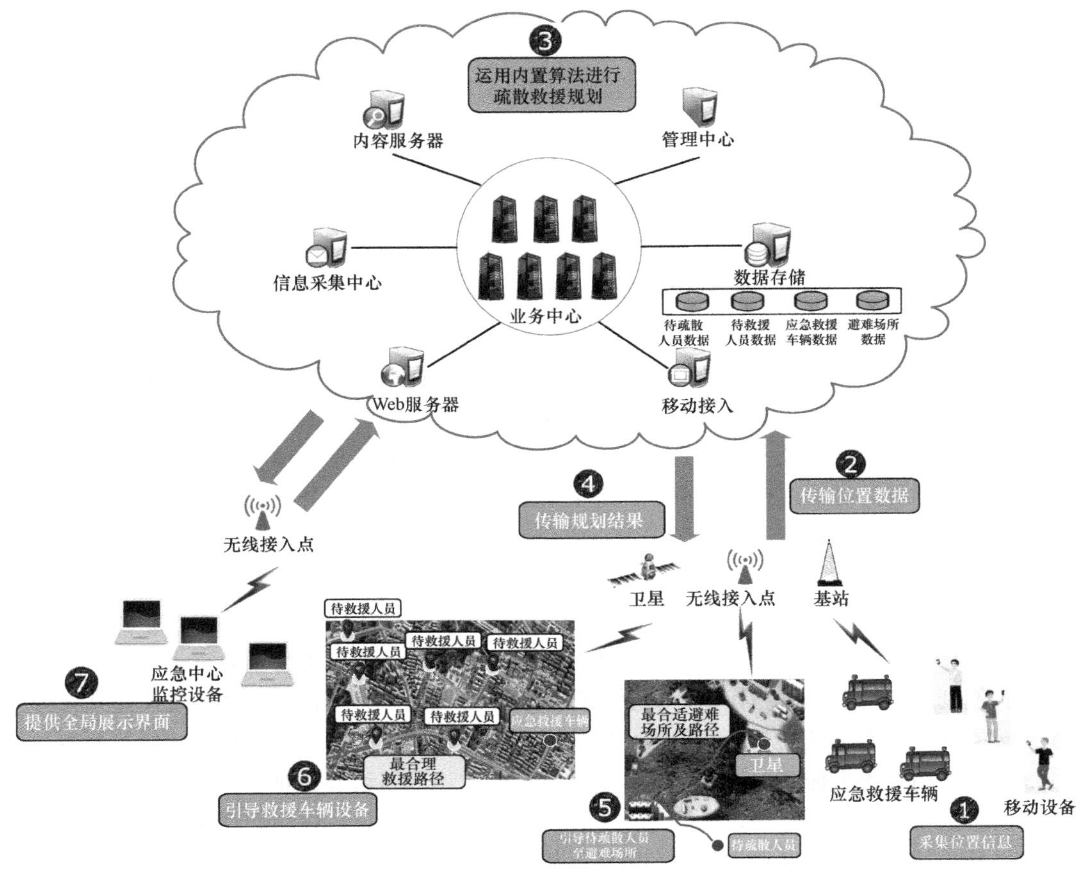

图 7.1　基于移动云计算的人员疏散与救援系统架构图

该基于移动云计算的人员疏散与救援系统可划分为以下 4 个子系统。

（1）数据采集子系统负责对位置信息（即经纬度数据）进行采集，它主要由待疏散人员的移动终端和应急救援车辆的移动终端设备组成。

（2）网络传输子系统负责把经纬度数据通过移动通信网络传输到云端，并提供对网络的物理支持和数据通信保障。

（3）云服务处理子系统是系统的核心，它通过接收来自数据采集子系统的数据，并提供数据存储、计算、搜索、调用等服务，为系统分类存储和管理待疏散人员数据、待救援人员数据、应急救援车辆数据、避难场所数据等。云服务处理子系统的主要工作原理是利用云端强大的计算能力，对待疏散和待救援人员的数据进行分析和运算，将应急疏散规划方案呈现给待疏散人员，还对应急救援车辆的数据进行分析和运算，将救援路线规划方案呈现给应急救援车辆。

（4）用户访问子系统是用户与云端服务的交互接口。云端通过 Web 服务器为应急中心管理人员提供基于浏览器的访问界面，同时为待救援人员和应急救援车辆的移动终端设备提供路线规划方案及其他云端服务的展示界面，以方便获取所需信息。

7.2 移动计算设备

7.2.1 移动计算节点

由上可知，移动计算系统的构建需要融合移动通信、因特网、数据库、分布式计算等技术。移动计算系统中各类设备节点在无线环境下实现数据传输、资源共享和任务协作。该系统主要包括 3 类计算节点。

（1）服务器节点：服务器节点一般为固定节点，每个服务器维护一个本地数据库，服务器之间由可靠的高速互连网络连接在一起。服务器可以处理客户的联机请求。

（2）移动支持节点：移动支持节点也位于高速网络中，并具有无线联网能力，用于支持一个无线网络单元。该单元内的移动终端既可以通过无线链路与移动支持节点通信以实现与整个固定网络连通，也可以接收由移动支持节点发送的广播或组播信息。

（3）移动终端节点：移动终端节点的处理能力与存储能力相对于服务器来说显然有限，而移动终端节点具有移动性（即可以出现在任意一个无线单元中），又可能导致移动终端设备常常无法与服务器联机通信。即使在与服务器保持连接时，由于移动终端节点所处的网络环境（即当时可用的无线单元）多变，易导致 MC 与服务器之间的网络带宽相差很大，且网络可靠性较低、网络延迟较大。

7.2.2 典型移动终端设备

目前，智能手机（Smartphone）与平板电脑（Tablet PC）是最为典型的移动终端设备。智能手机和平板电脑一般以触摸屏作为最主要的输入设备，允许用户通过手指、触控笔等实现信息输入；其他的输入设备还有麦克风、摄像头和各类传感器等。有些平板电脑甚至可以通过蓝牙连接便携式键盘和鼠标等个人计算机上常用的输入设备。平板电脑和智能手机一般通过无线局域网或移动通信网络接入因特网。

根据目前所采用的芯片架构，平板电脑可分为 ARM 架构平板电脑（代表产品为基于 Android 操作系统的平板电脑）和 x86 架构平板电脑（代表产品为 Microsoft 公司的 Surface 系列平板电脑）。其中，后者一般采用 Intel 处理器及 Windows 操作系统，它与笔记型计算机已经差别不大。基于 ARM 架构的智能手机普遍采用高通骁龙、联发科、华为麒麟等系列的处理器芯片。

如今，平板电脑与智能手机之间的界限越发模糊而无法区分；平板电脑和个人计算机之间的界限也越来越不明显。可以说，三者有融合的趋势。智能手机与平板电脑可以具有相似、甚至相同的操作系统，以及各自独立的运行空间，还允许用户自行安装办公软件、游戏等第三方服务商提供的程序。

目前已广泛普及的智能手机具有以下特点。

（1）具备无线接入因特网的能力：既支持以接入无线局域网方式，也支持以 3G、4G、5G 等移动通信系统方式接入。

（2）具有平板电脑中几乎所有的功能：包括信息管理、多媒体应用、收/发邮件、浏览网页等。

（3）具有类似计算机中的操作系统：智能手机拥有 CPU、主存及各种输入/输出设备，特别是配备了各种传感器组件。通过安装各种 App，智能手机的功能能够得到无限扩展。基于操作系统可以管理这些资源。

（4）真正支撑个性化和泛在计算：通过传感器等收集用户的信息来刻画用户轮廓，进而可以根据用户需要来提供个性化、人性化服务，并真正实现"处处计算"（Computing Everywhere）的泛在计算（普适计算）目标。

7.2.3 可穿戴计算设备

普适计算（Pervasive Computing）强调把计算设备嵌入到环境或日常工具中，让计算机本身从人们的视野中消失，让人们注意的中心回归到要完成的任务本身。普适计算的代表设备就是可穿戴计算（Wearable Computing）。

可穿戴计算设备本质上是一种将计算机"穿戴"在人身上以支撑各种应用的移动计算终端设备。可穿戴计算设备通常体积很小，能被佩戴在身上，常见的智能手表、智能手环、智能眼镜及还处于研发阶段的智能衣服等都属于可穿戴计算设备。这些智能设备集成了传感技术、计算技术、存储技术、网络技术及显示技术，它们可以通过 Wi-Fi 或蓝牙与其他设备（如智能手机）连接，以接收来自其他智能设备的信息。

多伦多大学的教授 Steve Mann 被誉为"可穿戴计算之父"，自 20 世纪 80 年代，他就开始尝试制作智能眼镜，以期利用该眼镜以第一人称的角度来记录周围事物。目前最知名的智能眼镜是谷歌眼镜（Google Project Glass），它具有和智能手机一样的功能，可以通过声音控制拍照，还可以用来进行视频通话和辨明方向，也可以用来上网冲浪、处理文字信息和电子邮件等，如图 7.2 所示。

图 7.2　谷歌眼镜

此外，智能衣服是通过导电纤维和导电油墨将功能组件直接打印到织物上，利用基于织物的传感器监测人体脉搏、血压和体温，并集成 GPS 实现定位，还利用嵌入衣领的麦克风实现语音交互。

可穿戴计算设备目前正朝着更微型化、个性化和人性化的方向发展。未来，可穿戴计算设备不仅具备更强的计算能力，而且可以随时、随地进行通信和接入因特网等。

7.3 移动终端操作系统

7.3.1 系统发展简况

当前，比个人计算机操作系统更受到关注的是平板电脑操作系统和智能手机操作系统。由于这些操作系统都是面向终端用户，因此它们对用户体验、功能、性能具有诸多相同或相似的要求，如要求人性化的交互界面、方便的应用扩展性、快速的响应速度等。

然而，与个人计算机相比，平板电脑与智能手机又有显著的不同之处，包括较小的显示屏幕、众多传感器、强调触摸和语音等交互方式、注重节能优化技术、依赖移动通信和无线网络及主要用于游戏、影音、导航、生活领域等。这意味着平板电脑操作系统与智能手机操作系统并不是由简单地将个人计算机操作系统修改后移植到平板电脑与智能手机上所构成的，而是需要研制人员从核心到界面对系统的整个逻辑重新进行设计，才能符合平板电脑和智能手机设备和用户的需求。

经过多年的发展，围绕平板电脑与智能手机曾经出现过一批操作系统，如 Palm OS（1996—2008）、Web OS（2009—2010）、Danger OS（2002—2010）、Symbian（2000—2012）、MeeGo（2008—2012）等。但这些操作系统在 Android 和 iOS 这两大操作系统的冲击下已基本退出平板电脑与智能手机领域，有些转而已被应用于智能家电等。

7.3.2 iOS 系统

2007 年 Apple 公司发布第一版操作系统 iOS 以来，iOS 经过持续更新和发展，已经日趋成熟和完善。2016 年，Apple 公司正式发布 iOS 10 操作系统。iOS 的操作系统内核与后来 macOS X 的内核同样都基于 Darwin。iOS 主要应用于 Apple 公司出品的 iPhone 智能手机和 iPad 平板电脑，并为 iPhone 和 iPad 注入强劲的生命力。

iOS 最为人称道的就是其人性化的用户界面，该种界面为用户提供了低学习成本的交互逻辑。iOS 采用了一种称为 Metal 的架构，该架构可以充分发挥 iPhone 和 iPad 的图形处理与显示性能，使得用户在使用相关应用软件浏览网页和玩复杂游戏等时，对显示效果和响应速度能够满意。当然，这还主要得益于 Apple 公司的软硬件协同设计策略。基于 iOS 的各种应用程序可以充分利用手机等设备的高性能处理芯片、先进的摄像系统和各种传感器来发挥其性能。

此外，iOS 将人工智能、机器学习等技术应用到系统中，提供了 Siri 语音助理、输入预测等模块，还可以根据用户所在的地点和当时的时间建议所需使用的应用软件。

iOS 提供全面的用户隐私和信息安全保护机制。如果有应用程序需要读取位置信息或通讯录等私人信息，都需要预先得到用户许可；用户通过 iMessage 和 FaceTime 进行的通信都会被加密处理。iOS 能配合 iPhone 或 iPad 硬件和固件来防御恶意软件和病毒。

与 macOS 一样，iOS 已经被很好地整合在 Apple 公司所构建的业务生态系统中，可以使用 iCloud 云服务来实现用户程序和数据的备份及同步功能。

7.3.3 Android 系统

面向智能手机和平板电脑的 Android（安卓）操作系统最初由 Andy Rubin 创建的 Android 公

司开发而成，系统内核基于 Linux。Google 公司收购 Android 公司后，Google 公司与近百家硬件制造商、软件开发商及电信运营商组建开放手机联盟（Open Handset Alliance），共同研发、改进 Android 系统。Google 通过基于 Apache 开源许可证的授权方式开放了 Android 的源代码，因此，Android 系统具有开放性、无缝结合等明显优势。

Android 在正式发行前，最开始拥有两个内部测试版本，并且以知名的机器人名称来对两个版本进行命名，它们分别是阿童木（Android Beta）、发条机器人（Android 1.0）。鉴于版权，Google 公司将 Android 命名规则变更为用甜点名称作为系统版本代号。甜点命名法开始于 Android 1.5 发布的时候，其按照 26 个字母顺序依次将 Android 各版本命名为：纸杯蛋糕（Cupcake，Android 1.5）、甜甜圈（Donut，Android 1.6）、松饼（Eclair，Android 2.0/2.1）、冻酸奶（Froyo，Android 2.2）、姜饼（Gingerbread，Android 2.3）、蜂巢（Honeycomb，Android 3.0）、冰激凌三明治（Ice Cream Sandwich，Android 4.0）、果冻豆（Jelly Bean，Android 4.1 和 Android 4.2）、奇巧巧克力（KitKat，Android 4.4）、棒棒糖（Lollipop，Android 5.0）、棉花糖（Marshmallow，Android 6.0）、牛轧糖（Nougat，Android 7.0）、奥利奥（Oreo，Android 8.0）、开心果冰激凌（Pistachio Ice Cream， Android 9.0）等。

从分层的角度，自上至下可以将 Android 的系统架构划分为应用程序（Application）、应用程序框架（Application Framework）、系统类库（Libraries）和 Android 运行时（Android Runtime）、Linux 内核（Linux Kernel）、硬件抽象层（Hardware Abstract Layer，HAL）这几个层次，如图 7.3 所示。

（1）应用程序：应用程序包括 Android 系统的核心应用程序和开发人员开发的其他应用程序，大多数是基于 Java 语言开发而成。其中，Android 系统的核心应用程序包括首页、通讯录、电话、浏览器等，它们会随 Android 系统一起打包发布。

（2）应用程序框架：应用程序框架为 Android 系统的核心应用程序及第三方开发人员开发基于 Android 的应用程序提供开放的开发平台。该框架简化了组件重用机制，这使开发人员可以进行快速的应用程序开发，还可以通过继承实现个性化的扩展。

（3）系统类库：系统类库通过 Android 应用程序框架将相关功能模块提供给开发者使用，该类库中包括图形引擎、小型关系数据库、网络通信安全协议等。

（4）Android 运行时：Android 运行时包含核心库（Core Libraries）和 Dalvik 虚拟机（Dalvik VM，Dalvik Virtual Machine）两个部分。核心库提供了 Java 库的大多数功能。Dalvik 虚拟机基于 Apache 的 Java 虚拟机，并被改进以适应低内存容量、弱处理器计算能力的移动设备平台；Dalvik 虚拟机依赖 Linux 内核实现进程隔离与线程管理、安全和异常管理及垃圾回收等重要功能。

（5）Linux 内核：Android 以 Linux 内核为基础并对其进行了增强，Android 借助 Linux 内核服务可实现电源管理、各种硬件设备驱动、进程和内存管理、网络协议栈、无线通信等核心功能。Android 系统在 Linux 内核中增加了一些面向移动计算的特有功能或机制，如实现低内存管理（Low Memory Killer，LMK）、匿名共享内存（Ashmem）和轻量级进程间通信（Binder）等机制，以便进一步提升系统性能。

（6）硬件抽象层：硬件抽象层主要负责对内核驱动程序进行封装，即对硬件设备的具体实现进行抽象，屏蔽底层细节，从而将 Android 系统上层的应用程序框架与下层的设备隔离。这样，一方面可以保护驱动代码，另一方面可以使应用程序框架的开发独立于具体的驱动程序。

目前，基于 Android 系统的智能手机作为信息时代的通信产品，它已经成为人们生活中不可或缺的移动设备。此外，Android 系统已经从智能手机扩展到平板电脑、智能手表、智能家电、游戏终端等各类终端设备中。

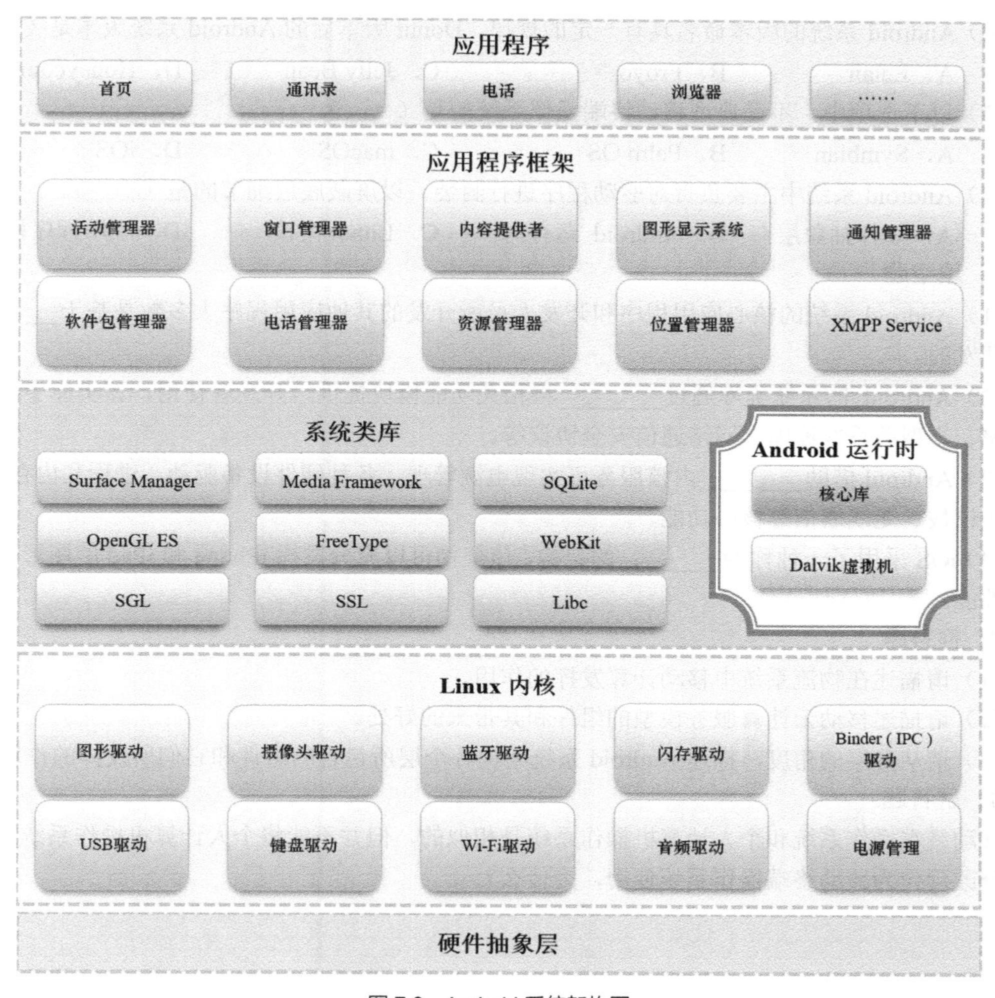

图 7.3　Android 系统架构图

7.4　本章小结

本章主要围绕着移动操作系统展开：首先介绍了移动网络通信、移动计算和移动云计算等与移动操作系统相关的背景知识；然后介绍了移动操作系统所运行的移动计算设备，如移动计算节点、典型移动终端设备、可穿戴计算设备等；最后介绍了移动终端操作系统发展简况，并以典型的 iOS 系统和 Android 系统为代表，重点分析了主流的移动操作系统。

习题 7

1．选择题

（1）与基于固定网络的分布式计算相比，移动计算的主要特点不包含（　　）。

A．频繁断接性　　B．网络协议多样性　　C．网络通信对称性　D．有限能源支持

（2）Android 系统的版本命名具有一定的规律，Donut 版本后的 Android 系统版本是（　　）。

A．Éclair　　B．Froyo　　C．Jelly Bean　　D．Honeycomb

（3）以下选项中，不是典型移动终端操作系统的是（　　）。

A．Symbian　　B．Palm OS　　C．macOS　　D．iOS

（4）Android 系统中主要负责对驱动程序进行封装，以屏蔽底层细节的是（　　）。

A．硬件抽象层　　B．Android 运行时　　C．Linux 内核　　D．应用程序框架

2．填空题

（1）Android 系统的核心应用程序和开发人员所开发的其他应用程序大多数是基于________语言开发的。

（2）Android 的系统类库通过________将相关功能模块提供给开发者使用，该类库中包括图形引擎、小型关系数据库、网络通信安全协议等。

（3）Android 借助________内核服务可实现电源管理、各种硬件设备驱动、进程和内存管理、网络协议栈、无线通信等核心功能。

（4）iOS 采用了一种称为________的架构，该架构可以充分发挥 iPhone 和 iPad 的图形处理与显示性能。

3．简答题

（1）请描述在物流系统中移动计算发挥的作用。

（2）请描述移动云计算服务模型的组件和其带来的好处。

（3）请从分层的角度，描述 Android 系统架构各个层所包含的组件和它们所发挥的作用。

4．解答题

移动终端操作系统和个人计算机操作系统是相似的，但并不能将个人计算机操作系统直接或简单修改后作为移动终端操作系统使用，为什么？

第8章

物联网操作系统

8.1 基本概述

8.1.1 物联网系统构成

物联网（Internet of Things，IoT）是通过将智能感知、识别技术与云计算、普适计算、泛在网络等相融合而实现万物互联的网络，其并被称为继计算机、因特网之后世界信息产业发展的第三次浪潮。物联网在计算机互联网的基础上，利用RFID技术、传感器与传感网技术、EPC标准、无线数据通信技术等，构造了一个实现全球物品信息实时共享的实物互联网，如图8.1所示。物联网目前已广泛应用于工业、农业、医疗卫生、环保、安保与军事等行业或领域，未来物联网的发展和应用前景将更为广阔。

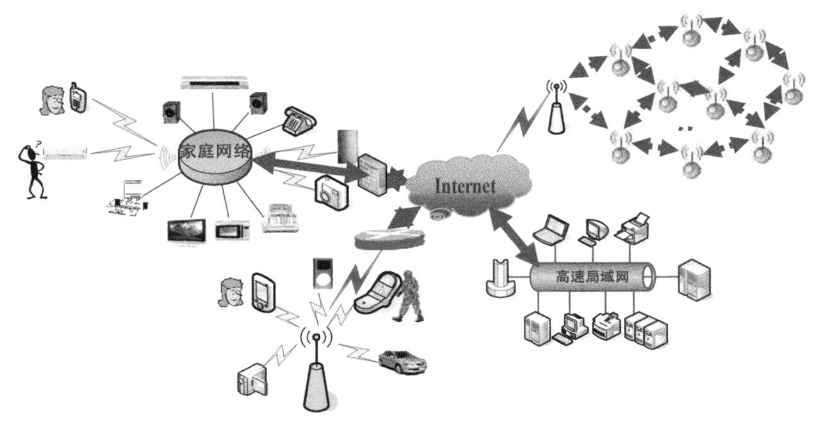

图8.1　泛在物联网示意图

如今，世界各国的政府、科研机构、教育界和产业界都非常重视物联网技术的研发及应用。美国提出了信息物理系统（Cyber Physical Systems，CPS）研究计划，欧盟提出了嵌入式智能与系统先进研究与技术（Advanced Research and Technology for Embedded Intelligence and Systems，ARTEMIS）研究计划，我国提出了“感知中国”的国家战略，这些都与物联网紧密相关。

物联网系统可被划分为以下4个部分。

（1）传感网络，即以智能终端、RFID设备、传感器节点、网关设备、移动设备为主，实现物品的识别。

（2）传输网络，即通过无线传感网、因特网、广电网络、移动通信网络等，实现数据的传输。

（3）处理网络，即通过云计算等技术，实现数据的高效管理和处理。

（4）应用网络，即利用现有的手机、PC等终端实现各种应用。

相应地，物联网系统可分为4个逻辑层，即传感层、传输层、处理层和应用层。其层次架构如图8.2所示。

层							
应用层	远程监控	异地医疗	环境监测	智能家居	资源探测	信息检索	其他应用
处理层	云计算	边缘计算	移动计算	其他计算技术			
传输层	无线传感网	因特网	移动通信网络	局域网	广电网络		
传感层	智能终端	RFID设备	传感器节点	网关设备	移动设备		

图 8.2　物联网系统层次架构图

8.1.2　无线传感网

无线传感网是物联网的重要组成部分。无线传感网主要是指由大量低成本且具有信息感知、数据处理和无线通信能力的传感器节点，通过自组织方式形成的网络。它独立于基站或移动路由器等基础通信设施，通过分布式协议自组成网络。

所谓传感器，是指能感知规定的被测量并按照一定的规律转换成可用输出信号的器件或装置。传感器又称为敏感元件、检测器件等。电子技术中的热敏元件、磁敏元件、光敏元件及气敏元件，机械测量中的转矩、转速测量装置，超声波技术中的压电式换能器等都可以统称为传感器。传感器按其定义一般由敏感元件、转换元件、信号调理转换电路这 3 个部分组成，有时还需外加辅助电源提供转换能量，如图 8.3 所示。

（1）敏感元件是指传感器中能直接感知或响应被测量的组件。

（2）转换元件是指传感器中能将敏感元件感受或响应的被测量转换成适于传输或测量的电信号组件。

（3）传感器输出信号一般都很微弱，因此传感器输出的信号一般需要进行信号调理与转换、放大、运算与调制，才能进行显示和参与控制。

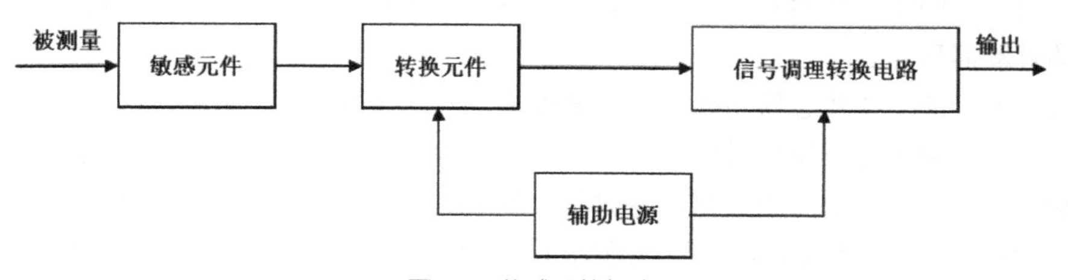

图 8.3　传感器的组成

无线传感网中的传感器节点（包含传感器）是更为复杂微型嵌入式系统，它除了具有感知能力，还具备处理能力、存储能力和通信能力。然而，无线传感器节点的处理能力、存储能力和通信能力相较于 PC 和智能手机等均较弱，且其需要能量有限的电池供电。从网络功能上看，每个传感器节点兼顾传统网络节点的终端和路由器双重功能，即除了进行本地信息收集和数据处理外，它还要对其他节点转发来的数据进行存储、管理和融合等处理，同时与其他节点协作完成一些特定任务。典型的无线传感器节点如图 8.4 所示。

无线传感器节点的组成模块被封装在一个外壳内，工作时将由电池或振动发电机为各模块提供电能。无线传感器节点的组成模块如图 8.5 所示。

图 8.4 典型的无线传感器节点

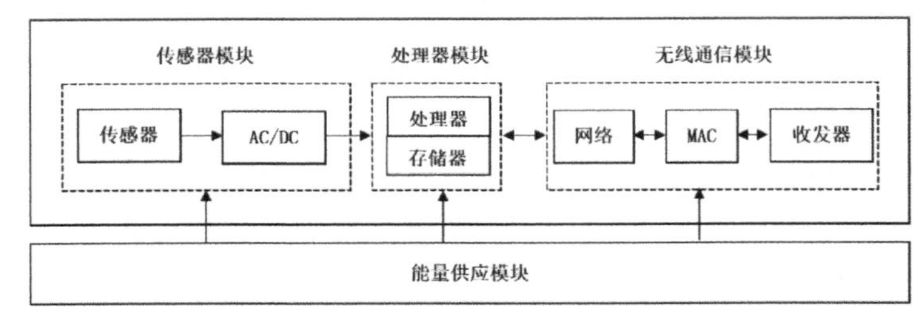

图 8.5 无线传感器节点的组成模块

（1）传感器模块负责监测区域内信息的采集和数据转换。

（2）处理器模块负责控制整个传感器节点的操作（包括存储和处理本身采集的数据及其他节点发来的数据）。

（3）无线通信模块负责与其他传感器节点建立无线通信关系、交换控制消息和收/发采集数据等。

（4）能量供应模块负责提供传感器节点运行所需的能量，通常采用微型电池。

根据传感器节点在使用中是否移动，无线传感器网络可被分为静态网络和动态网络，其中大多数是静态网络。静态网络中，传感器节点被随机地或按一定要求布置在监测区域内，并可根据用户的要求对温度、湿度、噪声、光强度、压力等环境参数进行测量，或者感知物体的运动速度和方向等；而动态网络中传感器节点一般被安置在可移动的物体上，如车辆或被监测的动物，它将随物体的移动而移动。

在图 8.6 所示的无线传感器网络中，大量传感器节点随机部署在监测区域内部或附近，通过自组织方式构成网络来对环境与对象进行监测；传感器节点监测的数据沿着其他传感器节点逐跳地进行传输；在传输过程中监测数据可能被多个节点处理，经过多跳后，其被路由到汇聚节点，再通过局域网、因特网（Internet）、移动通信网、卫星等到达管理节点；用户通过管理节点对传感器网络进行配置和管理、发布监测任务及收集监测数据等。

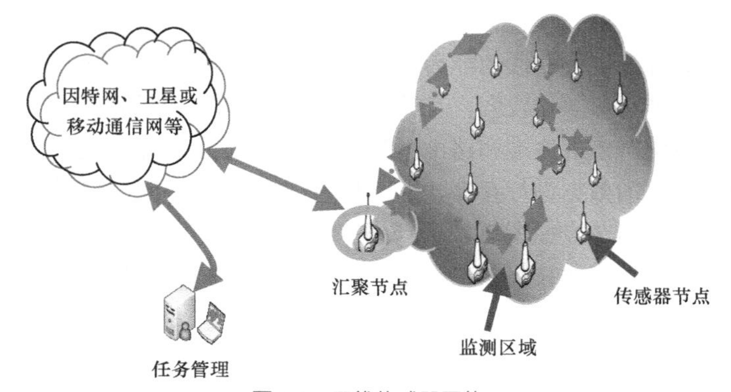

图 8.6 无线传感器网络

8.2 物联网软件系统

8.2.1 物联网软件系统的层次

典型的物联网软件系统可分为操作系统层、系统服务层和应用层这 3 个层次，如图 8.7 所示。

（1）操作系统层主要包含物联网操作系统，它可以提供资源管理功能、硬件访问接口和任务执行环境。

（2）系统服务层包括移动管理、能量管理、网络协议、定位与定时等功能，主要为应用层提供所需的系统服务。

（3）应用层实现对来自多个设备、节点的数据进行融合及面向特定应用任务提供其所需的功能。

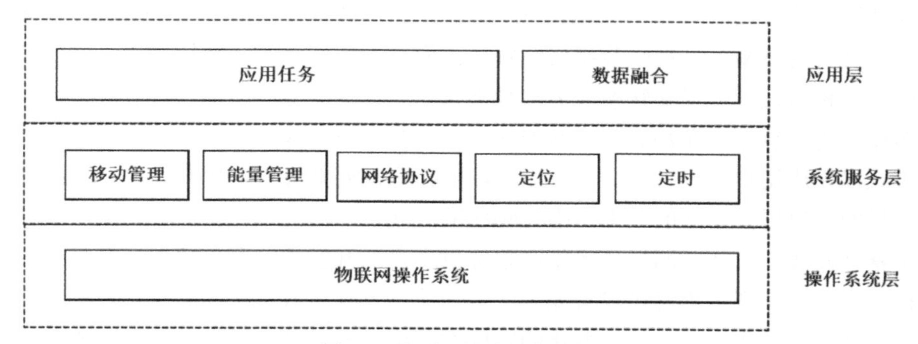

图 8.7　物联网软件系统层次图

8.2.2 物联网操作系统

由于物联网系统中存在的异构计算节点、设备类型多种多样，它们的计算、存储、通信、续航能力各不相同，并且面向的应用领域也差异极大，因此物联网操作系统作为基础的软件平台，必须能够适应这种复杂的硬件环境才能管理好各种资源，并为各种层出不穷的新型物联网应用软件的开发和运行提供支撑。

物联网操作系统需要通过详细的需求分析，科学地设计系统的体系架构，使操作系统具有轻量化、灵活性、可移植、可裁剪等特征，实现更强的物理硬件抽象能力，有效屏蔽底层硬件的差异，以支撑物联网产业生态。

此外，物联网操作系统应具备丰富、友好的用户界面和应用开发接口，支持网络数据存储、访问和共享，提高系统开发和部署的效率，还应具备统一管理、访问控制和动态配置接口，以提升物联网系统的可管控性、可维护性和安全、可靠性。

总之，与传统计算机操作系统相比，物联网操作系统更强调以下特点。

（1）微内核设计。更为简洁的内核，减少内核代码量，充分模块化，增强内核可裁剪性、可靠性和可移植性，以适应异构的硬件平台，其特别适配于性能受限的嵌入式设备。

（2）系统实时性强。智慧交通、智慧安防等物联网应用系统要求操作系统具备实时性，包括：中断响应实时性，一旦发生中断，系统必须在限定时间内响应中断并进行处理；任务调度实时性，一旦任务所需资源准备就绪，能够马上得到调度。

（3）功能扩展性强。由于各类应用的层出不穷，系统需要统一定义接口和规范，方便在系统中增加新的功能、提供新的硬件支持，同时需要采用灵活的设备管理策略，以方便动态加载设备驱动程序等模块。

（4）高安全、可靠性。无人驾驶、智慧军事等物联网应用系统要求操作系统必须足够安全、可靠，具有高安全等级、高鲁棒性，能够有效容忍系统异常、故障，还能够抵御各类恶意攻击等。

（5）绿色高能效。许多物联网系统由于设备、节点数量多，往往会消耗大量的能源，而采用无线移动工作模式也需要其具备足够的电源续航能力。面对这种情况，除了对底层硬件功耗进行控制外，还需要操作系统实现对能源的有效管理，具备省电模式。通过动态电压频率调节（Dynamic Voltage and Frequency Scaling，DVFS）等技术，能够最大限度降低能耗、提升能效。

（6）远程监控配置。物联网系统常常规模庞大，因此，操作系统有必要具备远程对系统中的设备和节点进行性能监控、参数配置、功能开关、系统升级和故障诊断等的能力。

（7）完善网络协议栈。物联网操作系统必须支持完善的网络通信协议栈，既能支持 TCP/IP 等一般的因特网通信协议，又能支持 4G、5G 等移动通信技术，还能支持 Zigbee、蓝牙等近距离通信协议，以及实现 XML 标准化数据格式解析；此外，操作系统还能够支持不同协议间的相互转换，能够将一种协议数据报文转换成另一种格式。

（8）多模态用户界面。在物联网的智能终端中，常常要求能够支持语音、手势、文本、触摸等多模态方式以完成用户与设备的交互。因此，操作系统要能够根据用户、应用系统的需要，提供各类交互界面，以提高交互的效率、缩短响应的时间。

（9）丰富开发接口。物联网操作系统必须提供丰富的开发接口和便捷、成熟的开发工具，支持多种编程语言，能实现多语言多设备编译，方便第三方开发人员快速开发出所需的应用系统，并能实现迭代开发，以适应快速发展变化的物联网应用场景，降低开发时间和成本；另外，操作系统还应提供应用系统的远程下载、远程调试工具等，以支撑开发全过程。

8.3 典型物联网操作系统

8.3.1 HarmonyOS

华为公司于 2019 年发布了开源的鸿蒙操作系统（HarmonyOS），并于 2020 年将其升级至 HarmonyOS 2.0 版本。这是一种基于微内核、面向全场景的通用型物联网操作系统。

鸿蒙操作系统采用了 3 层架构：内核、基础服务和应用框架，支持物联网系统各类设备的互连互通。鸿蒙操作系统的微内核和组件化耦合架构使其更易按需扩展，并实现系统安全、可信及毫秒级乃至亚毫秒级的低响应时延，还允许根据设备的资源状况和业务特征进行灵活裁剪，以满足不同形式终端对系统的要求，如既可运行在百 KB 级别资源受限的设备上，也可运行在百 MB 级别、甚至 GB 级别资源丰富的设备上。该操作系统可适配于智能手机、平板电脑、个人计算机、车联网设备、智能家电、可穿戴设备等中。

鸿蒙操作系统构建了全场景开发的完整平台工具链和生态，开放源代码，并为第三方开发者提供方舟编译器、开发板、模组、芯片、模拟器、SDK 包和华为 DevEco 2.0 一站式（开发、编译、调试、烧录）集成开发工具。鸿蒙操作系统的统一软件架构打通了多种终端，使得应用程序的开发与不同终端设备的形态差异无关，降低了开发难度和成本。

鸿蒙操作系统的部分技术亮点如下。

（1）鸿蒙操作系统采用分布式软总线、分布式数据管理、分布式能力调度和虚拟外设技术，实现跨终端无缝协同体验；对开发者屏蔽底层，使开发者能够聚焦自身业务逻辑，像开发同一终端一样开发跨终端分布式应用系统，使最终用户可在各业务场景下无缝体验。

（2）鸿蒙操作系统使用确定时延引擎和高性能进程通信技术。调度处理时，在任务执行前设置进程执行优先级及时限，并利用微内核优势提升进程通信效率。

（3）鸿蒙操作系统基于微内核架构可增强设备的安全、可信性，其让微内核提供进程调度和进程通信等基础功能，而让用户应用、系统服务尽量在内核外的目态运行，并加入相互之间的安全隔离保护；操作系统还将形式化方法应用于可信执行环境，通过数据模型验证所有软件运行路径，从源头验证系统正确性可显著提升安全等级。

8.3.2 TencentOS Tiny

TencentOS Tiny 是由腾讯公司开发的实时物联网操作系统，具有低功耗、低资源占用、模块化、安全、可靠等特点，可有效提高物联网终端产品开发效率。TencentOS Tiny 的内核组件特别强调实时性，且可灵活裁剪、配置，易于移植，内部集成主流物联网协议栈。

TencentOS Tiny 的架构如图 8.8 所示。

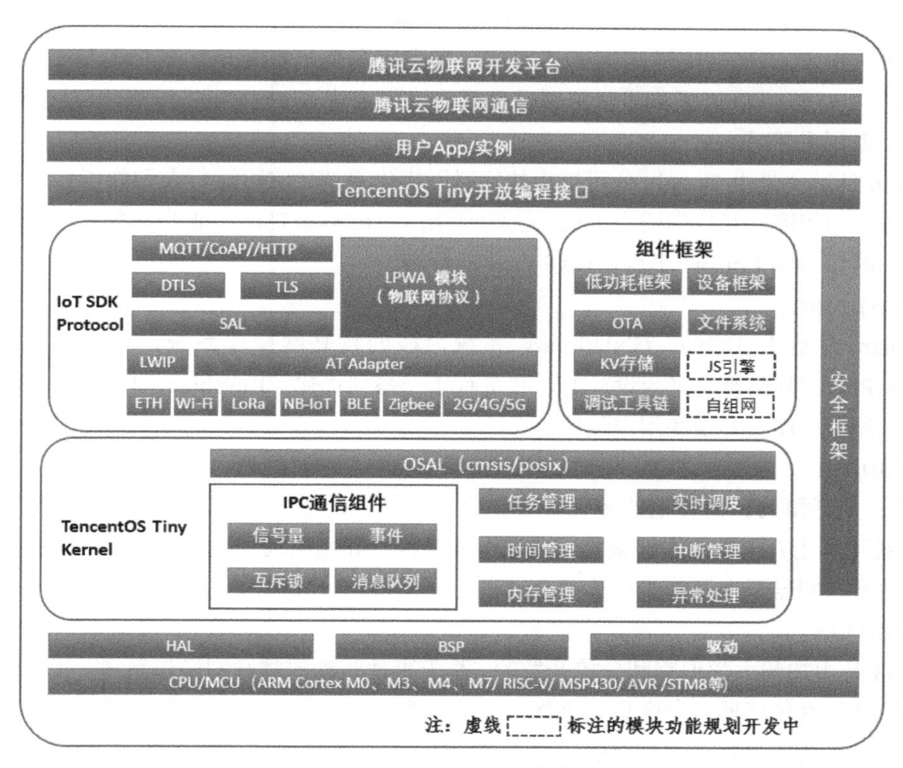

图 8.8　TencentOS Tiny 架构图

TencentOS Tiny 的目标是广泛适配各类物联网终端，为物联网终端提供操作系统平台，方便各种物联网设备快速接入腾讯云。它可支持智慧城市、智慧家居、智能穿戴、车联网等多种应用系统。

TencentOS Tiny 的一个优势是能够结合腾讯云物联网开发平台 IoT Explorer，从而打通芯片通信开发、网络支撑服务、物理设备定义及管理、数据分析和多场景应用开发等全链条，实现大规模物联网终端设备以多模式接入腾讯云服务，促进物联网生态良性发展。

8.3.3 其他开源物联网操作系统

除了 HarmonyOS 和 TencentOS Tiny 以外，还有其他开源物联网操作系统可供选用，它们分别是 AliOS、Android Things、Raspbian、Contiki、TinyOS 等。很多操作系统都是源代码公开的开源软件，开发者可以遵循开源协议对其进行使用、编译和再发布。也可以说，在遵守相关开源协议的前提下，任何人都可以对其进行免费使用，还可以随意控制软件的运行方式。

这些开源物联网操作系统也具有了开源软件的优势。其具体优势如下。

（1）方便系统和应用程序开发人员查看/学习/理解代码、了解系统原理、优化程序性能。

（2）系统存在的各类漏洞和缺陷更容易被快速发现，有助于快速实现代码的协同开发和升级。

（3）第三方开发人员和用户可以根据需求、根据应用场景的不同，灵活修改系统代码以实现个性化定制。

目前的物联网操作系统常常被分为基于 Linux 内核和基于非 Linux 内核两大类。下面简要介绍几种普遍受到关注的物联网操作系统。

1．AliOS

阿里巴巴于 2017 年发布了 IoT 终端和工业领域的物联网操作系统 AliOS，提出“驱动万物智能”的构想。此后，阿里巴巴与福特汽车公司、神龙汽车公司等展开合作，将 AliOS 应用到智联网汽车项目。目前，AliOS 系列中的轻量级物联网操作系统 AliOS Things 已经开放源代码。

2．Android Things

Android Things 是由 Google 公司推出的物联网操作系统。它可运行在智能可穿戴设备上，并支持设备与云端相连，其特别适合 Java 程序员使用。Android Things 能够兼容一系列物联网硬件设备平台，例如 Intel Edison 平台、NXP Pico 平台等。

3．Raspbian

Raspbian 是基于 Debian GNU/Linux 系统内核的物联网操作系统，是专门为“树莓派”（Raspberry Pi）物联网硬件平台设计的，并进行了一系列优化。Raspbian 拥有数万个软件包或预编译软件，便于程序员开发和用户使用。

4．Contiki

Contiki 是开源的、易移植的多任务操作系统，其特别适用于内存受限的物联网终端设备。Contiki 系统可利用几 KB 的内存来实现多进程并发执行和网络通信。Contiki 已可移植并成功运行于嵌入式微型控制器平台及游戏机等平台。

5．TinyOS

TinyOS 是由加州大学伯克利分校开发的、基于事件驱动的物联网操作系统，其目标是用最少的硬件支持物联网传感器并发密集型操作。该操作系统小巧、简洁，支持低功耗，可用 nesC 语言来编写，常被研究低功耗网络系统的研究人员使用。

6．FreeRTOS

FreeRTOS 是基于微内核的实时物联网操作系统。它支持任务管理、时间管理、信号量、消息队列、内存管理、软件定时器等功能，具有可移植、可裁剪、调度策略灵活的特征，已经成功地被部署在数百万物联网终端设备上。FreeRTOS 是在麻省理工学院开放源码许可证下免费发布的，强调可靠性和易用性，获得了广泛的物联网设备支持。FreeRTOS 内核被世界领先公司视为微控制器和小型微处理器的事实标准。FreeRTOS 占用的资源比 Linrx 少，可以在内存不到 0.5KB 的设备上运行。

8.4　本章小结

本章主要围绕物联网操作系统的相关知识展开：首先介绍了物联网系统的概念、物联网系统构成和无线传感网；接着介绍物联网系统中的软件系统，其间介绍了物联网软件系统的层次和核心部件物联网操作系统；最后本章以 HarmonyOS、TencentOS Tiny 等为代表，具体介绍了目前受到广泛关注和应用的开源物联网操作系统。

习题 8

1．选择题

（1）无线传感器网络节点中负责存储和处理所采集到数据的模块是（　　）。

A．传感器模块　　B．处理器模块

C．无线通信模块　　D．能量供应模块

（2）为增强安全、可信性，鸿蒙操作系统让微内核提供进程调度和进程通信等基础功能，而让用户应用、系统服务尽量在内核外的（　　）运行。

A．目态　　B．管态　　C．系统态　　D．内核态

（3）目前，许多物联网操作系统都是开源的。下列选择中，并非开源物联网操作系统的是（　　）。

A．TencentOS Tiny　　B．HarmonyOS

C．AliOS　　D．iOS

2．填空题

（1）物联网系统可分为 4 个逻辑层，即传感层、传输层、________和________。

（2）传感器中能直接感知或响应被测量的组件，称为________。

（3）无线传感网中的传感器节点（包含传感器）是更为复杂微型嵌入式系统，它除了具有感知能力，还具备________处理、存储能力和通信能力。

（4）典型的物联网软件系统可分为操作系统层、________和应用层这 3 个层次。

3．简答题

（1）许多物联网操作系统都是源代码公开的开源软件，请描述物联网操作系统采用开源的优势。

（2）请描述鸿蒙操作系统采用的体系架构及其技术特点。

4．解答题

与传统计算机操作系统相比，物联网操作系统更强调哪些特点？为什么？

第9章

课程实验项目

9.1 实验项目 1：进程创建实践

一、实验目标

本实验项目“进程创建实践”的目标包含以下 4 个方面。

（1）熟悉 Linux 中编辑软件 vi 的使用。

（2）熟悉 Linux 中编译器 gcc 的使用。

（3）了解 Linux 中调试器 gdb 的使用。

（4）掌握 Linux 中进程的创建方法。

二、实验指导

本实验可在 Ubuntu 或 Red Hat 等 Linux 操作系统中进行。

1．编辑软件 vi

vi 是窗口化文本编辑软件，在 Linux 命令行界面直接执行 vi 命令可进入 vi 环境。

```
vi   test.c
```

vi 会将文件复制一份至缓冲区。vi 对缓冲区的文件进行编辑，辅存中的文件不变。编辑完成后，使用者可决定是否要取代原始文件。

vi 有 2 种工作模式：命令模式和输入模式。刚进入 vi 时处在命令模式下，此刻键入的任何字符皆被视为命令，可进行删除、修改、存盘等操作；要输入信息，可输入字符“a”，转换到输入模式，按 Esc 键可切换回命令模式。

在命令模式下，可选用表 9.1 所示命令离开 vi 编辑环境。

表 9.1　离开 vi 编辑环境的命令

命　　令	说　　明
:q!	离开 vi，并放弃刚在缓冲区内编辑的内容
:wq	将缓冲区内的资料写入磁盘，并离开 vi
:ZZ	同:wq
:x	同:wq
:w	将缓冲区内的资料写入磁盘，但并不离开 vi

在 vi 的输入模式下，程序员可以按照 C 语言等编程语言的规范输入源代码。

2．编译器 gcc

gcc 是一种 GNU C 编译器，建立在自由软件基金会编程许可证的基础上。在 Linux 命令行界面直接执行 gcc 命令可进入 gcc 环境。

```
gcc [options] [filenames]
```

gcc 提供了超过 100 个编译选项。gcc 不用任何选项编译一个程序（如 test.c）时，编译成功后会在当前目录下创建名为 a.out 的可执行文件。

```
gcc   test.c
```

gcc 用-o 选项来为产生的可执行文件指定一个文件名来代替 a.out。

```
gcc   -o   count   test.c
```

如果程序中存在错误，将无法生成可执行文件，并显示错误语句。

3．调试器 gdb

gdb 是 GNU 调试器，可用来调试 C 和 C++程序。利用 gdb 可在程序运行时观察程序的内部结构和内存的使用情况。其具体功能如下。

（1）监视程序中变量的值。

（2）设置断点以使程序在指定的代码行上停止运行。

（3）一行行地执行代码。

gdb 中常用的基本命令如表 9.2 所示。

表 9.2 gdb 中常用的基本命令

命　令	说　明
file	装入欲调试的可执行文件
kill	终止正在调试的程序
list	列出产生可执行文件的源代码部分
next	执行一行源代码但不进入函数内部
step	执行一行源代码并进入函数内部
run	运行当前被调试的程序
quit	离开 gdb
watch	监视一个变量的值而不管它何时被改变
break	在代码里设置断点，使程序运行到这里时被挂起
make	不离开 gdb，重新产生可执行文件
shell	不离开 gdb，执行 UNIX shell 命令

4．工具使用范例

（1）编写可执行文件 test.c。

```
#include <stdio.h>

int main(){
    int a=1;
    printf("Hello World");
    return(0);
}
```

（2）编译，添加-g 以便调试，即从 Release 编译切换为 Debug 编译。

```
gcc  -g -o  count  test.c
```

（3）启动 gdb。

```
gdb count
```

（4）使用 list（l）指令列出源代码。

```
(gdb) l
```

输出结果如下所示。

```
1       #include <stdio.h>
2
3       int main(){
4           int a=1;
5           printf("Hello World");
6           return(0);
7       }
```

（5）使用断点指令 break（b）添加断点。

```
(gdb) b 4
Breakpoint 1 at 0x1155: file test.c, line 4.
```

（6）使用 run 指令运行程序。

```
(gdb) run
Starting program: /home/dai/example_project/count
Breakpoint 1, main () at test.c:4
4            int a=1;
```

（7）使用 watch 指令添加监视。

```
(gdb) watch a
Hardware watchpoint 2: a
```

（8）使用 step 指令步进，观察赋值过程。

```
(gdb) step
```

输出结果如下所示。

```
Hardware watchpoint 2: a

Old value = 0
New value = 1
main () at test.c:5
5            printf("Hello World");
```

5．进程创建方法

下面介绍在 Linux 中如何用上述工具实现进程的创建。来回顾进程的创建过程：创建进程时，首先会创建进程标识，然后为新创建的进程分配内存和其他资源，接着是初始化进程控制块 PCB，再将创建的进程插入相应的就绪队列，等待被系统调度，如图 9.1 所示。

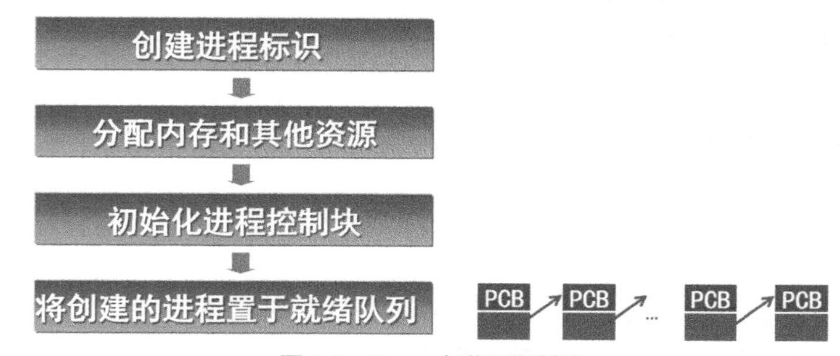

图 9.1　Linux 中进程的创建

在 Linux 中通过不断的进程创建形成一棵不断裂的进程树：首先由 0 号进程创建 1 号进程，然后由 1 号进程创建其他进程，其他进程也可以再创建各自的子进程，由此形成一棵进程树，如图 9.2 所示。

为了实现 Linux 中进程的创建，需要用到的函数是 fork()。

fork()系统调用格式：

```
pid=fork()
```

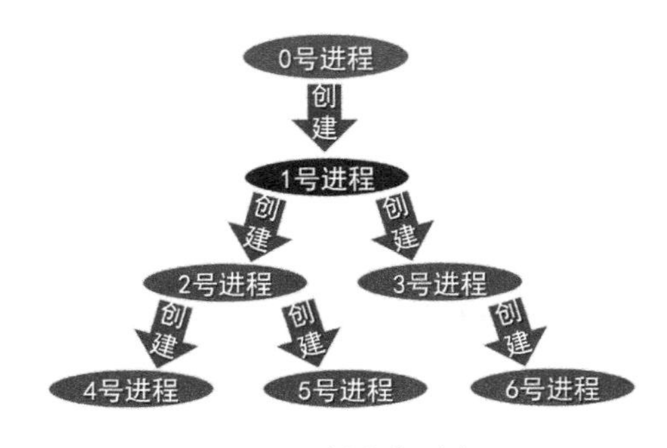

图 9.2　创建进程树

定义：

```
int fork()
```

fork()函数在被调用的时候会返回三种值，返回值意义如下。

（1）0：在子进程中，pid 变量保存的 fork()返回值为 0，表示当前进程是子进程。

（2）>0：在父进程中，pid 变量保存的 fork()返回值为子进程的 id 值（进程唯一标识符）。

（3）−1：创建失败。

fork()的主要特点：如果 fork()调用成功，则 fork()向父进程返回子进程的进程标识符，并向子进程返回 0；如果调用成功，fork()被调用了一次，则返回两个值；子进程是调用 fork()的父进程的副本。也就是说，刚创建好的子进程跟父进程的代码、数据是一样的，但是子进程有自己唯一的、独立的进程标识符和进程控制块；子进程和父进程是两个相互独立的进程。

下面以一个具体的进程创建实例来进行实践。

（1）父进程创建两个子进程，系统有 3 个进程并发运行。

（2）子进程 1 显示 5 行 daughter。

（3）子进程 2 显示 5 行 son。

（4）父进程显示 5 行 father。

完成上述功能的 C 语言参考代码如下：

```
#include <stdio.h>
#include<unistd.h>

int main()
{
    int p1,p2,i;
    while((p1=fork())== -1);            /*创建子进程p1*/
    if (p1==0)
    for(i=0;i<5;i++)
        printf("daughter    %d\n",i);
    else
    {
        while((p2=fork())== -1);        /*创建子进程p2*/
        if(p2==0)
            for(i=0;i<5;i++)
                printf("son    %d\n",i);
        else
            for(i=0;i<5;i++)
                printf("father    %d\n",i);
    }
    return(0);
}
```

上述代码中，父进程会调用 fork()这个函数来创建第一个子进程 p1，如果子进程创建失败，会返回-1 值；循环创建，直到子进程创建成功，跳出这个循环。此时，系统里面会有两个进程并发运行：父进程和子进程 p1。子进程 p1 虽然继承了父进程的代码和数据，但是它的执行入口指针指向 fork()的下一行代码。子进程获得 fork()返回的 0 值，执行在屏幕上显示出 5 行 daughter 的这一段代码。而 fork()返回给父进程的是一个大于 0 的值，父进程再次调用 fork()创建第二个子进程 p2，并用同样的方法确保子进程创建成功。同理，如果创建成功，系统里面就会产生另外一个子进程，子进程 p2 也继承了父进程的代码和数据，但是它的执行入口指针指向第 2 次调用的 fork()的下一行代码。子进程 p2 获得 fork()返回的 0 值，执行在屏幕上显示出 5 行 son 的这一段代码。第 2 次被调用的 fork()返回给父进程的是一个大于 0 的值，父进程再执行在屏幕上显示出 5 行 father 的这一段代码。

输出结果如下所示。

```
father   0
father   1
father   2
father   3
father   4
daughter   0
daughter   1
daughter   2
daughter   3
daughter   4
son   0
son   1
son   2
son   3
son   4
```

以上利用 fork()实现进程创建的过程，可以用“ltrace –f –i –S ./executable-file-name”查看。

9.2 实验项目 2：进程的变异、等待与终止

一、实验目标

本实验项目“进程的变异、等待与终止”的目标包含以下 3 个方面。

（1）熟悉 Linux 中进程变异调用的使用。

（2）熟悉 Linux 中进程等待调用的使用。

（3）熟悉 Linux 中进程终止调用的使用。

二、实验指导

1．exec ()

在 Linux 中要实现进程的变异，主要用到的函数是 exec()。exec()系列函数以可执行的二进制文件覆盖进程用户级上下文的存储空间，以更改进程用户级上下文。系统库 unistd.h 中共有 execl()、execlp()、execle()、execv()、execvp()五个函数，基本功能相同，以不同的方式来给出参数。若 exec()调用成功，则进程被覆盖，从新程序的入口开始执行，新进程的进程标识符与调用进程相同。

exec()系统调用格式：

```
int   execl(path,arg0[,arg1,...argn],0)
```

参数定义：

```
char    *path,*arg0,*arg1,...,*argn;
```

exec()可与 fork()联合使用：用 fork()建立子进程，然后在子进程中使用 exec()，实现父进程与一个与它完全不同的子进程并发运行。

2．进程等待调用

在 Linux 中要实现进程的等待调用，用到的函数是 wait()。wait()用于父进程等待子进程运行结束；如果子进程没有完成，父进程一直等待，wait()将调用进程挂起，直至其子进程因暂停或终止而发来软中断信号为止；如果在 wait()前已有子进程暂停或终止，则调用进程做适当处理后便返回。

wait()系统调用格式：

```
int    wait(status)
```

参数定义：

```
int    *status;
```

wait()执行时包含以下步骤。

（1）首先查找调用进程是否有子进程，若无，则返回出错码。

（2）若找到一处于“僵死状态”的子进程，则将子进程的执行时间加到父进程的执行时间上，并释放子进程的进程表项。

（3）若未找到处于“僵死状态”的子进程，调用进程在可被中断的优先级上睡眠，当子进程发来软中断信号时被唤醒。

3．进程终止调用

在 Linux 中要实现进程的终止调用，用到的函数是 exit()。进程用 exit()来实现自我终止，从而及时回收进程所占用的资源并减少父进程的干预。父进程在创建子进程时，在进程的末尾安排一条 exit()，使子进程自我终止。

简言之，exit()完成的工作包括关闭软中断、回收资源、写记账信息、将进程置为终止状态。

exit()系统调用格式：

```
int    exit (status)
```

参数定义：

```
int    status;
```

exit()执行时返回值意义如下。

（1）status 是返回给父进程的一个整数，以备查考。

（2）exit(0)表示进程正常终止。

（3）exit(1)表示进程运行有错，异常终止。

4．典型应用示范程序

本节展示的应用示范程序是由父进程创建一个子进程，然后子进程自我变异成一个跟父进程完全不一样的新的进程。新进程的功能是执行命令“ls -l -color”，按倒序列出当前目录下所有文件和子目录，并在屏幕上显示“ls completed!”。

完成上述功能的 C 语言参考代码如下。

```
#include <stdio.h>
#include <unistd.h>
#include <stdlib.h>
#include <sys/wait.h>
```

```
int main()
{
    int pid;
    pid = fork(); /*创建子进程*/
    switch (pid)
    {
    case -1: /*创建失败*/
        printf("fork fail!\n");
        exit(1);
    case 0: /*子进程*/
        execl("/bin/ls", "ls", "-1", "-color", NULL);
        printf("exec fail!\n");
        exit(1);
    default:            /*父进程*/
        wait(NULL); /*同步*/
        printf("ls completed !\n");
        exit(0);
    }
}
```

上述代码中，首先父进程创建一个子进程，如果 fork()返回的值是−1，就代表创建失败，屏幕上显示“fork fail!”，程序结束；如果创建成功，fork()会给子进程返回一个 0 值，而给父进程返回一个大于 0 的值，子进程将会调用 excel()，在辅存上找到名为“ls”的二进制文件，用这个二进制文件替换子进程上下文，从而实现子进程自我变异成跟父进程不一样的新的进程。ls 命令用来展示出当前目录下的文件、目录等信息。

如果 excel()调用失败，程序将会继续往下执行，在屏幕上显示出调用 excel 失败的“exec fail!”字符串，然后终止子进程，并向父进程返回一个 1 值。

父进程利用 wait()来等待子进程终止；子进程终止时，父进程将被唤醒，并在屏幕上显示出“ls completed !”字符串，然后终止。

输出结果如下所示。

```
总用量 21
-rwxrwxrwx 1 root    502 9 月   13 12:40 exp2.c
-rwxrwxrwx 1 root 16864 9 月   13 12:40 exp2
-rwxrwxrwx 1 root    468 9 月   13 12:21 exp1.c
ls completed !
```

9.3　实验项目 3：内存操作实践

一、实验目标

本实验项目“内存操作实践”的目标包含以下 3 个方面。

（1）理解 Linux 的内存资源分配需求。

（2）熟悉 Linux 内存动态分配函数的使用。

（3）熟悉 Linux 内存释放函数的使用。

二、实验指导

操作系统完成了大部分的内存管理工作，对于程序员而言，内存管理的过程透明不可见。系统软件和应用程序经常需要设计和处理动态数据结构，动态数据结构长度的变化，存储空间的分配方案难以确定。

静态内存分配需在编程时确定长度，但无法准确预测和预留所需长度。预留空间大时，可能存在浪费；预留空间小时，可能不够用。因此，系统都会提供相应的动态的存储分配方案。在 Linux 中可以通过 malloc()函数来实现动态的对内存资源的申请和分配，而在 Windows 下则采用堆函数。

本实验可在 Ubuntu 或 Red Hat 等 Linux 操作系统中进行。

1．Linux 内存动态分配函数

Linux 中实现内存动态分配的函数是 malloc()。

malloc()系统调用格式：

```
void  *malloc(size_t  size)
```

程序使用 malloc()需要包含头文件 malloc.h。

（1）函数分配指定大小 size 字节的内存空间。

（2）成功时返回分配内存的指针，即所分配内存的地址。

2．Linux 内存释放函数

Linux 中实现内存释放的函数是 free()。

free()系统调用格式：

```
void  free(void * addr)
```

程序使用 free()需要包含头文件 malloc.h。

（1）释放由 malloc()分配的内存。

（2）addr 是释放内存空间的起始地址，由 malloc()返回。

3．典型应用示范程序

本节展示的应用示范程序是让程序首先动态申请，获得一块内存空间；然后把“hello”这个字符串写到分配的内存空间，成功的话，将相应的字符串和内存地址显示在屏幕上；最后，把申请获得的内存空间释放掉。

完成上述功能的 C 语言参考代码如下。

```
#include <stdio.h>
#include <stdlib.h>
#include <string.h>
#include <malloc.h>
int main(void)
{
    char *str = NULL;
    if ((str = (char *)malloc(10)) == NULL)
    {
        printf("not enough memory to allocate buffer \n");
        exit(1);
    }
    strcpy(str, "hello");
    printf("string is %s \n", str);
    free(str);
    exit(0);
}
```

输出结果如下所示。

```
string is hello
```

9.4　实验项目 4：文件操作实践

一、实验目标

本实验项目“文件操作实践”的目标包含以下两个方面。

（1）进一步理解 Linux 的文件系统。

（2）熟悉 Linux 文件操作常用函数的使用。

二、实验指导

本实验可在 Ubuntu 或 Red Hat 等 Linux 操作系统中进行。

1．打开文件函数

Linux 中实现打开文件的函数是 open()。

open()系统调用格式：

```
int open(char *path,int flags,mode_t mode)
```

程序使用 open()需要包含头文件 types.h、stat.h 和 fcntl.h。

（1）参数 path 是指向所要打开的文件的路径名指针。

（2）参数 mode 规定对该文件的访问权限。

（3）参数 flags 规定如何打开该文件。

2．读取文件函数

Linux 中实现读取文件的函数是 read()。

read()系统调用格式：

```
int read(int fd,void *buf,size_t nbytes)
```

程序使用 read()需要包含头文件 types.h 和 unistd.h。

（1）从文件描述符 fd 所代表的文件中读取 nbytes 字节到 buf 指定的缓冲区。

（2）读取的内容从当前的读/写指针所指示的位置开始。

（3）调用成功后文件读/写指针增加读取字节数。

（4）设置的数据缓冲区应足够大，内核只复制数据，不检查。

read()的返回值如果是−1，则表明发生错误；返回值如果是 0，则表明读/写指针在文件结束处；返回值如果是大于 0 的整数，则表明从该文件复制到规定的缓冲区中的字节数，通常与所请求的字节数相同。

3．写入文件函数

Linux 中实现写入文件的函数是 write()。

write()系统调用格式：

```
int write(int fd,void *buf,size_t nbytes)
```

程序使用 write()需要包含头文件 types.h 和 unistd.h。

（1）文件描述符 fd 所代表的文件为待写入的文件。

（2）从 buf 所指定的缓冲区中将 nbytes 字节写到文件中。

4．关闭文件函数

Linux 中实现关闭文件的函数是 close()。

close()系统调用格式：

```
int close(int fd)
```

程序使用 close()需要包含头文件 unistd.h。

（1）打开一个文件，系统就给文件分配一个文件描述符，将该文件的引用计数加 1 。

（2）调用 close()时，打开文件描述符的引用计数减 1 ，最后一次对 close()的调用将使引用计数清零。

（3）进程结束时，打开的文件将自动关闭。

5．典型应用示范程序

本节展示的应用示范程序是实现一个文件的信息的插入和删除。

完成上述功能的 C 语言参考代码如下。

```
#include <stdio.h>
#include <stdlib.h>
#include <unistd.h>
#include <string.h>
#include <sys/types.h>
#include <sys/stat.h>
#include <fcntl.h>
int main()
{
    int fd0, record_len, buff_len, cnt;
    char filename[50], f_buff[2000];
    strcpy(filename, "./example.txt");
    fd0 = open(filename, O_RDWR | O_CREAT, 0644);
    if (fd0 < 0)
    {
        printf("Can't open or create example.txt file!\n");
        exit(0);
    }
    buff_len = 20;
    record_len = 10;
    lseek(fd0, 0, SEEK_SET); /*定位到文件开始位置*/
    /*读文件,将大小为record_len*buff_len 的内容读取到f_buff 中*/
    cnt = read(fd0, f_buff, record_len * buff_len);
    cnt = cnt / record_len;
    printf("%s\n", f_buff);
    strcpy(f_buff, "1234567890");           /*设置要写入文件的信息*/
    write(fd0, f_buff, strlen(f_buff)); /*写文件*/
    write(fd0, "\n\r", 2);
    close(fd0); /*关闭文件*/
    return (0);
}
```

上述代码中，首先用 open()来打开文本文件 example.txt（该文本文件内容就是上述代码），并可读可写，打开失败将返回出错码；如果打开成功，就可以写入信息，首先用 lseek()来定位到文件开始位置，然后通过 read()把文本文件 example.txt 的内容读到内存空间，再用 write()实现修改，即将字符串“1234567890”写到文件指定区域；最后，用 close()关闭文件。

程序的执行效果如图 9.3 所示。

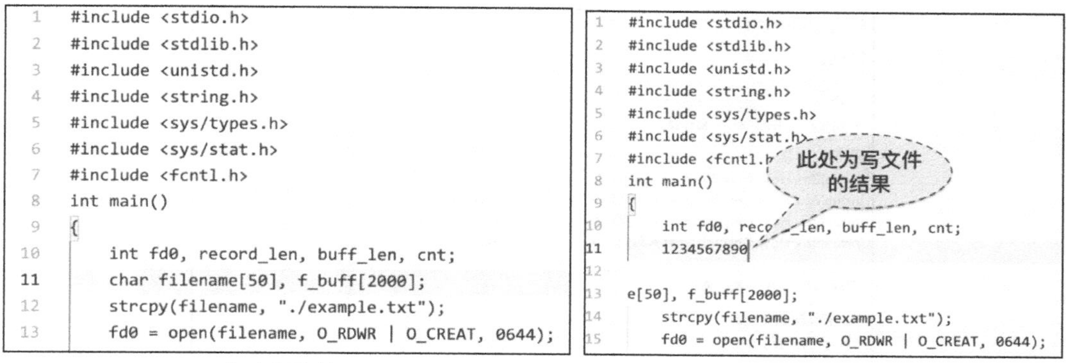

```
1   #include <stdio.h>
2   #include <stdlib.h>
3   #include <unistd.h>
4   #include <string.h>
5   #include <sys/types.h>
6   #include <sys/stat.h>
7   #include <fcntl.h>
8   int main()
9   {
10      int fd0, record_len, buff_len, cnt;
11      char filename[50], f_buff[2000];
12      strcpy(filename, "./example.txt");
13      fd0 = open(filename, O_RDWR | O_CREAT, 0644);
```

（a）写入前

```
1   #include <stdio.h>
2   #include <stdlib.h>
3   #include <unistd.h>
4   #include <string.h>
5   #include <sys/types.h>
6   #include <sys/stat.h>
7   #include <fcntl.h
8   int main()
9   {
10      int fd0, reco  len, buff_len, cnt;
11      1234567890
12
13  e[50], f_buff[2000];
14      strcpy(filename, "./example.txt");
15      fd0 = open(filename, O_RDWR | O_CREAT, 0644);
```

此处为写文件的结果

（b）写入后

图 9.3　程序执行效果

9.5　实验项目 5：云操作系统 OpenStack 安装与部署

一、实验目标

本实验项目“云操作系统 OpenStack 安装与部署”的目标包含以下 3 个方面。

（1）进一步理解云操作系统的内涵。

（2）熟悉 OpenStack 获取、安装的流程与方法。

（3）掌握 OpenStack 的配置方法。

二、实验指导

1．OpenStack 系统获取

可通过多种渠道获取代码、SDK 和相关工具，例如，可从其官网获取，也可以从相关的镜像网站获取。

在 OpenStack 的发展过程中，出现了诸多安装部署工具，其中 Fuel 是 Mirantis 公司出品的部署工具，将 OpenStack 的部署通过 Web 来进行，安装方式友好。下面将介绍如何通过 Fuel 进行 OpenStack 的安装与部署。

可以在 Fuel 官网下载 fuel-openstack 的镜像包。

2．安装环境要求

通过 Fuel 对 OpenStack 进行安装和部署需要满足一些基本的软硬件条件。

（1）首先需要在计算机上启用虚拟化技术支持，即开启电脑的 BIOS 设置里的虚拟化技术支持相关选项。

（2）运行 OpenStack 的最低硬件配置一般为 CPU 双核 2.6GHz 及以上、内存 4GB 及以上、磁盘 80GB 及以上。系统应装有 Fuel 对应版本的镜像工具。本节以配置 16GB 内存、AMD5800XCPU、硬盘容量 1TB 的计算机为平台，介绍基于 Fuel 的 OpenStack 的安装与部署。

3．系统安装过程

本节介绍 OpenStack 的安装过程。在利用 Fuel 进行 OpenStack 部署时，要在 VirtualBox 上进行 master 节点、controller 节点以及 compute 节点的配置。VirtualBox 选取 6.0 版本。

首先进行网卡插入及地址设置，如图 9.4 所示。

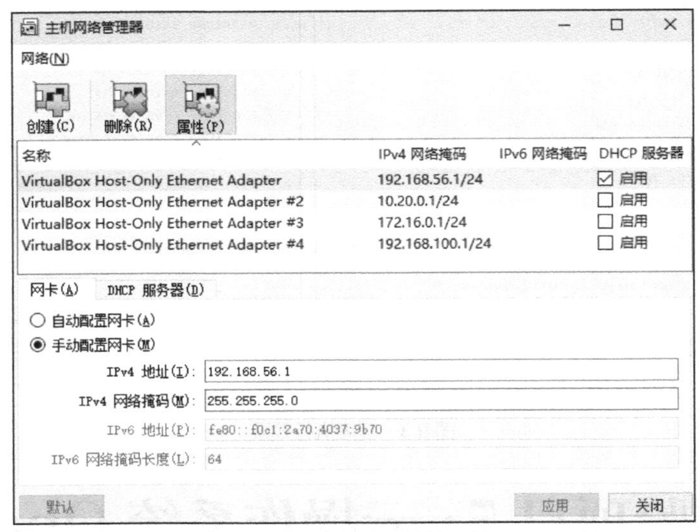

图 9.4　网卡插入及地址设置

新建虚拟机 fuel_master，系统类型为 Red Hat Linux 64 位，分配内存 6144MB，硬盘 80GB，这里盘片选择 Fuel 社区版 11.0 的 ISO 文件。在创建完成后及启动前需要对网络进行设置，网络连接方式为“仅主机（Host-Only）网络”，具体设置如图 9.5 所示。

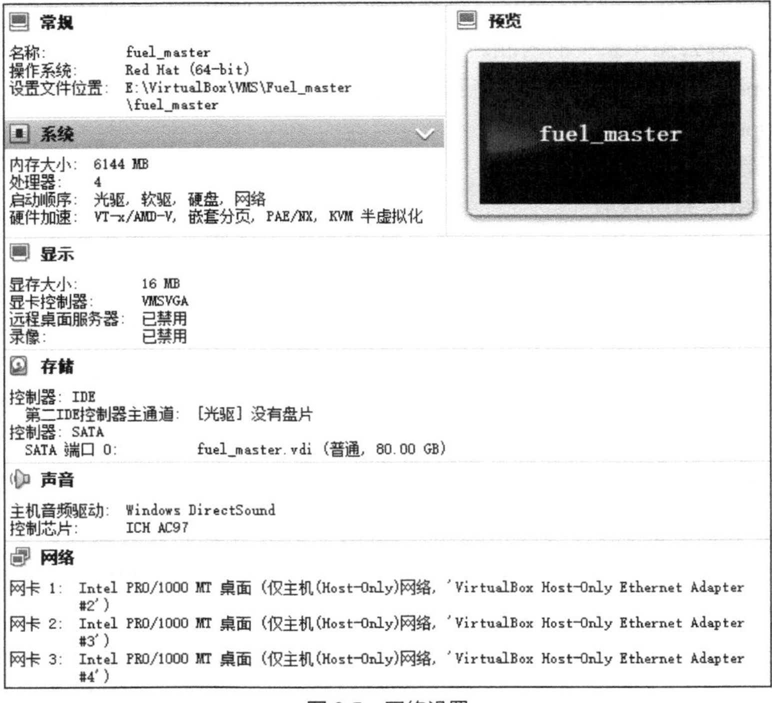

图 9.5　网络设置

安装画面如图 9.6 所示。

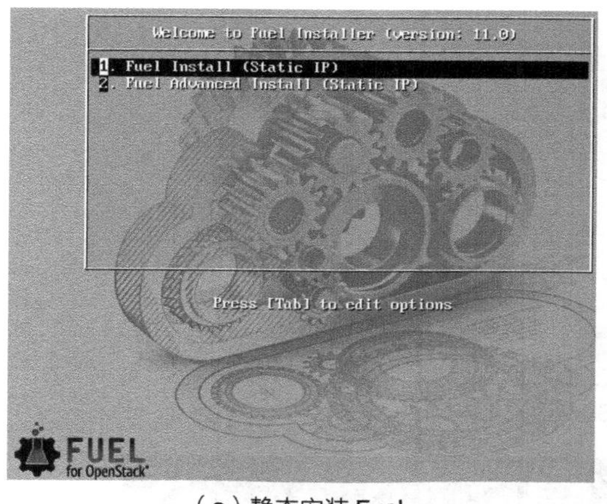

（a）静态安装 Fuel

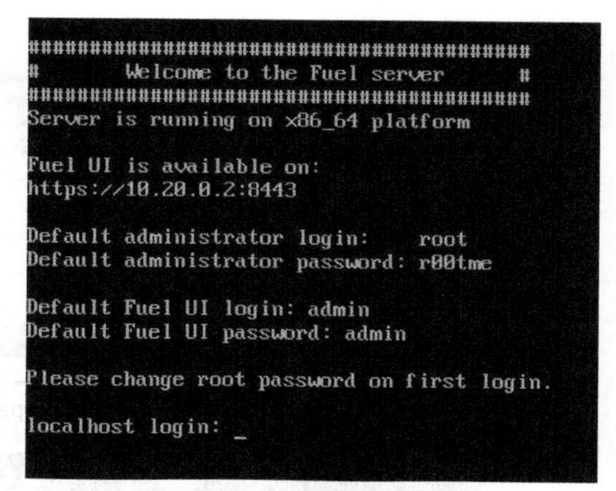

（b）Fuel 初始部署

图 9.6　安装画面

输入默认账号、密码，先查看并关闭 Fuel_master 防火墙，查看和关闭命令如下。

```
Systemctl status firewalld.service;Systemctl status iptables.service
Systemctl disable firewalld.service;Systemctl stop iptables.service
```

然后通过 Xshell 进行 SSH 隧道设置，访问端口 8443，如图 9.7 所示。

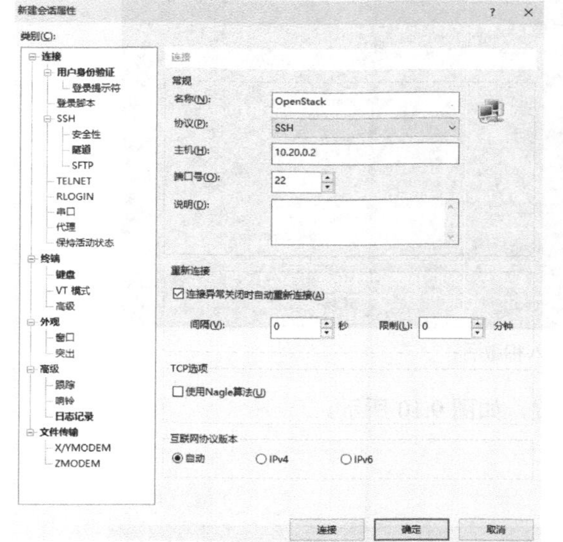

（a）主机 IP 及端口设置

（b）新建 8443 端口隧道

图 9.7　端口和隧道

设置完成，即可在浏览器中输入系统提示网址，通过默认账号和密码访问 Web 端的 Fuel OpenStack 可视化界面，如图 9.8 所示。

由于 OpenStack 源默认指向国外的网站，通常下载速度慢，且存在丢包现象，因此在新建 OpenStack 环境及部署节点之前需要修改本地源，提前下载好 bootstrap 包，通过 Xftp 工具将文件传入 fuel-master 虚拟机，通过 fuel-bootstrap activate 命令激活，如图 9.9 所示。

图 9.8　Fuel OpenStacl 可视化界面

```
anaconda-post-before-chroot.log          anaconda-post-partition.log
anaconda-post-configure-autologon.log    original-ks.cfg
[root@fuel ~]# cd active_bootstrap
[root@fuel active_bootstrap]# ls
initrd.img  metadata.yaml  root.squashfs  vmlinuz
[root@fuel active_bootstrap]# tar -zcvf active bootstrap.tar.gz initrd.img metadata.yaml root.squash
fs vmlinuz
tar: bootstrap.tar.gz: Cannot stat: No such file or directory
initrd.img
metadata.yaml
root.squashfs
vmlinuz
tar: Exiting with failure status due to previous errors
[root@fuel active_bootstrap]# tar -zcvf active_bootstrap.tar.gz initrd.img metadata.yaml root.squash
fs vmlinuz
initrd.img
metadata.yaml
root.squashfs
vmlinuz
[root@fuel active_bootstrap]# fuel-bootstrap import active_bootstrap.tar.gz
Try extract active_bootstrap.tar.gz to /tmp/tmp6JSDNr
Bootstrap image d01c72e6-83f4-4a19-bb86-6085e40416e6 has been imported.
[root@fuel active_bootstrap]# cd ..
[root@fuel ~]# cd active_bootstrap
[root@fuel active_bootstrap]# fuel-bootstrap activate d01c72e6-83f4-4a19-bb86-6085e40416e6
Starting new HTTP connection (1): 10.20.0.2
Starting new HTTP connection (1): 10.20.0.2
Starting new HTTP connection (1): 10.20.0.2
Starting new HTTP connection (1): 10.20.0.2
Bootstrap image d01c72e6-83f4-4a19-bb86-6085e40416e6 has been activated.
[root@fuel active_bootstrap]# fuel-bootstrap list
+--------------------------------------+--------------------------------------+--------+
| uuid                                 | label                                | status |
+--------------------------------------+--------------------------------------+--------+
| d01c72e6-83f4-4a19-bb86-6085e40416e6 | d01c72e6-83f4-4a19-bb86-6085e40416e6 | active |
+--------------------------------------+--------------------------------------+--------+
[root@fuel active_bootstrap]#
```

图 9.9　传入和激活

新建 OpenStack 环境，按需求进行自定义设置，如图 9.10 所示。

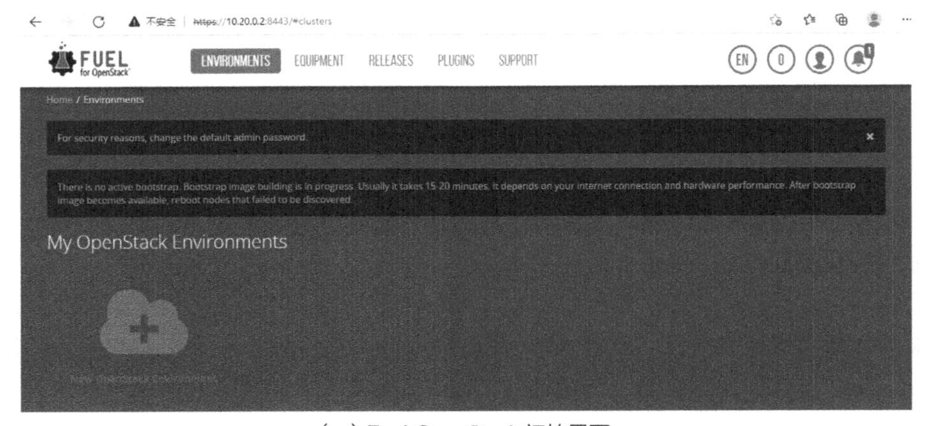

（a）Fuel-OpenStack 初始界面

图 9.10　自定义设置

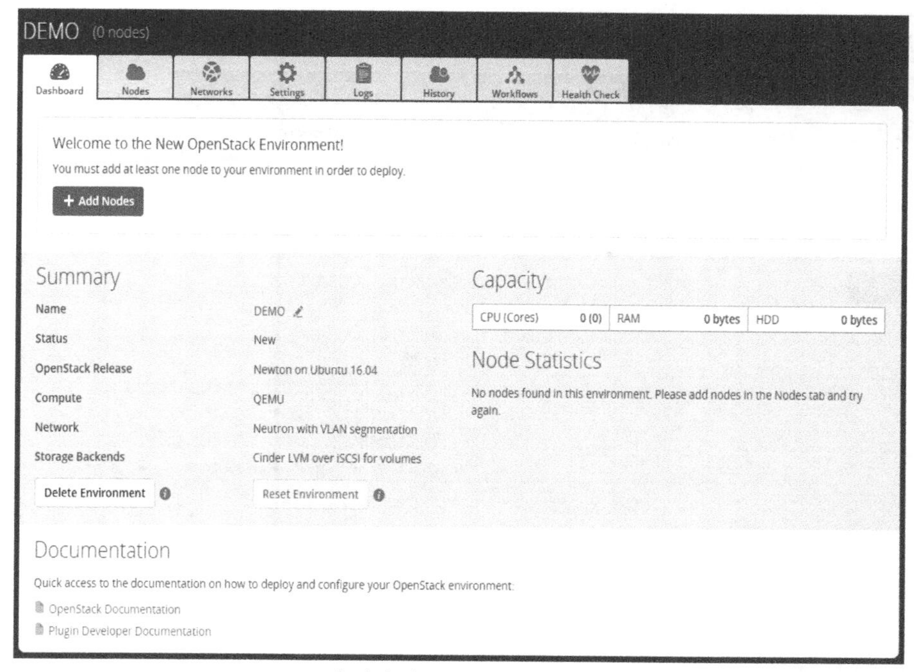

（b）新建 OpenStack 环境

图 9.10　自定义设置（续）

4．系统部署配置

OpenStack 环境建立完成之后，可以进行相关节点的建立与部署。在 VirtualBox 上新建虚拟机并命名，设置网卡及内存大小，如图 9.11 所示。可以建立一个 controller 节点和一个 compute 节点。

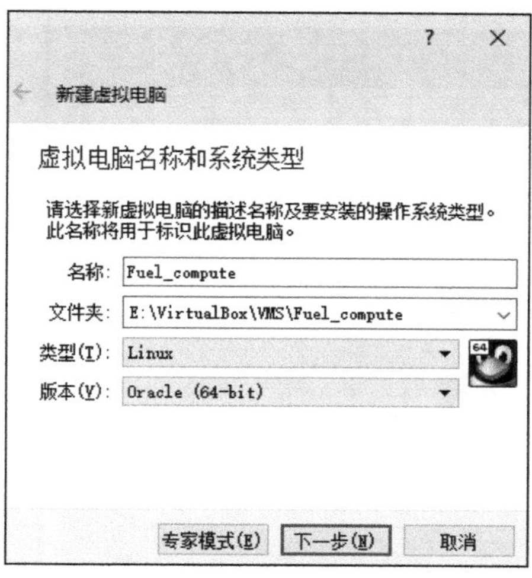

图 9.11　新建虚拟机并命名

不选择盘片启动，初始化启动之后会在 Fuel 的 Web 端识别到未分配节点，如图 9.12 所示。

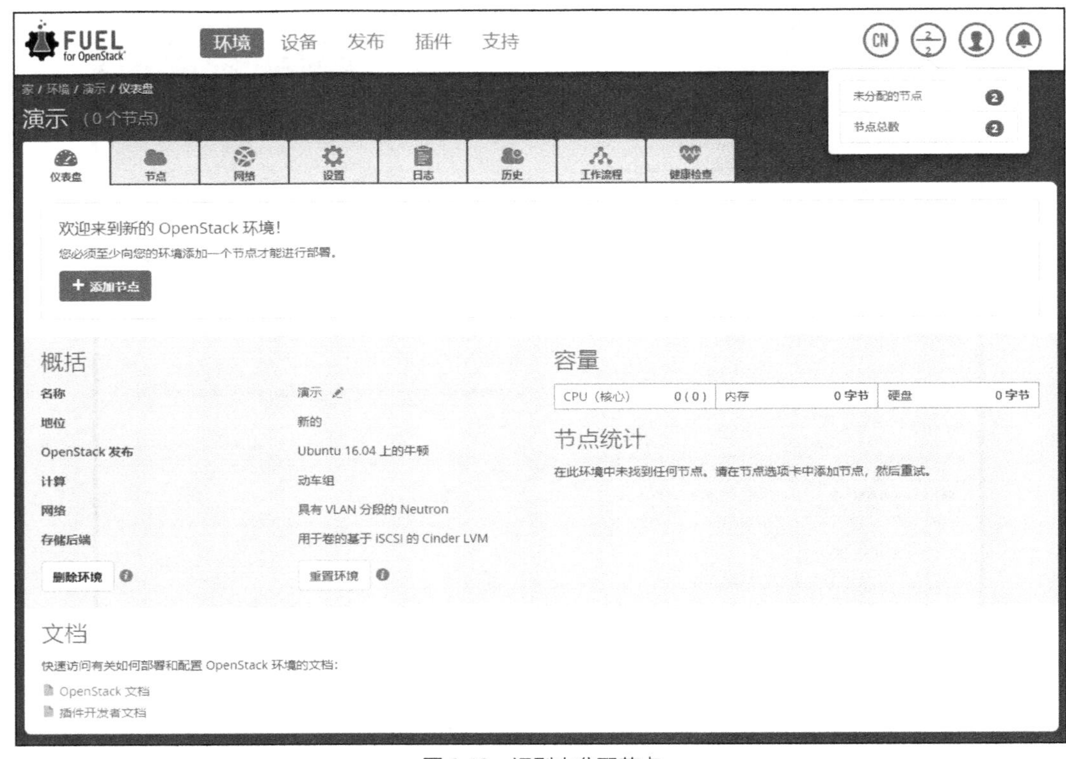

图 9.12　识别未分配节点

对未分配节点进行接口配置及部署更改，使节点能够相互通信，以及连接 NTP 服务器，如图 9.13 所示。

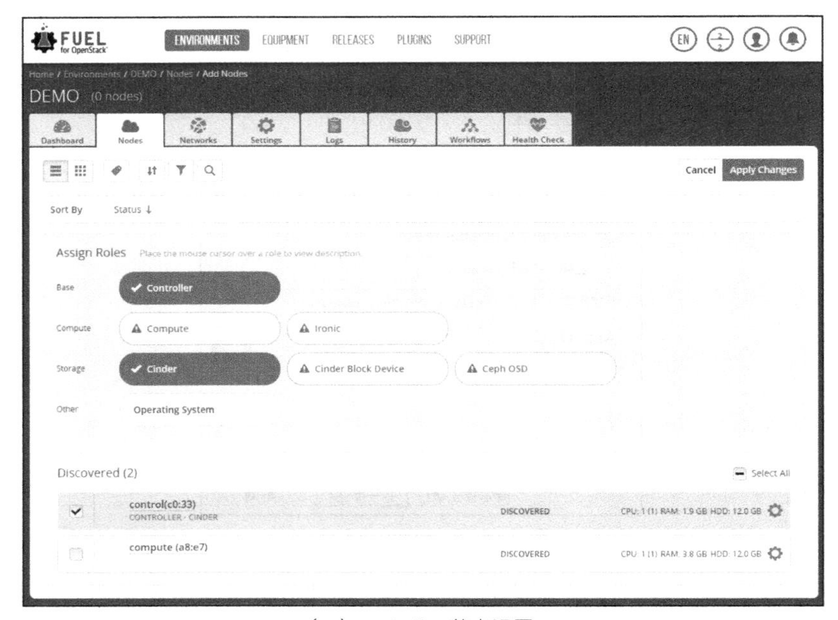

(a) controller 节点设置

图 9.13　节点的接口配置及部署更改

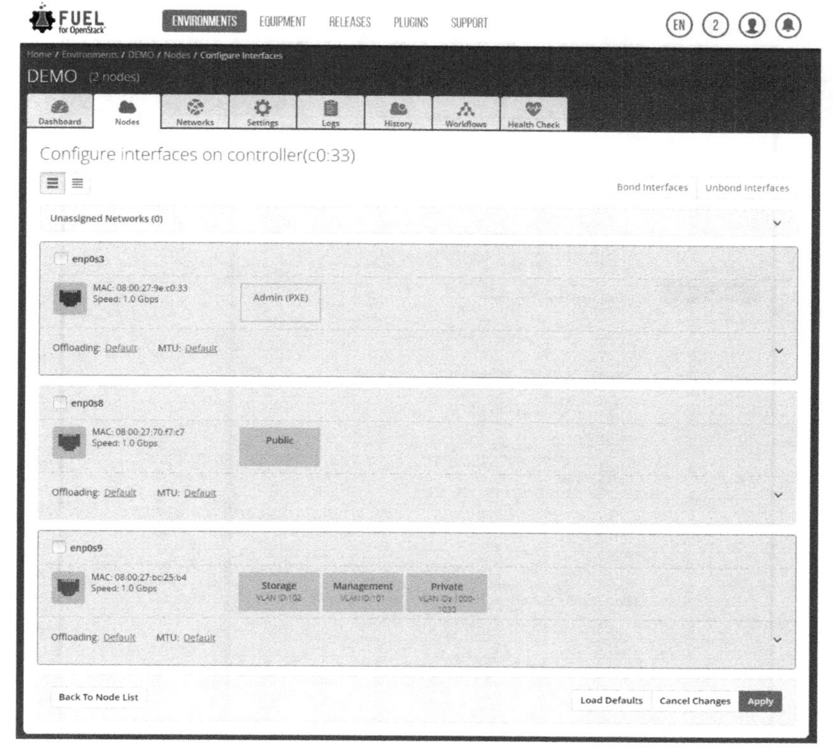

（b）节点的逻辑网络设置

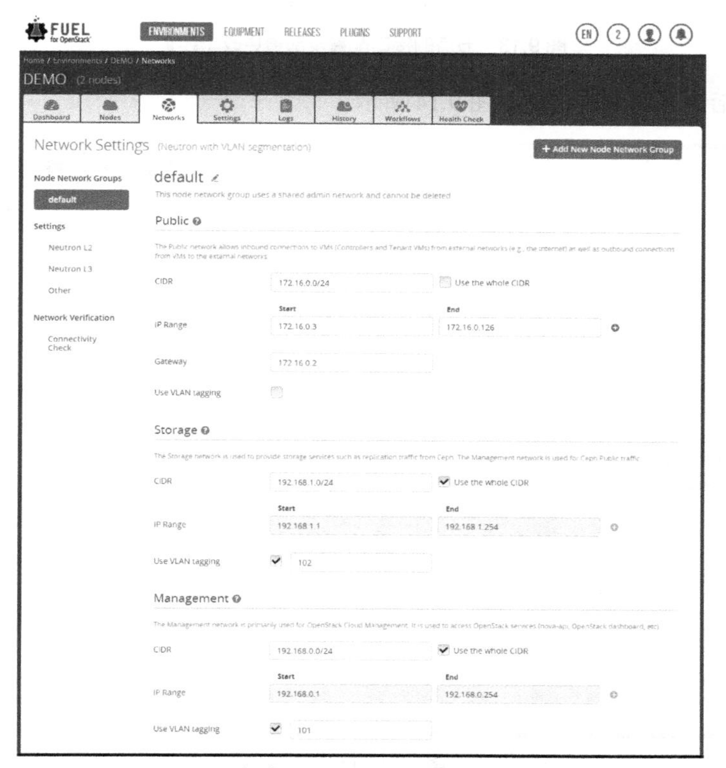

（c）OpenStack 网络设置

图 9.13　节点的接口配置及部署更改（续）

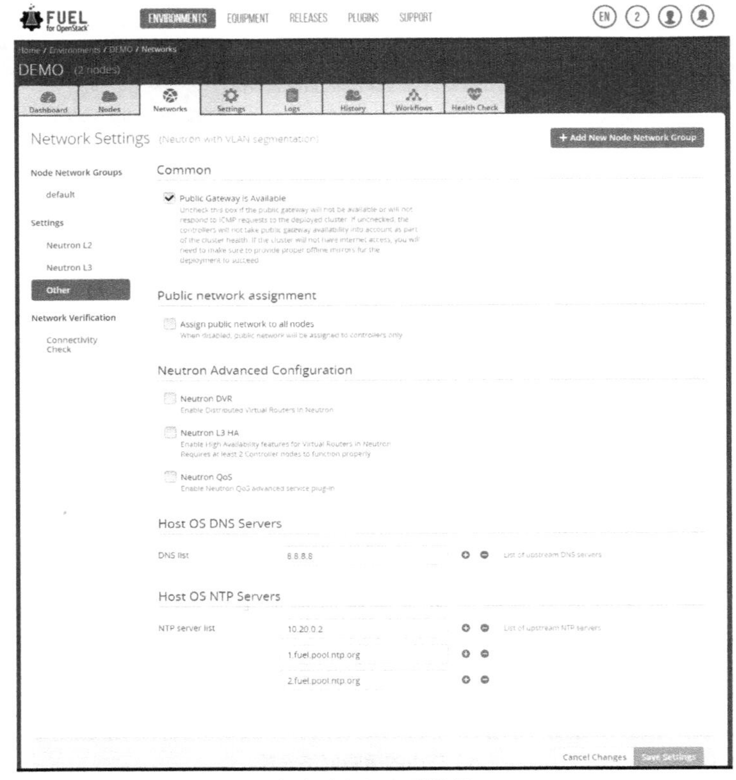

（d）主机服务器设置

图 9.13　节点的接口配置及部署更改（续）

保存配置之后进行网络验证，如图 9.14 所示。

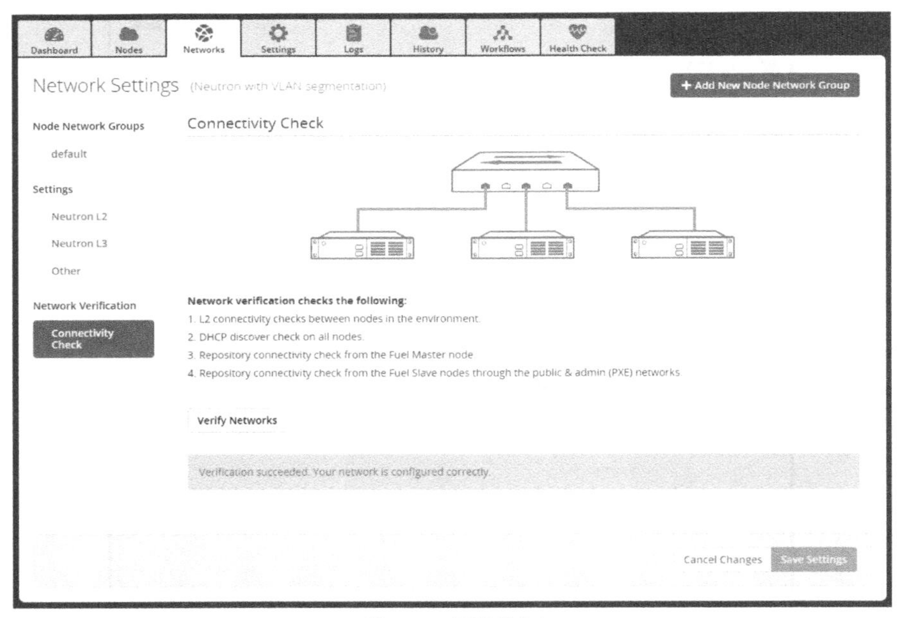

图 9.14　网络验证

最后进行节点部署，如图 9.15 所示。

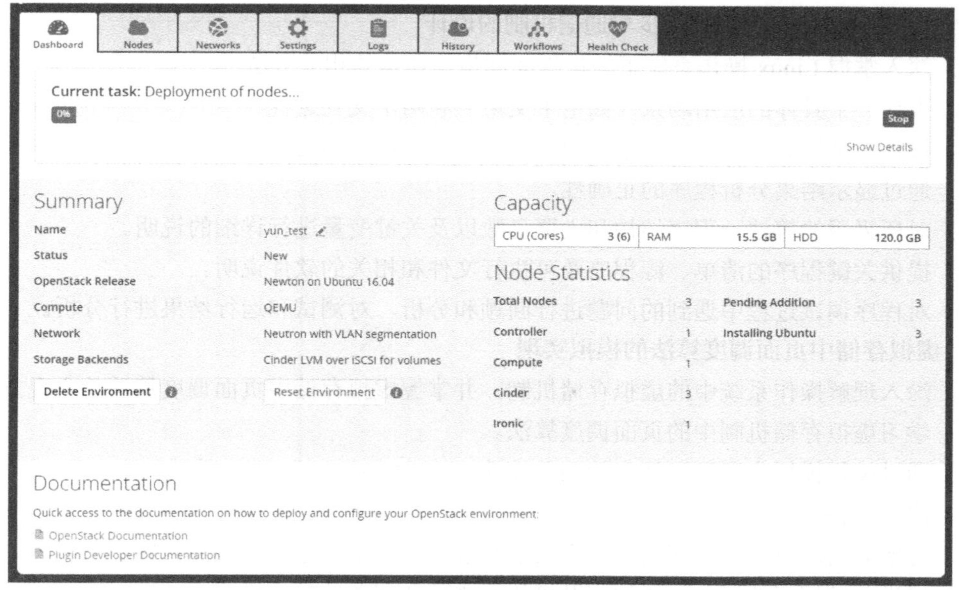

（a）节点部署过程

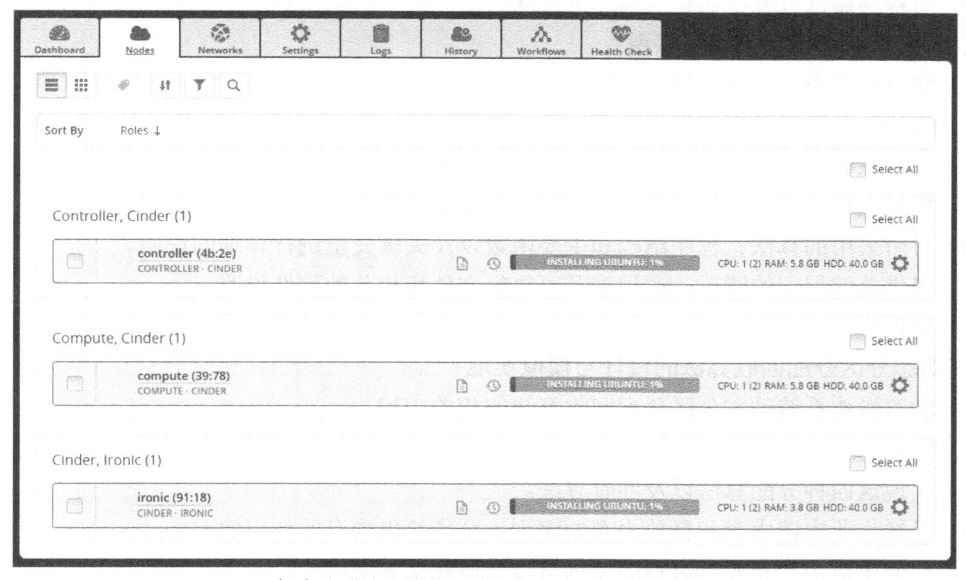

（b）在节点上进行系统和 OpenStack 的安装

图 9.15　节点部署

安装结束之后便可以在 Horizon 中查看节点的相关信息。至此，OpenStack 的简单安装及节点的部署成功完成。

9.6　进阶设计类实验项目

读者可通过进阶设计类实验项目加深对操作系统相关模块、机制和方法的理解，并提升实践能力。

1．客户机/服务器程序的同步与通信机制的设计

（1）深入掌握 Linux 操作系统下的进程间同步、通信的相关方法。

（2）设计一个具体的应用场景（如电子交易）和两个交互进程。

（3）设计一个服务者进程和一个调用者进程，消息格式和内容自行设定。

（4）通过显示结果分析程序的正确性。

（5）对所采用的算法、程序结构和主要函数以及关键变量进行详细的说明。

（6）提供关键程序的清单、源程序及可执行文件和相关的软件说明。

（7）对程序调试过程中遇到的问题进行回顾和分析，对测试和运行结果进行分析。

2．虚拟存储中页面调度算法的模拟实现

（1）深入理解操作系统中的虚拟存储机制，并掌握虚拟存储中页面调度算法的实现方法。

（2）学习虚拟存储机制中的页面调度算法。

（3）通过编程模拟实现页面调度的相关算法（FIFO、LRU 和 OPT 算法）。

（4）比较各种算法的性能。

（5）对所采用的算法、程序结构和主要函数以及关键变量进行详细的说明。

（6）提供关键程序的清单、源程序及可执行文件和相关的软件说明。

（7）对程序调试过程中遇到的问题进行回顾和分析，对测试和运行结果进行分析。

3．文件系统的设计与模拟实现

（1）学习操作系统文件管理机制的相关知识。

（2）设计一个简单多用户文件系统。

（3）要求系统具有分级文件目录、文件分权限操作功能、用户管理功能等。

（4）模拟文件管理的工作过程，深入理解文件系统的内部功能及内部实现机制。

（5）对所采用的算法、程序结构和主要函数以及关键变量进行详细的说明。

（6）提供关键程序的清单、源程序及可执行文件和相关的软件说明。

（7）对程序调试过程中遇到的问题进行回顾和分析，对测试和运行结果进行分析。

4．动态分区分配回收算法的设计与模拟实现

（1）学习操作系统动态分区分配回收算法的相关知识。

（2）理解首次适应算法、循环首次适应算法、最佳适应算法、最坏适应算法，以及回收算法。

（3）实现这四种分配算法以及回收算法。

（4）已知作业申请内存和释放内存的序列，分步给出内存的使用情况。

（5）作业申请内存和释放内存的序列可以存放在文本文件中。

（6）设计简单的交互界面，演示所设计的功能。

（7）对所采用的算法、程序结构和主要函数以及关键变量进行详细的说明。

（8）提供关键程序的清单、源程序及可执行文件和相关的软件说明。

（9）对程序调试过程中遇到的问题进行回顾和分析，对测试和运行结果进行分析。

5．银行家算法的设计与模拟实现

（1）学习操作系统中银行家算法的相关知识。

（2）利用该算法在资源分配前进行安全性检测，保证系统处于安全状态，从而避免死锁。

（3）系统的初始状态信息从文本文件读取。

（4）判断是否存在安全序列，输出任意一个安全序列即可。

（5）判断系统是否可以满足进程的请求。

（6）判断是否存在安全序列时，可以思考如何找到所有的安全序列，并打印出来。

（7）对所采用的算法、程序结构和主要函数以及关键变量进行详细的说明。

（8）提供关键程序的清单、源程序及可执行文件和相关的软件说明。

（9）对程序调试过程中遇到的问题进行回顾和分析，对测试和运行结果进行分析。

6．作业调度算法的设计与模拟实现

（1）学习操作系统中作业调度算法的相关知识。

（2）实现先来先服务算法、最短作业优先算法、响应比优先调度算法。

（3）已知若干作业的到达时间和服务时间，用实现的算法计算对该组作业进行调度的平均周转时间和平均带权周转时间。

（4）作业的到达时间和服务时间可以存放在文本文件中。

（5）设计简单的交互界面，演示所设计的功能。

（6）对所采用的算法、程序结构和主要函数以及关键变量进行详细的说明。

（7）提供关键程序的清单、源程序及可执行文件和相关的软件说明。

（8）对程序调试过程中遇到的问题进行回顾和分析，对测试和运行结果进行分析。

参考文献

[1] 费翔林, 骆斌. 操作系统教程［M］. 5 版. 北京: 高等教育出版社, 2014.

[2] 黄刚, 徐小龙, 段卫华. 操作系统教程[M]. 北京: 人民邮电出版社, 2009.

[3] 陈向群, 杨芙清. 操作系统教程[M]. 北京: 北京大学出版社, 2006.

[4] 汤小丹, 梁红兵, 哲凤屏,等. 计算机操作系统[M]. 西安: 西安电子科技大学出版社, 2014.

[5] 张尧学, 史美林. 计算机操作系统教程[M]. 北京: 清华大学出版社, 2000.

[6] 卿斯汉. 操作系统安全导论[M]. 北京: 科学出版社, 2003.

[7] 蒲晓蓉, 张伟利. 计算机操作系统原理与实例分析[M]. 北京: 机械工业出版社. 2004.

[8] 王先培. 测控系统可靠性基础[M]. 武汉: 武汉大学出版社, 2012.

[9] 肖汉, 张玉, 郭运宏. 软件工程与项目管理[M]. 北京: 清华大学出版社, 2014.

[10] 周丽娟, 王华. 软件工程实用教程[M]. 北京:清华大学出版社, 2012.